U0316792

高等学校物联网专业系列教材
编委会名单

高等学校物联网专业系列教材

物联网概论

卢建军　主　编

卫　晨　金　蓉　战金龙　赵安新　副主编

内容简介

本书较为全面地介绍了物联网基本概念、物联网应用、物联网安全及物联网标准，并对物联网的体系架构、传感技术、识别技术、通信技术、组网技术、智能与中间件技术等问题进行了较为深入的论述和探讨。

本书图文并茂，在设计和构思上力求为读者提供全面、系统的内容，便于读者对物联网有一个较为清晰的认识。

本书既可作为高等学校物联网专业本科生的教材，也可作为其他物联网相关专业的本科生及从事物联网相关工作人员的参考用书。

图书在版编目（CIP）数据

物联网概论 / 卢建军主编. —北京：中国铁道出版社，2012.5（2013.12 重印）

高等学校物联网专业系列教材

ISBN 978-7-113-13373-3

Ⅰ. ①物… Ⅱ. ①卢… Ⅲ. ①互联网络－应用－高等学校－教材②智能技术－应用－高等学校－教材 Ⅳ. ①TP393.4②TP18

中国版本图书馆 CIP 数据核字（2011）第 278043 号

书　　名：物联网概论
作　　者：卢建军　主编

策　　划： 刘宪兰　　　　**读者热线：** 400-668-0820
责任编辑： 王占清　　　　**特邀编辑：** 李新承
编辑助理： 李　丹　巨　凤
封面设计： 一克米工作室
责任印制： 李　佳

出版发行： 中国铁道出版社（100054，北京市西城区右安门西街 8 号）
网　　址： http://www.51eds.com
印　　刷： 三河市华业印装厂
版　　次： 2012 年 5 月第 1 版　　2013 年 12 月第 2 次印刷
开　　本： 787mm×1092mm　1/16　**印张：** 17　**字数：** 402 千
印　　数： 3 001～6 000 册
书　　号： ISBN 978-7-113-13373-3
定　　价： 36.00 元

总　序

物联网是继计算机、互联网和移动通信之后的又一次信息产业的革命性发展。目前物联网被正式列为国家重点发展的战略性新兴产业之一，其涉及面广，从感知层、网络层到应用层均涉及标准、核心技术及产品，以及众多技术、产品、系统、网络及应用间的融合和协同工作；物联网产业链长、应用面极广，可谓无处不在。

近年来，中国的互联网产业迅速发展，网民数量全球第一，在未来物联网产业的发展中已具备基础。当前，物联网行业的应用需求领域非常广泛，潜在市场规模巨大。物联网产业在发展的同时还将带动传感器、微电子、新一代通信、模式识别、视频处理、地理空间信息等一系列技术产业的同步发展，带来巨大的产业集群效应。因此，物联网产业是当前最具发展潜力的产业之一，是国家经济发展的又一新增长点，它将有力带动传统产业转型升级，引领战略性新兴产业发展，实现经济结构的战略性调整，引发社会生产和经济发展方式的深度变革，具有巨大的战略增长潜能，目前已经成为世界各国构建社会经济发展新模式和重塑国家长期竞争力的先导性技术。

物联网技术的发展和应用，不但缩短了地理空间的距离，也将国家与国家、民族与民族更紧密地联系起来，将人类与社会环境更紧密地联系起来，使人们更具全球意识，更具开阔眼界，更具环境感知能力。同时，带动了一些新行业的诞生和社会就业率的提高，使劳动就业结构向知识化、高技术化发展，进而提高社会的生产效益。显然，加快物联网的发展已经成为很多国家包括中国的一项重要战略，这对中国培养高素质的创新型物联网人才提出了迫切的要求。

2010 年 5 月，教育部已经批准了 42 余所本科院校开设物联网工程专业，在校学生人数已经达到万人以上。按照教育部关于物联网工程专业的培养方案，确定了培养目标和培养要求。其培养目标为：能够系统地掌握物联网的相关理论、方法和技能，具备通信技术、网络技术、传感技术等信息领域宽广的专业知识的高级工程技术人才。其培养要求为：学生要具有较好的数学和物理基础，掌握物联网的相关理论和应用设计方法，具有较强的计算机技术和电子信息技术，掌握文献检索、资料查询的基本方法，能顺利地阅读本专业的外文资料，具有听、说、读、写的能力。

物联网工程专业是以多种技术融合形成的综合性、复合型学科，它培养的是适应现代社会需要的复合型技术人才，但是我国物联网的建设和发展任务绝不仅仅是物联网工程技术所能解决的，物联网产业发展需要更多的规划、组织、决策、管理、集成和实施的人才，因此物联网学科建设必须要得到经济学、管理学和法学等学科的合力支撑，因此我们也期待着诸如物联网管理之类的专业面世。物联网工程专业的主干学科与课程包括：信息与通信工程、电子科学技术、计算机科学与技术、物联网概论、电路分析基础、信号与系统、模拟电子技术、数字电路与逻辑设计、微机原理与接口技术、工程电磁场、通信原理、计算机网络、现代通信网、传感器原理、嵌入式系统设计、无线通信原理、无线传感器网络、近距无线传输技术、二维条码技术、数据采集与处理、物联网安全技术、物联网组网技术等。

物联网专业教育和相应技术内容最直接地体现在相应教材上，科学性、前瞻性、实用性、综合性、开放性应该是物联网专业教材的五大特点。为此，我们与相关高校物联网专业教学单位的专家、学者联合组织了“高等学校物联网专业系列教材”，以为急需物联网相关知识的学生提供一整套体系完整、层次清晰、技术先进、数据充分、通俗易懂的物联网教学用书。

本系列教材在内容编排上努力将理论与实际相结合，尽可能反映物联网的最新发展动态，以及国际上对物联网的最新释义；在内容表达上力求由浅入深、通俗易懂；在知识体系上参照教育部物联网教学指导机构最新知识体系，按主干课程设置，其对应教材主要包括《物联网概论》、《物联网经济学》、《物联网产业》、《物联网管理》、《物联网通信技术》、《物联网组网技术》、《物联网传感技术》、《物联网识别技术》、《物联网智能技术》、《物联网实验》、《物联网安全》、《物联网应用》、《物联网标准》、《物联网法学》等相应分册。

本系列教材突出了“理论联系实际、基础推动创新、现在放眼未来、科学结合人文”的特色，对基本概念、基本知识、基本理论给予准确的表述，树立严谨求是的学术作风，注意对相关概念、术语的正确理解和表达；从实践到理论，再从理论到实践，把抽象的理论与生动的实践有机地结合起来，使读者在理论与实践的交融中对物联网有全面和深入的理解和掌握；对物联网的理论、技术、实践等多方面的现状及发展趋势进行介绍，拓展读者的视野；在内容逻辑和形式体例上力求科学、合理、严密和完整，使之系统化和实用化。

自物联网专业系列教材编写工作启动以来，在该领域众多领导、专家、学者的关心和支持下，在中国铁道出版社的帮助下，在本系列教材各位主编、副主编和全体参编人员的努力和辛勤劳动下，在各位高校教师和研究生的帮助下，即将陆续面世了。在此，我们向他们表示衷心的感谢并表示深切的敬意！

虽然我们对本系列教材的组织和编写竭尽全力，但鉴于时间、知识和能力的局限，书中肯定会存在不足之处，离国家物联网教育的要求和我们的目标仍然有距离，因此恳请各位专家、学者以及全体读者不吝赐教，及时反映本套教材存在的不足，以使我们能不断改进完善，使之真正满足社会对物联网人才的需求。

高等学校物联网专业系列教材编委会

2011 年 10 月 1 日

前　言

物质、能量、信息是物质世界的三大支柱，是当今人类社会赖以生存和发展的重要条件。新经济时代的21世纪是人类进入信息化的世纪，信息已是一种不可或缺的开发资源，社会信息化、信息时代化已成为新经济时代的基本标志。在通信、因特网、视频识别等新技术的推动下，一种能够实现人与人、人与机器、人与物乃至物与物之间直接沟通的全新网络架构——"物联网"正日渐清晰。

物联网是指在物理世界的实体中，安装具有一定感知能力、计算能力和执行能力的嵌入式芯片和软件，使之成为智能物体，基于因特网、传统电信网等信息承载体，实现信息传输、协同和处理，从而实现物与物、物与人之间的互连。

本书较为全面地介绍了物联网的基本概念、物联网应用、物联网安全及物联网标准，并对物联网的体系架构、传感技术、识别技术、通信技术、组网技术、物联网智能与中间件技术等问题进行了较为深入的论述和讨论。本书图文并茂，在设计和构思上力求为读者提供全面、系统的内容，以使读者对物联网有一个较清晰的认识。

本书由西安邮电学院卢建军任主编，参加编写工作的还有：西安邮电学院卫晨、金蓉、战金龙，西安科技大学赵安新。在本书的编写过程中，屈军锁教授提出了许多宝贵意见，部分研究生为本书绘制了大量插图。在此，向他们表示诚挚的谢意。为了展现国内外物联网领域的最新研究成果，本书参考和引用了大量相关文献，其中大多数文献已在书末的参考文献中列出，但难免仍有疏漏。在此，向有关作者、专家、出版者表示衷心的感谢，并对难以列出的作者表示深深的歉意！

由于编者水平有限，书中难免存在疏漏和不足之处，恳请读者批评指正。

编　者

2011年11月

目　　录

第1章 物联网概述

本章学习重点

1. 物联网的定义及相关概念
2. 物联网未来的发展方向及面临的问题

物质、能量、信息是物质世界的三大支柱，是当今人类社会赖以生存和发展的重要条件。新经济时代的21世纪是人类进入信息化的世纪，信息已是今天不可或缺的开发资源，社会信息化、信息时代化成为新经济时代的基本标志。目前，在通信、因特网、视频识别等新技术的推动下，一种能够实现人与人、人与机器、人与物乃至物与物之间直接沟通的全新网络架构——“物联网”正日渐清晰。

物联网是指在物理世界的实体中，部署具有一定感知能力、计算能力和执行能力的嵌入式芯片和软件，使之成为智能物体，通过网络设施实现信息传输、协同和处理，从而实现物与物、物与人之间的互联。

物联网的提出使世界上所有的人和物在任何时间、任何地点都可以方便地实现人与人、人与物、物与物之间的信息交互。

1.1　物联网的发展历程

自 1999 年麻省理工学院自动标识中心（MIT Auto-ID Center）提出物联网（The Internet of Things）概念后，国际电信联盟（ITU）在 2005 年发布的年度技术报告中也指出了物联网通信时代即将到来。2009 年，欧洲物联网研究项目工作组（CERP-IoT）在欧盟委员会的资助下制订了《物联网战略研究路线图》、《RFID 与物联网模型》等意见书，同年日本也制订了 i-Japan 计划。2008 年 11 月，美国 IBM 公司总裁彭明盛在纽约对外关系理事会上发表了题为《智慧地球：下一代领导人议程》的讲话，正式提出了“智慧地球”（Smarter Planet）设想。2009 年 1 月，奥巴马对此给予了积极回应，认为“智慧地球”有助于美国的“巧实力”（Smart Power）战略，是继因特网之后国家发展的核心领域。2009 年 8 月，温家宝总理在考察中科院无锡高新微纳传感网工程技术研发中心时，明确指示要早一点谋划未来，早一点攻破核心技术，并且明确要求尽快建立中国的传感信息中心，或者称“感知中国”中心；并指出“要着力突破传感网、物联网的关键技术，及早部署后 IP 时代相关技术研发，使信息网络产业成为推动产业升级、迈向信息社会的‘发动机’”。随着中美两国领导人的表态，物联网/传感网作为“智慧地球”的核心技术之一，被各方提到空前的高度，备受关注，成为目前研究的热点。

以感知和智能为特征的新技术的出现及其相互融合，使得未来信息技术的发展由人类信息主导的因特网向物与物互连信息主导的物联网转变，既兼顾物与物的相连，又涵盖人与物的沟通和人与人的通信，构建更智能的信息社会。目前，物联网已被美国列为振兴经济的两大工具之一，被欧盟定位成使欧洲领先全球的基础战略，被中国纳入战略性新兴产业规划重点。业界认为，物联网是继计算机、因特网、移动通信网之后信息产业的又一重大里程碑。从“智慧地球”到“感知中国”，物联网已成为全球瞩目的关键词。“智慧地球”是 IBM 对运用信息技术构建新的世界运行模型的愿景，而“感知中国”则是对物联网在中国广泛应用效果的概括。以上表明，物联网/传感网技术已成为当前各国科技和产业竞争的热点，许多发达国家都加大了对物联网技术和智慧型基础设施的投入与研发力度，力图抢占科技制高点。我国也及时地将传感网和物联网列为国家重点发展的战略性新兴产业之一。

1.1.1　信息技术与信息产业的发展

1. 信息技术的发展

信息广泛存在于自然界之中，自有人类以来，人与人之间就有了信息的交流，人们就已经开始采集和使用信息了。语言、文字的形成，印刷术和造纸术的发明，为最基本的信息交流奠定了基础。烽火台、邮驿等为生产力低下时代的信息传递的最先进方式。算盘成为信息处理的重要工具，在当时促进了科学和社会经济的发展。

到了近代，电报的发明使快速远距离传递信息成为现实，电话则提供了双向直接（实时）通信，机械式计算器及电子计算机使人的计算能力大大提高，无线电的发明不但提供了全球性的通信手段，而且构成了快速的面向全社会的大众传播媒介——广播。这些发明大大缩短了人与人之间的距离，加快了社会活动的节奏，提高了人们工作、生产的效率，使信息的作用逐渐为人们所认识。

二次大战后，当代信息技术以电子计算机和高速大容量通信方式的出现为标志，进入了一个新的阶段。1946 年出现了第一台以真空管为基础的电子计算机，其功能从数值计算发展到数据处理、控制管理，并产生了大容量存储技术。随着新的通信传输和交换方式不断出现，同轴电缆和卫星通信使大容量全球通信成为可能，局用数字程控交换机的诞生则构成了快速大容量自动通信的基础，随之一个全球自动电话网就形成了。这些都建立在当代计算机、通信和微电子技术基础之上。在 20 世纪 80～90 年代，光电子技术得到了广泛应用，光纤通信已逐渐成为通信传输的主要手段。目前，光计算机和光交换机正在开发中。千百万甚至数亿人在同一个通信网通信，每秒千万亿次速度的巨型计算机、千百万台计算机联网运行的时代已经来到，人类正在进入信息时代。

信息技术的总体发展趋势如下：

1）高速度、大容量

速度和容量是紧密联系的，随着要传递和处理的信息量越来越大，高速度、大容量是必然趋势。因此从器件到系统，从处理、存储到传递，从传输到交换无不向高速度、大容量的要求发展。

2）综合集成

社会对信息的多方面需求使得信息业能提供更丰富的产品和服务。因此，采集、处理、存储与传递的结合，信息生产与信息使用的结合，各种媒体的结合，各种业务的综合都体现了综合集成的要求。

3）网络化

通信本身就是网络，其广度和深度在不断发展，计算机也越来越网络化。各个使用终端或使用者都被组织到统一的网络中，国际电联的口号是“一个世界，一个网络”。

4）智能化

信息技术本来就是减轻或替代人脑劳动的，随着社会的进步，从替代人脑的简单劳动（如四则运算）逐渐向复杂劳动（分析、判断、处理等）发展。

上述的各种技术趋势发展必须要有经济上、管理上的相应变化。各国在信息政策、法规等方面都在做出各种变化，例如引入竞争、取消限制等。同时，又在加强立法、严格管理，防止信息犯罪、信息渗透和信息腐蚀等负面作用。

2．信息产业

1）信息产业的分类

信息产业从性质上大体可分为装备制造业和信息服务业。其中，装备制造业主要涉及计算机（包括硬件、软件）、通信设备（包括传输设备、交换设备、网络设备等）、终端设备（包括信息采集、提供设备，如传感器、计算机终端显示、通信终端）、娱乐设备（也称消费类产品，包括收音机、电视机、摄录放机等）。信息服务业涉及通信业（包括传统通信、电话、电报、传真、数据、邮政和增值通信）、计算机应用和咨询业（包括信息提供、数据库、计算机组网）、传播业（包括报刊、广播、电视）、娱乐业（包括电影、广播、电视等）。

信息产业从内容上可分为通信服务业、设备制造业（包含计算机软件和服务）、娱乐传播和新兴产业。

2）信息产业的规模和比例

进入20世纪90年代以来，全球信息产业发展迅速，信息产业的增长率几乎是其他经济的两倍。信息产业对于经济的影响是难以计量的，从全球来看，信息产品和信息服务的贸易正逐年扩大，信息产业对于全球经济的贡献也越来越大。在整个信息产业中，无论在通信中还是在计算机中，业务和服务均大于设备制造，通信中的业务约占80%（美国为75%，但考虑到信息服务的一部分为增值通信业务，故大体在80%，甚至更多），计算机中的服务约占60%。

3．中国情况

从历史上来看，旧中国经济技术十分落后，信息业当然也不例外。新中国成立之前，还没有计算机，通信也十分落后。1949年，全国电话机只有26万部，而且绝大多数是人工的。信息制造业基本上没有，仅有的设备也绝大部分是外国进口的。新中国成立之后很快便建立起了自己的信息和电子工业，开发并制造了大量信息通信设备，发展了通信业，建立并逐步充实了全国通信网。改革开放以来，信息技术和信息产业更是得到了飞速发展。

1）通信

从新中国成立到改革开放之初，我国建立起了一个全国电话网，从以前的步进制到现在的全国本地电话交换机中近99%为自动，其中，98%为数字程控交换机，电话网的技术水平有了质的提高。

在电话网发展的同时，其他电信业务也有了更大的发展。根据工信部2011年1月的统计数据显示，我国电话总数达到11.6亿户，移动用户达8.7亿户。2011年1月，全国电信业务总量累计完成869.9亿元，比上年同期增长11.4%。电信主营业务收入累计完成727.1亿元，比上年同期增长9.7%。其中，移动通信收入累计完成496.7亿元，比上年同期增长13.9%，在电信主营业务收入中所占的比重从上年同期的65.79%上升到

68.31%。固定通信收入累计完成230.4亿元，比上年同期增长1.6%，在电信主营业务收入中所占的比重从上年同期的34.21%下降到31.69%。数据显示，2011年1月，全国电话用户净增1 074.2万户，总数达到11.6万户。其中，固定电话用户净增2.1万户，移动电话用户净增1 072.0万户。在移动电话用户中，3G用户净增468.7万户，达到5 173.8万户。在因特网方面，2011年1月，基础电信企业因特网宽带接入用户净增173.6万户，达到12 807.3万户，而因特网拨号用户减少了5.2万户，为585万户。

通信设备也有了很大发展，20世纪80年代大量引进了国外先进的程控交换和传输设备。20世纪90年代以来，我国已有自行开发并研制的4种大型程控交换机在网上应用，加上使用了S-1240型程控交换机，已在网上占了优势。在传输设备方面，我国研制开发了从2Mbit/s、8Mbit/s、34Mbit/s、140Mbit/s到565Mbit/s的PDH数字光纤系列，并已在网上大量使用。

网络的建设和运行技术也有了很大提高，包括组网技术、网管技术、自动监控和维护技术、工程设计技术、施工技术等。

2）计算机

1958年，我国设计并制造出第一台103/104型计算机，在当时处于国际上中等水平。改革开放以来，计算机的发展速度加快。1983年，我国研制了银河I型亿次机，标志我国的计算机业迈入了巨型机的行列。后来经过努力，又于1992年研制了10亿次银河II型机。与此同时，曙光机也在1993年研制成功。1995年，又研制成功了曙光1000型并行处理机，运行速度可达到25亿次/s。

在微型机方面，1984年，我国研制出了与IBM PC/XT兼容的长城0520B型机，1986年，又研制出了与PC/AT兼容的长城0520系列型机。2010年，我国生产微型计算机2.46亿台，名列全球第一。

在应用软件方面，我国科技人员在各自领域中做了大量工作，取得了一定成就，如各行各业的CAD都有显著的成果。

3）基础元器件和其他

我国在1956年做出了第一个晶体三极管，在1965年做出了第一块集成电路。近年来，我国在集成电路设计水平上有了较大提高，也引进了不少先进的设计工具，因此，ASIC有了显著发展。

在终端设备方面，一些终端，如电话机、手机等，发展很快，不但占领了国内市场，而且在国际上也拥有了一定的市场占有率。

4）今后的发展

通信领域已有明确规划，目前我国已建成了世界上最大的电话网。网络的技术层次也得到了相应提高，成为能传递多种业务的智能网络。高速宽带大容量的各种传输和交换技术也得到了广泛应用。有线和无线技术相结合，固定和移动通信将构成一体。

在语音、数据、图像业务的基础上，各种增值业务将得到大发展。其中，相当一部分将具有智能性，信息传递将和信息采集处理、信息使用更紧密地结合起来。

我国计算机的发展在继续开发各种规模机型硬件的同时，将充分发挥我国优势，大力发展软件并逐步形成产业。在应用软件和系统集成方面将达到相当大的规模。

1.1.2　信息化与工业化的融合

一般认为，信息化就是信息资源、信息技术及其产业在国民经济和社会中的作用不断加强的过程。通常，信息化包括信息基础结构（信息资源、信息网络、信息人才和信息设备等）、信息技术产业（信息设备制造业、邮政和通信业、大众传媒和文化娱乐业，以及相关的各种 IT 服务业等）和信息社会环境（社会文化、法律、制度等）等三个方面的内容。信息化与经济全球化相互交织，推动着全球产业分工深化和经济结构调整，重塑着全球经济竞争格局。信息化是世界经济发展的大趋势，是推动经济社会变革的重要力量。信息资源作为生产要素、无形资产和社会财富，与能源、材料资源同等重要，在经济社会资源结构中具有不可替代的地位。信息化已成为衡量一个国家、一个城市或地区的综合实力、国际竞争力和现代化程度的重要标志。信息技术对工业化有着极大的带动作用，而且还丰富和拓展了工业化的内涵。大力推进信息化，有利于促进经济发展方式的转变，有利于建设资源节约型社会。同时，有利于发展信息资源产业，推动传统产业改造，优化经济结构。

改革开放以来，我国工业实现了跨越式的发展，建立了独立、完整的工业体系，成为全球的制造业大国。然而，我国的工业化水平与发达国家相比还有一定差距。因此，新形势要求我国工业化不能再走发达国家先工业化后信息化的老路，而必须根据我国的实际情况，探索新的发展模式，推进信息化与工业化的融合。

信息化与工业化融合的含义包含多个方面：一是指信息化与工业化发展战略的融合，即信息化发展战略与工业化发展战略要协调一致，信息化发展模式与工业化发展模式要高度匹配，信息化规划与工业化发展规划、计划要密切配合；二是指信息资源与材料、能源等工业资源的融合，能极大程度地节约材料、能源等不可再生资源；三是指虚拟经济与工业实体经济融合，孕育新一代经济的产生，能极大促进信息经济、知识经济的形成与发展；四是指信息技术与工业技术、IT 设备与工业装备的融合，产生新的科技成果，形成新的生产力。因此，推进信息化与工业化融合是深入贯彻落实科学发展观的客观要求；推进信息化与工业化融合是新型工业化的必由之路。

我国是一个发展中国家，目前尚未完全地实现工业化（正处于工业化加速发展的重要阶段），又面临着经济全球化和全球信息化的挑战和压力。因此，要正确把握和处理信息化与工业化的关系，发挥后发优势，即在推进工业化的同时大力推进信息化，以工业化促进信息化，以信息化带动工业化，两者相辅相成、互为关联，从而实现工业化和信息化协同发展的战略目标。这对有效运用信息技术来推动中国企业和国民经济的快速发展，加快中国工业化进程都是至关重要的。所以，走新型的工业化道路，推进信息化和工业化融合，推进高新技术与传统工业改造相结合，促进工业由大变强，是当前和今后一个时期的重要任务。而信息技术是当代技术中的主导技术，充分应用信息技术将信息化手段应用于工业生产，将成为拉动我国工业发展，提升我国工业竞争水平的必然选择。

信息化与工业化融合属于科学发展方式，是把科学发展观落到实处的重要途径，它要求生产方式、发展方式、资源配置方式的转变，要求产业结构调整，要求统筹经济社会关系。“两化融合”就是通过信息技术改造与提升传统产业，在社会各个领域广泛应用信息技术，以信息化促进经济结构调整，加快工业化进程，走跨越式发展道路。因此，不能简单地把信息化与工业化对立起来。

我国“两化融合”的战略重点具体可从以下几大方面着手：第一，推动研发设计信息化和生产过程自动化；第二，加强工业产品的信息化和智能化；第三，完善企业管理信息化；第四，提升物流业信息化水平；第五，开展信息化与工业化融合试点示范；第六，开发人力资源，提升国民信息技能。

1.1.3　我国战略性新兴产业决策与物联网

我国正处在经济飞速发展的新历史阶段，中国的工业化之路面临着新的选择。要成为经济强国，必须要给出新的产业方向定位，并进行切实有效的推动和实施。

关于物联网等新兴战略性产业的发展，十一届全国人大三次会议上的政府工作报告中指出：“国际金融危机正在催生新的科技革命和产业革命。发展战略性新兴产业，抢占经济科技制高点决定着国家的未来，必须抓住机遇，明确重点，有所作为。转变经济发展方式刻不容缓，要大力发展战略性新兴产业。要大力发展新能源、新材料、节能环保、生物医药、信息网络和高端制造产业。积极推进新能源汽车、‘三网融合’，从而取得实质性进展，加快物联网的研发应用，加大对战略性新兴产业的投入和政策支持。”

1.2　物联网的定义及其相关概念

物联网是在互联网的基础上，利用射频标签与无线传感器网络技术，构建一个覆盖世界上所有人与物的网络信息系统，从而实现物与物、物与人之间的互连。

1.2.1　物联网概念的提出

物联网的概念首先由麻省理工学院（MIT）的自动识别实验室在 1999 年提出。国际电信联盟（ITU）从 1997 年开始每一年出版一本世界因特网发展年度报告，其中，2005 年度报告的题目是《物联网》（*The Internet of Things*，IOT）。2005 年，在突尼斯举行的信息社会世界峰会（WSIS）上，ITU 发布的报告系统地介绍了意大利、日本、韩国与新加坡等国家的案例，并提出了“物联网时代”的构想。世界上的万事万物，小到钥匙、手表、手机，大到汽车、楼房，只要嵌入一个微型的射频标签芯片或传感器芯片，通过因特网就能够实现物与物之间的信息交互，从而形成一个无所不在的“物联网”。物联网概念的兴起，在很大程度上得益于 ITU 的因特网发展年度报告，但是 ITU 的报告并没有对物联网进行一个清晰定义。

在理解物联网的基本概念时需要注意以下几个问题：

1. 因特网的延伸与扩展

物联网是在因特网的基础上，利用射频标签与无线传感器网络技术，构建一个覆盖世界上所有人与物的网络信息系统。实现人与人之间的信息交互和共享是因特网最基本的功能。在物联网中，人们强调的是人与物、物与物之间的信息自动交互和共享。

因此，人们可以认为：物联网是因特网接入方式与端系统的延伸，也是因特网服务功能的扩展。

2．物理世界与信息世界的无缝连接

2009年9月，在北京举办的“物联网与企业环境中欧研讨会”上，欧盟委员会信息和社会媒体司射频识别（RFID）部门负责人Lorent Ferderix博士对物联网的描述是：物联网是一个动态的全球网络基础设施，它具有基于标准和互操作通信协议的自组织能力，其中物理的和虚拟的“物”具有身份标识、物理属性、虚拟的特性和智能的接口，并与因特网无缝连接。

图1-1为物理世界与信息世界无缝连接的示意图。从物联网的概念出发，人们可以看到3个世界：真实的物理世界、数字世界与连接两者的虚拟控制的世界。真实的物理世界与数字世界之间存在着物的集成关系；物理世界与虚拟控制的世界之间存在着描述物与活动之间的语义的集成关系；数字世界与虚拟控制的世界之间存在着数据集成的关系。三者之间的集成关系共同形成了物联网社会的知识集成关系。

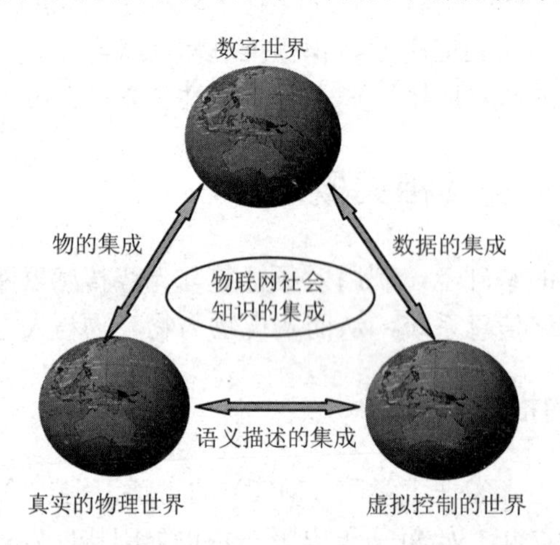

图1-1　物理世界与信息世界无缝连接的示意图

IBM公司也在智慧地球概念的基础上提出了他们对物联网的理解。IBM的学者认为：智慧地球将感应器嵌入和安装到电网、铁路、桥梁、隧道、公路、建筑、供水系统、大坝、油气管道等各种物体中，并通过超级计算机和云计算组成物联网，实现人类社会与物理系统的整合。关于智慧地球的概念，从根本上说，就是希望通过在基础设施和制造业上大量嵌入传感器，捕捉运行过程中的各种信息，然后通过无线传感器接入因特网，通过计算机分析并处理，然后发出指令，反馈给传感器，远程执行指令，以达到提高效率和效益的目的。这种技术控制的对象小到控制一个开关、一个可编程控制器、一台发电机，大到控制一个行业的运行过程。

因此，人们可以将物联网理解为：“物-物相连的因特网”、一个动态的全球信息基础设施，也有学者将它称为无处不在的“泛在网”和“传感网”。无论是称为“物联网”，还是“泛在网”或“传感网”，这项技术的实质是使世界上的物、人、网与社会融合为一个有机的整体。物联网概念的本质就是，将地球上人类的经济活动、社会生活、生产运行与个人生活都放在一个智慧的物联网基础设施之上运行。

3．四个基本特征

连接到物联网上的每个"物"应该具有四个基本的特征：地址标识、感知能力、通信能力和可以控制。人们可以将这四个基本的特征理解为：

地址标识——你是谁？你在哪里？

感知能力——你有感知周围情况的能力吗？

通信能力——你能够将你了解的情况告诉我吗？

可以控制——你能听从我的指示吗？

在组建物联网的应用系统时，人们首先需要给具有感知能力的传感器或射频标签芯片编号，将编号后的传感器安装在指定的位置；然后将编号和物品的基本信息写入到射频标签芯片中，并贴到指定的物品上。在物联网系统的运行过程中，当传感器或射频标签芯片移动时，人们能够通过无线网络与因特网随时掌握不同编号的传感器或射频标签芯片目前所处的位置，能够指示传感器或射频标签芯片，将它们感知的周边情况通过网络传送给人们，人们再利用计算机的智能能力决定应该做什么。因此，具有移动感知功能的物联网需要有三大关键技术来支撑，分别是感知、传输与计算。终端感知和地址标识是物联网三大关键技术的基础。终端感知和地址标识主要是通过射频标签芯片与传感器技术来实现的。因此，支撑物联网中人与物、物与物之间自动信息交互的关键技术是射频标识与无线传感器技术，它们将物理世界与信息世界整合为一个整体。对物联网中的人、设备、网络与信息进行处理、管理与控制时，需要有功能强大的高性能计算机与安全的数据存储设备。

4．物联网应用领域

人们知道，因特网有多种网络服务功能，如 E-mail、FTP、Web 及 IPTV 等，很多因特网网站购置了大量的服务器、存储设备和路由器、通信线路，可提供各种网络服务功能。同时，学校的校园信息服务系统、企业的电子商务系统、政府部门的电子政务系统都可在因特网中运行，从而提供各种信息服务和信息共享功能。同样的，随着物联网的广泛应用，必然会出现大量的物联网应用系统，如服务于制造业、物流业及军队后勤补给的物联网应用系统，能够在提高产业核心竞争力方面发挥重要的作用。从感知层到网络层，再到应用层，物联网业务将在工业生产、精准农业、公共安全监控、城市管理、智能交通、安全生产、环境监测、远程医疗、智能家居等领域得到广泛应用。

因此，物联网可以用于三大领域，即公共管理和服务、企业应用、个人和家庭应用；物联网是由大量不同用途、符合不同协议标准的物联网应用系统所组成的；物联网的功能体现在各种物联网应用系统所提供的服务上。

5．物联网提供服务的特点

在物联网环境中，一个合法的用户可以在任何时间、任何地点对任何资源和服务进行低成本的访问。有的学者将物联网能够提供服务的特点总结为 7A 服务，即 Anytime

Anywhere Affordable Access to Anything by Anyone Authorized。

人们也可以将物联网提供服务的特点总结为：任何人（Anyone，Anybody）可以在任何时间（Anytime，Any context）、任何地方（Anyplace，Anywhere），通过任何网络或途径（Any path，Any Network）访问任何事（Anything，Any device）和任何服务（Any service，Any business）。图 1-2 为物联网能够提供服务的特点示意图。

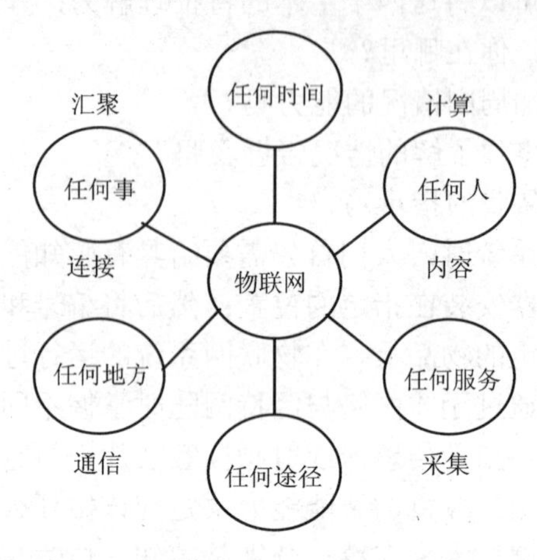

图 1-2　物联网提供服务的特点示意图

6. 物联网产业发展空间

物联网是继计算机、因特网与移动通信之后的下一个产值可以达到万亿元级别的新经济增长点。物联网的发展必然要形成一个完整的产业链，并能够提供更多的就业机会。物联网的产业链应该包括 3 部分：以集成电路设计制造、嵌入式系统为代表的核心产业体系，以网络、软件、通信、信息安全产业和信息服务业为代表的支撑产业体系，以及以数字地球、现代物流、智能交通、智能环保、绿色制造等为代表的直接面向应用的关联产业体系。

美国咨询机构 FORRESTER 预测，到 2020 年，物联网上物与物互联的通信量和人与人的通信量相比将达到 30:1。由物联网应用带动的 RFID、WSN 技术，以及因特网、无线通信、软件技术、芯片与电子元器件产业将会发展成为一个上万亿元规模的高科技市场。

中关村物联网产业联盟、长城战略咨询联合发布的《物联网产业发展研究（2010）》报告描绘了一幅中国物联网产业发展的路线图：在 2010—2020 年的 10 年中，中国物联网产业将经历应用创新、技术创新、服务创新 3 个关键的发展阶段，成长为一个超过 5 万亿规模的巨大产业。报告指出，我国物联网产业未来发展有四大趋势：细分市场递进发展、标准体系渐进成熟、通用性平台将会出现、技术与人的行为模式结合促进商业模式创新。报告也指出了促进物联网产业发展的 3 个关键问题：制定统一的发展战略和产业促进政策、构建开放架构的物联网标准体系、重视物联网在中国制造与发展绿色低碳经济中的战略性应用。总之，物联网的推广和应用将会成为 21 世纪推进经济发展的又一个助推器，同时也为信息技术与信息产业展示了一个巨大的发展空间。

从长远技术发展的观点看，因特网实现了人与人、人与信息、人与系统的融合，物联网则进一步实现了人与物、物与物的融合，使人类对客观世界具有更透彻的感知能力、更全面的认识能力、更智慧的处理能力。这种新的思维模式在提高人类的生产力、效率、效益的同时，可以改善人类社会发展与地球生态的和谐性及可持续发展的关系，“互连化”、“物连化”与“智能化”的融合最终会形成“智慧地球”。

1.2.2　物联网的定义

物联网是一种“万物沟通”的，具有全面感知、可靠传送、智能处理特征的，连接物理世界的网络，可实现任何时间、任何地点及任何物体的连接，使人类可以使用更加精细和动态的方式管理生产和生活，达到“智慧”状态，提高资源利用率和生产率水平，改善人和自然界的关系，从而提高整个社会的信息化能力。

物联网作为一种物物相连的因特网，无疑消除了人与物之间的隔阂，使人与物、物与物之间的对话得以实现。整个物联网的概念涵盖了从终端到网络、从数据采集处理到智能控制、从应用到服务、从人到物等的方方面面，涉及射频识别装置、无线传感网络、红外感应器、全球定位系统、因特网与移动网络、网络服务、行业应用软件等众多技术。在这些技术中，又以底层嵌入式设备芯片开发最为关键，并以此来引领整个行业的上游发展。

1.2.3　物联网与传感网

传感器网络（Sensor Network）的概念最早由美国军方提出，起源于 1978 年美国国防部高级研究计划局（DARPA）开始资助的卡耐基梅隆大学进行的分布式传感器网络的研究项目，当时，此概念局限于由若干具有无线通信能力的传感器结点自组织构成的网络。随着近年来因特网技术、多种接入网络及智能计算技术的飞速发展，2008 年 2 月，ITU-T 发表了《泛在传感器网络》（*Ubiquitous Sensor Networks*）研究报告。在报告中，ITU-T 指出传感器网络已经向泛在传感器网络的方向发展，它是由智能传感器结点组成的网络，可以以“任何地点、任何时间、任何人、任何物”的形式被部署。该技术可以在广泛的领域中推动新的应用和服务，包括从安全保卫和环境监控到推动个人生产力和增强国家竞争力领域。

1．无线传感器网络

20 世纪 90 年代末，随着现代传感器、无线通信、现代网络、嵌入式计算、微机电系统（Micro-Electro-Mechanical Systems，MEMS）、集成电路、分布式信息处理与人工智能等新兴技术的发展与融合，以及新材料、新工艺的出现，传感器技术向微型化、无线化、数字化、网络化、智能化方向迅速发展。由此研制出了各种具有感知、通信与计算功能的智能微型传感器。由大量部署在监测区域内的微型传感器结点构成的无线传感器网络（Wireless Sensor Networks，WSN），通过无线通信方式智能组网，形成一个自组织网络系统，具有信号采集、实时监测、信息传输、协同处理、信息服务等功能，能感知、采集和处理网络所覆盖区域中感知对象的各种信息，并将处理后的信息传递给用户。

WSN 可以使人们在任何时间、任何地点和任何环境条件下，获取大量翔实、可靠的物理世界信息，这种具有智能获取、传输和处理信息功能的网络化智能传感器和无线传感器网，正在逐步形成 IT 领域的新兴产业。它可以广泛应用于军事、科研、环境、交通、医疗、制造、反恐、抗灾、家居等领域。

无线传感器网络系统是一个综合的、知识高度集成的前沿热点研究领域，正受到各方面的高度关注。美国国防部在 2000 年时就把传感器网络定为五大国防建设领域之一。美国研究机构和媒体认为它是 21 世纪世界最具有影响力的、高技术领域的四大支柱型产业之一，是改变世界的十大新兴技术之一。日本在 2004 年就把传感器网络定为四项重点战略之一。我国《国家中长期科学与技术发展规划（2006—2020 年）》中把智能感知技术、自组织网络与通信技术、宽带无线移动通信等技术列为重点发展的前沿技术。

2．基于射频识别的传感器网络

基于射频识别的无线传感器网络，是目前最主要的一种无线传感器网络类型。射频识别是一种利用无线射频方式在读写器和电子标签之间进行非接触的双向数据传输，以达到目标识别和数据交换的目的。它能够通过各类集成化的微型传感器协作进行实时监测、感知和采集各种环境或监测对象的信息，将客观世界的物理信号转换成电信号，从而实现物理世界、计算机世界及人类社会的交流。RFID 和传感器具有不同的技术特点，传感器可以监测感应到的各种信息，但缺乏对物品的标识能力，而 RFID 技术具有强大的标识物品能力。尽管 RFID 经常被描述成一种基于标签的、用于识别目标的传感器，但 RFID 读写器不能实时感应当前环境的改变，其读写范围受到读写器与标签之间距离的影响。因此，提高 RFID 系统的感应能力，扩大 RFID 系统的覆盖能力是亟待解决的问题。而传感器网络较长的有效距离将拓展 RFID 技术的应用范围。

3．三者之间的关系

传感器、传感器网络和 RFID 技术都是物联网技术的重要组成部分，它们的相互融合和系统集成将极大地推动物联网的应用，其应用前景不可估量。如果将智能传感器的范围扩展到 RFID 等其他数据采集技术，从技术构成和应用领域来看，泛在传感器网络等同于现在人们提到的物联网。

1.2.4　物联网与泛在网

1991 年，施乐实验室的首席技术官 Mark Weiser 首次提出“泛在计算”或“U-计算（Ubiquitous Computing）”的概念。泛在计算旨在构建超越传统桌面计算的人机交互新模式，将信息处理嵌入到用户生活周边空间的计算设备中，从而协同地、不可见地为用户提供信息通信服务。

日本野村综研所在泛在计算概念的基础上提出了泛在网络，将泛在计算模式应用到网络服务中。与此同时，欧盟的环境感知智能（Ambient Intelligence）、北美普适计算（Pervasive Computing）的概念描述与侧重点虽然不同，但与泛在网络的核心思想却不谋而合。

1．泛在网络

泛在网络由最早提出 U 战略的日本和韩国定义为将由智能网络、最先进的计算技术及其他领先的数字技术基础设施武装而成的技术社会形态。根据这样的构想，泛在网络可将信息空间与物理空间实现无缝对接，其服务具有无所不在、无所不包、无所不能 3 个基本特征，从而能在 5A 条件——任何时间（Anytime）、任何地点（Anywhere）、任何人（Anyone）、任何物（Anything）、任何对象（Any object）顺畅地通信，通过合适的终端设备与网络进行连接，获得前摄性、个性化的信息服务。

2009 年 9 月，ITU-T 通过的 Y.2002（Y.NGN-UbiNet）标准给出了泛在网络的定义：在预订服务的情况下，个人或设备以最少的技术限制接入到服务和通信的能力。同时，初步描绘了泛在网络的愿景，“5C+5Any”成为了泛在网的关键特征。5C 分别是融合（Convergence）、内容（Contents）、计算（Computing）、通信（Communication）、连接（Connectivity）。5Any 分别是任何时间（Anytime）、任何地点（Anywhere）、任何服务（Any service）、任何网络（Any network）、任何对象（Any object）。泛在网络通过对物理世界更透彻的感知，构建无所不在的连接及提供无处不在的个人智能服务，并扩展对环境保护、城市建设、物流运输、医疗监护、能源管理等重点行业的支撑，为人们提供更加高效的服务，让人们享受信息通信的便利，让信息通信改变人们的生活，从而更好地服务于人们的生活。随着信息技术的发展，泛在化的信息服务将渗透到人们日常生活的方方面面，即进入泛在网络社会。然而，“泛在”主要面向用户周边所暗藏的各种物质、能量与信息，并形成上述三者内部间的协作。泛在网络已不再局限于单一的某种具体技术或覆盖的无所不在，而是包含信息层面含义的逻辑融合网络，将包容现有 ICT，从而更加深刻地影响社会发展进程。

2. 泛在网与物联网关系

泛在网络在兼顾物与物相连的基础上，涵盖了物与人、人与人的通信，是全方位沟通物理世界与信息世界的桥梁。从泛在的内涵来看，首先关注的是人与周边的和谐交互，各种感知设备与无线网络只是手段。在最终的泛在网络形态上，既有因特网的部分，也有物联网的部分，同时，还有一部分属于智能系统（智能推理情境建模、上下文处理、业务触发）范畴。传感网是物联网感知层的重要组成部分；物联网是泛在网络发展的初级阶段（物连阶段），主要面向人与物、物与物的通信；泛在网络是通信网、因特网、物联网的高度协同和融合，将实现跨网络、跨行业、跨应用、异构多技术的融合和协同，其概念范畴如图 1-3 所示。而传感网与物联网则作为泛在网应用的具体体现，它们实质上是泛在网融合、协同的一种网络工作模式。

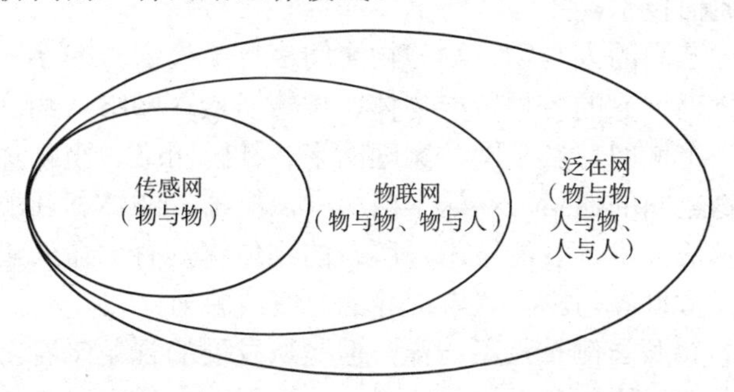

图 1-3　泛在网与传感网、物联网的范畴

它们的区别主要体现在以下两个方面：

1）涵盖领域上的区别

（1）物联网（The Internet of Things）。物联网概念是由麻省理工学院 Auto-ID 研究中心（Auto-ID Labs）1999 年提出的，其最初的含义是指，把所有物品通过射频识别等信息传感设备与因特网连接起来，从而实现智能化的识别和管理。到了 2005 年，国际电信联盟（ITU）发表了一篇题为 *The Internet of things* 的年度报告，对物联网概念进行了扩展，提出了任何时刻、任何地点、任意物体之间互连（Anytime，Any Place，Any Things Connection），以及无所不在的网络（Ubiquitous Networks）和无所不在的计算（Ubiquitous Computing）的发展愿景。除 RFID 技术外，传感器技术、纳米技术、智能终端等技术将得到更加广泛的应用。2009 年 1 月，IBM 提出“智慧地球”构想，物联网为其中不可或缺的一部分，而奥巴马对“智慧地球”构想做出了积极回应，并将其提升为国家层级的发展战略，从而引起全球广泛关注。

（2）泛在网络（Ubiquitous Networking）。Ubiquitous（无所不在）源自拉丁语，意为存在于任何地方。1991 年，Xerox 实验室的计算机科学家 Mark Weiser 首次提出“泛在计算”（Ubiquitous Computing）的概念，描述了任何人无论在何时、何地都可以通过合适的终端设备与网络进行连接，获取个性化的信息服务。泛在网是基于个人和社会的需求，利用现有的和新的网络技术，提供人与人、人与物、物与物之间按需进行的信息获取、传递、存储、认知、决策、使用等服务。泛在网具备超强的环境感知、内容感知及智能性，为个人和社会提供泛在的、无所不含的信息服务和应用。

2）关键技术的不同

（1）物联网。国际电信联盟（ITU）将射频识别技术、传感器技术、纳米技术、智能嵌入技术列为物联网关键技术。其中，RFID 被公认为物联网的构建基础和核心。中科院软件研究所孙利民认为，物联网的关键技术包括物体标识、体系架构、通信和网络、安全和隐私、服务发现和搜索、软硬件、能量获取和存储、设备微型小型化、标准等。

（2）泛在网。“5C+5Any”是泛在网络的关键特征，总体意思是，通过底层全连通的、可靠的、智能的网络，以及融合的 IT 技术和通信技术，将通信服务扩展到教育、金融、智能建筑、交通、物流、健康医疗、灾害管理、安全服务等行业，为人们提供更好的服务。

（3）未来定位不同。未来的泛在网、物联网、传感网各有定位，传感网是泛在网和物联网的组成部分，物联网是泛在网发展的物连阶段。因特网、物联网之间相互协同、融合，是泛在网发展的目标。传感网最主要的特征是利用各种各样的传感器，再加上中低速的近距离无线通信技术。

物联网将解决大范围的人与物、物与物之间信息交换需求的连网问题。物联网采用各种不同的技术把物理世界的各种智能物体、传感器接入网络。物联网通过接入延伸技术，实现末端网络（个域网、汽车网、家庭网络、社区网络、小物体网络等）的互连来实现人与物、物与物之间的通信。在这个网络中，机器、物体和环境都将被纳入人类感知的范畴，利用传感器技术、智能技术，所有的物体将具有生命的迹象，从而变得更加聪明，实现了数字虚拟世界与物理真实世界的对应或映射。

虽然不同概念的起源、侧重点不一样，但是从发展的视角来看，未来的网络发展更多地是看重无处不在的网络基础设施的发展，从而帮助人类实现 5A 化通信，即在任何时间（Anytime）、任何地点（Anywhere）、任何人（Anyone）、任何物（Anything）、任何对象（Any Object）都能顺畅地通信。

1.2.5　物联网与 M2M

M2M 是“机器对机器通信（Machine to Machine）”或者“人对机器通信（Man to Machine）”的简称。主要是通过网络传递信息，从而实现机器对机器或人对机器的数据交换，也就是通过通信网络实现机器之间的互连互通。移动通信网络由于其网络的特殊性，终端不需要人工布线，可以提供移动性支撑，有利于节约成本，并可以满足危险环境下的通信需求，使得以移动通信网络作为承载的 M2M 服务得到了业界的广泛关注。

M2M 作为物联网在现阶段的最普遍的应用形式，在欧洲、美国、韩国、日本等国家实现了商业化应用。主要应用在安全监测、机械服务和维修业务、公共交通系统、车队管理、工业、城市信息化等领域。提供 M2M 业务的主流运营商包括英国的 BT 和 Vodafone、德国的 T-Mobile、日本的 NTT-DoCoMo、韩国 SK 等。中国的 M2M 应用起步较早，目前正处于快速发展阶段，各大运营商都在积极研究 M2M 技术，拓展 M2M 的应用市场。

1.3　物联网的未来发展及面临的问题

物联网的提出可以使世界上所有的人和物在任何时间、任何地点都可以方便地实现人与人、人与物、物与物之间的信息交互。然而，物联网未来发展将会面临 IP 地址缺乏、信息安全等一系列的问题。

1.3.1　物联网的未来发展

目前，全球物联网尚处于概念、论证与试验阶段，处于攻克关键技术、制定标准规范与研发应用的初级阶段。我国处于与国际同步地位，但是在核心技术和生产规模方面还有差距。2009 年，国务院将传感网和物联网上升为国家五大战略性的新兴产业之一。

在当前物联网进展中，技术发展趋势呈现出融合化、嵌入化、可信化、智能化的特征，管理应用发展趋势呈现出标准化、服务化、开放化、工程化的特征。物联网发展的关键在于应用，只有以应用需求为导向，才能带动物联网技术与产业的蓬勃发展。2008 年底，IBM 首席执行官彭明盛首次提出“智慧的地球（Smart Earth）”新理念。据了解，“智慧地球”战略就是把 IT 前沿技术应用到各行各业之中，把传感器嵌入和安装到全球的电网、铁路、公路、桥梁、建筑、供水系统中，并通过互连形成“物联网”。而后，通过超级计算机和云计算技术，对海量的数据和信息进行分析与处理，将物联网整合起来，实施智能化的控制与管理，从而达到全球的“智慧”状态，最终实现“因特网+物联网=智慧地球”。IBM 还进一步推出各种“智慧”解决方案，包括智慧能源系统、智慧交通系统、智慧金融和保险系统、智慧零售系统、智慧医疗保健系统与智慧城市系统等。“智慧地球”的核心是“更透彻地感知、更全面地互连互通和更深入的智能化”；其基础是传感网、物联网和因特网在各行各业的高效融合与综合应用。这种能够实现人与人、人与物、物与物之间随时、随地沟通的全新网络环境称为泛在网（Ubiquitous Network）。物联网、因特网与空间信息系统（SIS）的高效融合，将使数字地球、智慧地球从理念逐步转为实际应用。

1.3.2　物联网发展面临的问题

Forrester 预测表明：到 2020 年，世界上“物物互连”的业务较“人与人通信”业务的发展前景及对经济和社会的影响更巨大。然而，要真正实现物联网，需要系统解决一系列问题，如核心技术、标准规范、产品研发、安全保护、产业规划、体制机制、协调合作、推广应用等技术问题和管理问题。

1．突破核心技术

对于尚处于物联网关键技术研发和规模化应用初始阶段的中国，必须尽快突破核心技术，抢占制高点。待攻克的核心技术包括传感器技术、射频识别技术、智能通信与控制技术、海量数据处理技术及非 IP 数据交换技术、异构网络融合技术、自治区域动态管理等技术。

2．制定标准规范

作为处于产业发展初期的物联网，有许多影响物联网发展的瓶颈亟待突破，缺乏统一标准体系和成熟商业模式已成为目前制约其发展的关键要素。因此，花大力气制定相关的标准化体系、产业链体系、研发与应用项目规范等十分重要，可为最终成为能被世界各国认可的、统一的物联网国际标准奠定基础。

3．关注信息安全

信息安全一直是困扰因特网发展的痼疾，在物联网时代，这个痼疾还将继续威胁其生存和发展。物联网中物与物、物与人之间的互连，通过信息采集和交换设备进行采集和传输，承载着大量的国家经济、社会活动和战略性资源，其信息安全和保护隐私等问题必须重点考虑和解决。如果物联网的安全问题得不到有效解决，我国的产业安全、经济安全，乃至国家安全都将被置于一个巨大的无底洞之中。因此，信息安全是我国未来物联网发展所面临的一个根本问题。

4．寻求统一协议

物联网是因特网的延伸，是基于网络的多种技术的结合，应该有相关协议标准做支撑。物联网在核心层面基于 TCP/IP 协议；在接入层面，协议类别五花八门（如 GPRS、短信、传感器、TD-SCDMA 等），物联网需要一个统一的协议栈。

5．扩充 IP 地址

物联网中的每个物品都需要地址，这就需要解决地址问题。由于物联网需要更多的 IP 地址，这对目前即将耗尽的 IPv4 资源而言是无法支持的，那就需要 IPv6 来支撑。物联网一旦使用 IPv6 地址，不仅需要解决 IPv4 向 IPv6 过渡过程中产生的与 IPv4 的兼容性问题，而且对传感网末梢结点如何承载 IPv6 这种“重量级”通信协议需要有相应的对策。

6．推进官产学研用

物联网作为新概念、新技术，其产业化推进还缺少国家级的产业战略谋划，需要有官产学研用联盟来组织引导，官产学研用各司其职，集中资源，形成合力。众所周知，物联网热潮源头在科研院所和高校，这里侧重基础理论，能够提供技术支持。但物联网的最终发展需要靠企业，通过大规模工程实践牵引，形成物联网的服务模式和商业模式，以应用为先导，兼顾国家安全需求和民用市场，这样才能落在实际的应用上。

小结

物联网是指在物理世界的实体中安装具有一定感知能力、计算能力和执行能力的嵌入式芯片和软件，使之成为智能物体，通过网络设施实现信息传输、协同和处理，从而实现物与物、物与人之间的互连。

本章简要介绍了物联网的发展历程，物联网的定义及相关概念，物联网与传感网、泛在网、M2M 的区别，以及物联网的未来发展及面临的问题。

习题

1. 什么是物联网？
2. 物联网与传感网、泛在网、M2M 的区别是什么？
3. 物联网发展面临的问题是什么？

第2章 物联网体系架构

本章学习重点

1. 物联网的体系架构及各部分功能
2. 物联网体系架构各部分涉及的关键技术

物联网的技术体系框架包括感知层技术、网络层技术、应用层技术和公共技术。

感知层的主要功能是数据的采集和感知，主要用于采集物理世界中发生的物理事件和数据，包括各类物理量、标识、音频、视频等。网络层的主要功能是实现更加广泛的互连，把感知到的信息无障碍、高可靠、高安全地进行传送。应用层主要包含应用支撑平台子层和应用服务子层。其中，应用支撑平台子层用于支撑跨行业、跨应用、跨系统之间的信息协同、共享、互通等功能；应用服务子层包括智能交通、智能医疗、智能家居、智能物流、智能电力、环境监测和工业监控等行业应用。

2.1 概述

物联网系统非常复杂，涉及通信、微电子、计算机软件、计算机网络等多个技术领域。物联网的技术体系框架包括感知层技术、网络层技术、应用层技术和公共技术。

2.1.1 物联网应用场景

1. 基于 RFID 的物联网应用架构

根据瑞士 ETH Fleisch 教授的划分，RFID 是穿孔卡、键盘和条形码等应用技术的延伸，它比条形码等技术的自动化程度高，但都属于提高“输入”效率的技术，也都属于物联网应用技术范畴。Auto-ID 中心的 EPCglobal 体系是针对所有可电子化的编码方式的，而不只是针对 RFID。RFID 只是编码的一种载体，此外还有其他基于物理、化学过程的载体。

EPCglobal 提出了 Auto-ID 系统的五大技术组成。这五大技术分别是 EPC（电子产品代码）标签、RFID 标签阅读器、ALE 中间件、EPCIS 信息服务系统，以及信息发现服务（包括 ONS 和 PML），这里不再对其标准体系架构赘述。EPCglobal 标准架构如图 2-1 所示。

ONS（Object Name Service，对象命名服务）主要处理电子产品代码与对应的 EPCIS 信息服务器地址的查询和映射管理，类似于因特网中已经很成熟的域名解析服务（DNS）。

PML 的作用就像因特网的基本语言 HTML 一样。

EPC 只是“标签”，所有关于产品有用的信息都用一种新型的标准 XML 语言——实体标识语言（Physical Markup Language）来描述。

有了 ONS 和 PML，以 RFID 为主的 EPC 系统才真正从 Network of Things 走向了 Internet of Things（物联网）。基于 ONS 和 PML，企业对 RFID 技术的应用将从企业内部的闭环应用过渡到供应链的开环应用上，实现真正的“物联网”。

2. 基于传感网络的物联网应用架构

传感网络主要是指无线传感网络（Wireless Sensor Network，WSN），此外还有视觉传感网络（Visual Sensor Network，VSN）及人体传感网络（Body Sensor Network，BSN）等其他传感网，这里主要讨论 WSN。

WSN 由分布在自由空间里的一组“自治的”无线传感器组成，共同协作完成对特定周边环境状况的监控，包括温度、湿度、化学成分、压力、声音、位移、振动、污染颗粒等。WSN 中的一个结点（或称 Node）一般由一个无线收发器、一个微控制器和一个电源组成。WSN 一般是自治重构（Ad-Hoc 或 Self-Configuring）网络，包括无线网状网（Mesh Network）和移动自重构网（MANET）等。

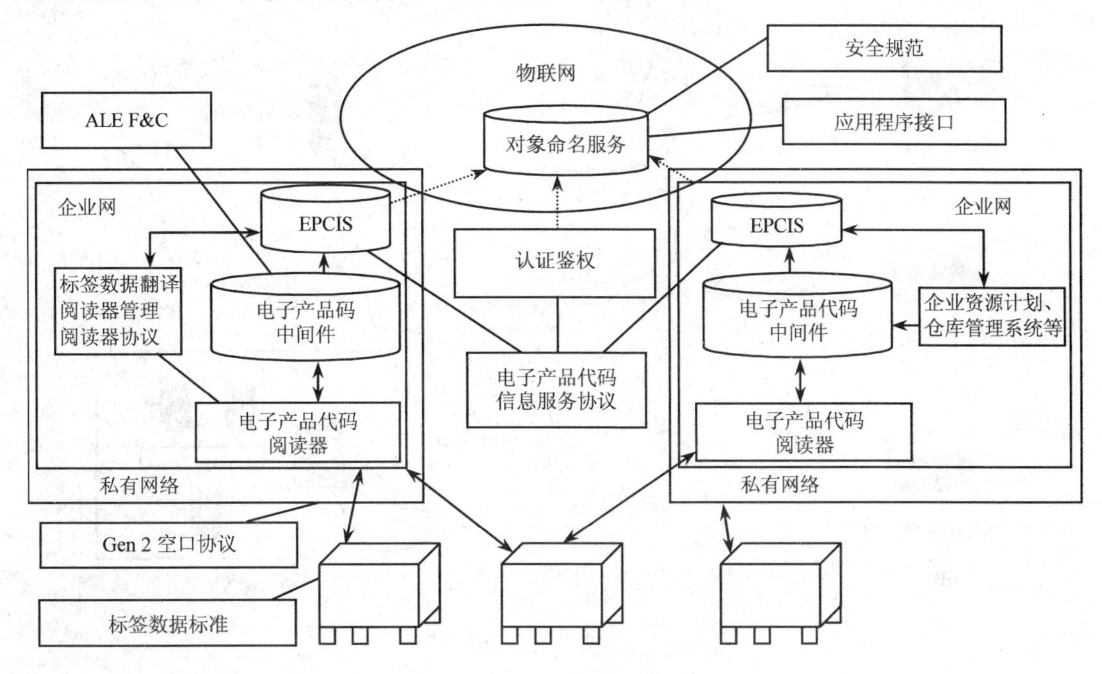

图 2-1　EPCglobal 标准架构图

3. 基于 M2M 的物联网应用架构

业界认同的 M2M 理念和技术架构覆盖范围应该是最广泛的，包含了 EPCglobal 和 WSN 的部分内容，也覆盖了有线和无线两种通信方式。一个典型的 M2M 系统由图 2-2 所示的几个部分组成。

M2M 覆盖和拓展了工业信息化（两化融合）中传统的数据采集与监视控制（Supervisory Control And Data Acquisition，SCADA）系统。SCADA 系统在工业、建筑、能源、设施管理等领域和现在的 M2M 系统一样，能进行设备数据收集和远程监控、监测的工作。

2.1.2　物联网需求分析

物联网的应用大致包括 3 个层次的理念：底层是传感网络，在传统意义上是终端的层面，现在不只是终端，已经延伸到其他网络当中；往上是数据传输的网络通道，这是通信领域最熟知的接入网（比如 2G、3G、Wi-Fi 等），业务网也是一样的（比如中国移动的云计算系统等）；最上面的则是内容应用，除了个人应用以外，大量的行业应用、企业应用、社会应用会在这个层面扩展。应用都是基于功能的。目前，物联网主要实现了 3 种功能。一是智能化识别，即利用射频识别（RFID）和星形拓扑结构的 WSN，实现对物体的智能身份识别；二是定位跟踪，基于 WSN 的定位跟踪技术，通过计算信标结点和目标结点的电磁波传输时间来实现跟踪定位；三是智能监控，可集成多种传感器，通过自组无线网络实现数据采集和汇总，具有不依赖基础设施、组网灵活、免布线、免维护、低功耗等特点。

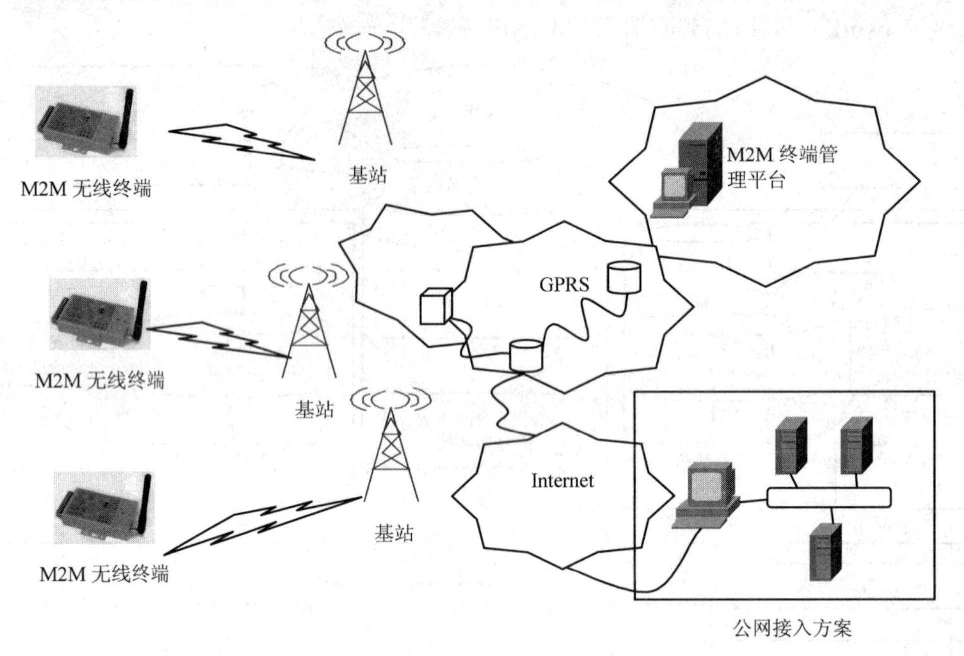

图 2-2　典型的 M2M 系统

结合物联网的 3 种功能，人们可以从下面的实例中见证一下日益增长的物联网应用需求。目前，有些国家已经逐渐在药剂产品上使用独特的序列编码，确保对药剂产品进行确认之后再给病人使用，这就减少了造假、欺诈与分发错误的发生。如果一般消费产品也具备了可追溯性，人们就可以更好地解决造假问题并应对危险产品。在农业信息化方面，通过在不同的农田里布置物联网结点，再配以一些网端，便可以在后方获取实时的土壤信息、湿度信息及农作物生长的相关环境信息。物联网技术在农业中的应用既能改变粗放的农业经营管理方式，也能提高动植物疫情、疫病的防控能力，确保农产品的质量安全，引领现代农业发展。目前，物联网的应用形式多种多样，而且随着技术的创新和用户壁垒的逐渐消除，应用种类还在不断增加。人们可以从 4 个方面了解物联网的需求：从个人的角度看，物联网能够提升人们的生活质量，提供更好的工作，优化人们的生活；从企业角度出发，物联网可以提供更多的商业机遇，提高效率，创造效益；就政府而言，物联网的应用已被提升到国家战略层面，以应用为导向带动技术进步，将推动我国物联网发展，从而抢占新一轮科技革命的制高点；就社会而言，物联网可让人们避免浪费时间、金钱，节省能源，并促进整个世界的可持续发展。

2.1.3　物联网体系架构

基于 ITU 的架构，物联网的技术体系框架包括感知层技术、网络层技术、应用层技术和公共技术。若以电信网的架构来看，主要是下面多了一个感知延伸层，上面多了更多的应用，如图 2-3 所示。

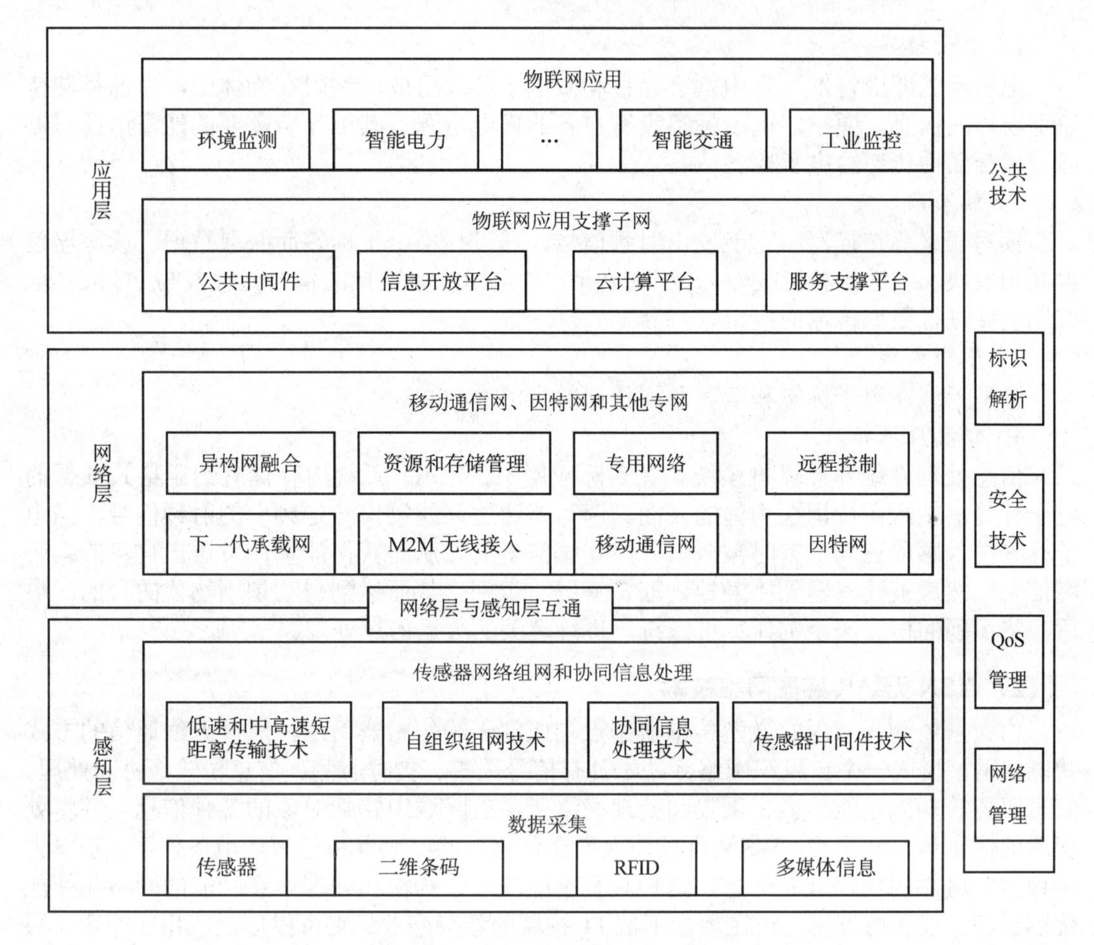

图 2-3　物联网的技术体系框架

2.2　感知层

感知层处于物联网架构的最底层，主要用于物理事件和数据的采集，如温度、湿度等各类物理量、物品标识、音频、视频等数据。

2.2.1　感知层功能

感知层的主要功能是数据采集和感知。它主要用于采集物理世界中发生的物理事件和数据，包括各类物理量、标识、音频、视频等数据。物联网的数据采集涉及传感器、RFID、多媒体信息采集、二维代码和实时定位等技术。传感器网络组网和协同信息处理技术实现传感器、RFID 等所采取数据的短距离传输、自组织组网及多个传感器对数据的协同信息处理过程。

2.2.2　感知层关键技术

1. RFID 射频识别技术

RFID 系统由电子标签、读写器、微型天线和信息处理系统组成。

1）电子标签

电子标签即应答器，它由耦合元件和微电子芯片组成，粘附在物体上，内部存储待识别物体的信息。通常，电子标签没有自备的供电电源，其工作所需要的能量由读写器通过耦合元件传递给电子标签。

2）读写器

读写器又称扫描器，它能发出射频信号，通过扫描电子标签而获取数据。读写器包含高频模块（发送器和接收器）、控制单元、与电子标签连接的耦合元件及与PC或其他控制装置进行数据传输的接口。

3）微型天线

微型天线在电子标签和读写器间传递射频信号。

4）信息处理系统

信息处理系统即计算机系统。在实际应用中，RFID 系统内存储有约定格式数据的电子标签，粘附在待识别物体的表面。读写器通过天线发出一定频率的射频信号，当电子标签进入感应磁场范围时被激活并产生感应电流，从而获得能量，发送出自身的编码等信息，然后被读写器无接触地读取、解码与识别，从而达到自动识别物体的目的。最后，将识别的信息送至主计算机系统，进行有关的数据信息处理。

2．WSN 无线传感器网络技术

由大量监测区域内的微型传感器结点构成的无线传感器网络，通过无线通信的方式智能组网，形成一个自组织网络系统，具有信号采集、实时监测、信息传输、协同处理、信息服务等功能，能感知、采集和处理网络所覆盖区域中感知对象的各种信息，并将处理后的信息传递给用户。WSN 可以使人们在任何时间、地点和任何环境条件下，获取大量翔实、可靠的物理世界信息，这种具有智能获取、传输和处理信息功能的网络化智能传感器和无线传感器网，正在逐步形成 IT 领域的新兴产业。它可以广泛应用于军事、科研、环境、交通、医疗、制造、反恐、抗灾、家居等领域。

2.3　网络层

网络层处于物联网架构的中间层，主要用于信息的传送，包括移动通信网、因特网和其他专网。

2.3.1　网络层功能

网络层的主要功能是实现更加广泛的互连功能，把感知到的信息无障碍、可靠、安全地进行传送，这需要传感网与移动通信技术、因特网技术相融合。虽然这些技术已较成熟，基本能满足物联网的数据传输要求，但是为了适应未来物联网的新业务特征，还需要对传统传感器、电信网、因特网进行优化。

2.3.2　网络层关键技术

网络层分为网络传输平台和应用平台两个子层。网络传输平台就是物联网的主干网，利用因特网技术、工业以太网技术、无线通信技术及 M2M 技术，把感知到的信息实时、无障碍、可靠、安全地进行传送。因此需要进一步研究传感网与无线通信网络技术、工

业以太网技术、RFID 及其他数据集成技术。应用平台主要实现各种数据信息集成，包括统一数据描述、统一数据仓库、数据中间件技术、虚拟逻辑系统的构建等。在此基础上，构成服务支撑平台，为应用层的各种服务提供开放的接口。应用平台是将服务与网络解耦的核心，也是方便、快捷部署逻辑子系统的关键所在。

2.4　应用层

应用层处于物联网架构的最高层，主要用于支撑及应用服务；用于支撑不同行业、不同应用和不同系统之间的信息协同、共享、互通等，以及各种行业应用。

2.4.1　应用层功能

应用层主要包含应用支撑平台子层和应用服务子层。其中应用支撑平台子层用于支撑跨行业、跨应用、跨系统之间的信息协同、共享、互通等功能；应用服务子层包括智能交通、智能医疗、智能家居、智能物流、智能电力、环境监测和工业监控等行业应用。

2.4.2　应用层关键技术

应用支撑平台子层的关键技术有中间件技术和云计算。中间件是一类连接软件组件的计算机软件，它包括一组服务，以便于运行在一台或多台机器上的多个软件通过网络进行交互。随着网络应用的需求不断增加，解决不同系统之间的网络通信、安全、事务的性能、传输的可靠性、语义的解析、数据和应用的整合这些问题，成为中间件的首要任务。因此，相继出现了解决网络应用的交易中间件、消息中间件、集成中间件等各种功能性的中间件技术和产品。现在，中间件已经成为网络应用系统开发、集成、部署、运行和管理必不可少的工具。由于中间件技术涉及网络应用的各个层面，涵盖从基础通信、数据访问到应用集成等众多的环节，因此，中间件技术呈现出多样化的发展特点。

云计算中的云是指一个包含大量可用虚拟资源（例如硬件、开发平台及 I/O 服务）的资源池。这些虚拟资源可以根据不同的负载动态地重新配置，以达到更优化的资源利用率。云计算中涉及的关键技术包括虚拟化技术、分布式存储技术、分布式与并行计算技术等。

小结

本章主要介绍了物联网的体系架构（即基于 ITU 的架构，物联网的技术体系框架包括感知层技术、网络层技术、应用层技术和公共技术）、各部分的功能和涉及的关键技术。

习题

1. 物联网的体系架构是什么？
2. 感知层的功能和关键技术是什么？
3. 网络层的功能和关键技术是什么？
4. 应用层的功能和关键技术是什么？

第3章 物联网传感技术

本章学习重点

1．掌握物联网传感器的定义、组成，以及各种常用传感器的原理

2．掌握物联网检测技术中的压力和温度检测技术

3．掌握无线传感器网络的定义、体系结构及其设计方法

当今社会是信息化的社会，竞争日益激烈。在信息时代，人们的社会活动主要依靠对信息资源的开发、获取、传输与处理。尤其在物联网中，系统需要感知各种各样的物的信息，而如何识别这些物的信息，则需要依靠作为物联网前端的传感器。传感器是获取自然领域中非电属性信息的主要途径，是现代科学的中枢神经系统。传感器是指对被测对象的某一特定属性具有感受（或响应）与检测功能，并使之按照一定规律转换成与之对应的可输出信号的元器件或装置的总称。传感器处于研究对象与测控系统的接口位置，一切科学研究和生产过程所要获取的信息都要通过它转换为容易传输和处理的各种信号。如果把计算机比喻为处理和识别信息的“大脑”，把通信系统比喻为传递信息的“神经系统”，那么传感器就是感知和获取信息的“感觉器官”。伴随着物联网技术的不断发展，现代传感器技术具有巨大的应用潜力，拥有广泛的空间，发展前景十分广阔。

3.1 物联网传感器技术

传感器技术于20世纪中期问世。在当时，传感器技术落后于计算机技术和数字控制技术，不少传感器方面的先进成果仍停留在实验研究阶段，并没有投入到实际生产与广泛应用中，转化效率比较低。

在国外，传感器技术主要是在各国不断发展与提高的工业化浪潮下诞生的，早期的传感器主要用于国家级项目的科学研发，以及各国军事技术、航空航天领域的试验研究。然而，随着各国的机械工业、电子、计算机、自动化等相关信息化产业的迅猛发展，以日本和欧美等国家为代表的传感器研发及其相关技术产业的发展已在国际市场中逐步占有了重要的份额。

从20世纪60年代，我国便开始了传感技术的研究与开发，经过了从“六五”到“九五”时期，在传感器的研究、开发、设计、制造、可靠性改进等方面获得长足的进步。但从总体上讲，还不能适应我国经济与科技的迅速发展，不少传感器、信号处理和识别系统仍然依赖进口。另外，我国传感技术产品的市场竞争力优势尚未形成，产品的改进与革新速度慢，生产与应用系统的创新与改进少。

传感器是将各种非电量（包括物理量、化学量、生物量等）按照一定规律转化成便于处理和传输的另一种物理量（一般为电量）的装置。广义地讲，传感器是获取和转换信息的装置，一般由敏感元件、转换元件、信号调节与转换电路组成，有时还要提供辅助电源。传感器作为重要的检测器件，种类繁多。可以按照不同的分类标准进行分类，例如，按输入量可分为温度、压力、位移、速度、加速度、湿度、声压、噪声、浓度、PH值等。下面对传感器的概念和原理、常用传感器及传感器新技术进行介绍。

3.1.1 传感器的定义、组成与分类

传感器是一种以一定精度把被测量（主要是非电量）转化为与之有确定关系、便于应用的某种物理量（主要是电量）的测量装置，传感器的这一描述确立了传感器的基本组成及结构。

1．传感器的定义

通常，传感器又称为变换器、转换器、检测器、敏感原件、换能器。这些不同的提法，反映了在不同的技术领域中，根据器件的用途使用同一类型器件的不同的技术。例如，从仪器仪表学科的角度强调，它是一种感受信号的装置，所以称为“传感器”；从电子学的角度，则强调它是能感受信号的电子元件等；在超声波技术中，则强调的是能力转换，称为“换能器”，如压电式换能器。这些不同的名称在大多数情况下并不矛盾，譬如，热敏电阻既可以称为“温度传感器”，也可以称为“热敏元件”。

传感器是一种能把特定的被测量信息按照一定的规律转换成某种可用信号并进行输出的器件或装置，以满足信息的传输、处理、记录、显示和控制等要求。应当指出，这里所谓的“可用信号”是指易于处理、传输的信号，一般为电信号，如电压、电流、电阻、电容、频率等。

2．传感器的组成

当前，由于电子技术、微电子技术、电子计算机技术的迅速发展，使电学量有了易于处理、便于测量等特点。因此，传感器一般由敏感元件、转换元件和变换电路 3 部分组成，有时还有辅助电源，其典型组成如图 3-1 所示。

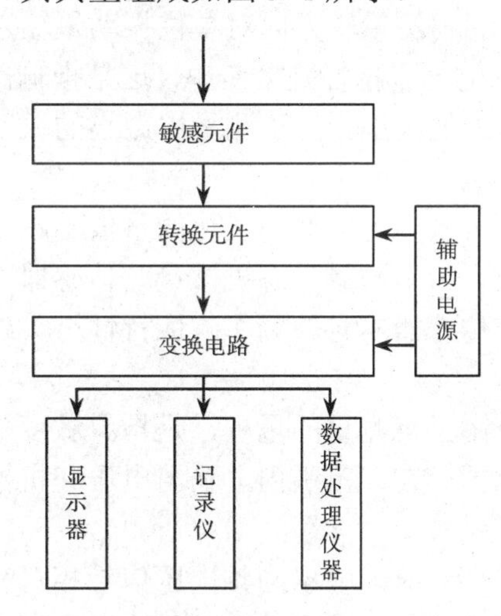

图 3-1　传感器的组成

1）敏感元件

敏感元件（Sensitive Element）是可以直接感受被测量并输出与其成确定关系的某一种物理量的元件。敏感元件位于传感器系统的前端，直接接触各种实际测量的特定环境。敏感元件的某些属性会随着特定环境的变化而变化，敏感原件属性的这个特点，可为后续的系统提供数据。

2）转换元件

转换元件（Transduction Element）是传感器的核心元件，它以敏感元件的输出为输入，把感知的非电量转换为电信号输出。转换元件本身可作为一个独立的传感器使用。这样的传感器一般称为元件传感器。例如，电阻应变片在进行应变测量时，就是一个元件传感器，它直接感受被测量——应变，输出与应变有确定关系的电量——电阻变化。元件式传感器如图 3-2 所示。

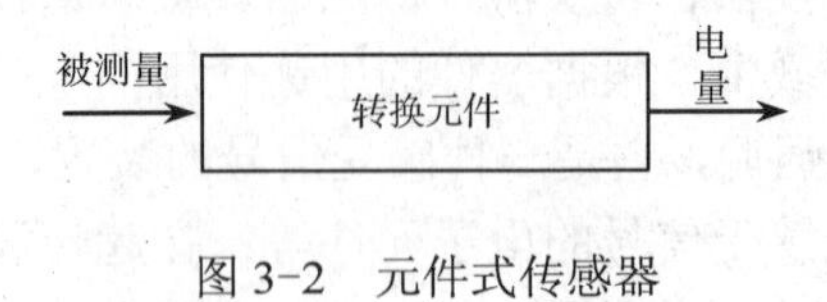

图 3-2　元件式传感器

3）变换电路

变换电路（Transduction Circuit）将上述电路参数接入转换电路，便可转换成电量输出。实际上，有些传感器很简单，仅由一个敏感元件（兼转换元件）组成，它感受被测量时直接输出电量，如热电偶。有些传感器不止一个，要经过若干次转换，较为复杂，大多数是开环系统，也有些是带反馈的闭环系统。

3．传感器的性能参数及要求

传感器的优劣，一般通过若干个性能指标来表示。除了在一般检测系统中所用的特征参数如灵敏度、线性度、分辨率、准确度、频率特性等特性外，还常用阈值、漂移、过载能力、稳定性、重复性、可靠性及与环境相关的参数、使用条件等。

（1）灵敏度：指沿着传感器测量轴方向对单位振动量输入 x 获得的电压信号输出值 U，即 $S=U/x$。与灵敏度相关的一个指标是分辨率，这是指输出电压变化量$\triangle U$可辨认的最小机械振动输入变化量$\triangle x$ 的大小。为了测量出微小的振动变化，传感器应有较高的灵敏度。

（2）使用频率范围：指灵敏度随频率而变化的量值不超出给定误差的频率区间。其两端分别为频率下限和上限。为了测量静态机械量，传感器应具有零频率响应特性。传感器的使用频率范围，除和传感器本身的频率响应特性有关外，还和传感器安装条件有关（主要影响频率上限）。

（3）动态范围：动态范围是可测量的量程，是指灵敏度随幅值的变化量不超出给定误差的输入机械量的幅值范围。在此范围内，输出电压和机械输入量成正比，所以也称为线性范围。

（4）相移：指输入简谐振动时，输出同频电压信号相对输入量的相位滞后量。相移的存在有可能使输出的合成波形产生畸变，为避免输出失真，要求相移值为 0 或π，或者随频率成正比变化。

（5）阈值：即零位附近的分辨率，也就是能使传感器输出端产生可测变化量的最小被测输入量值。

（6）漂移：指一定时间间隔内传感器输出量存在着与被测输入量无关的、不需要的变化，包括零点漂移与灵敏度漂移。

（7）过载能力：指传感器在不引起规定的性能指标永久改变的条件下，允许超过测量范围的能力。

（8）稳定性：指传感器在具体时间内仍保持其性能的能力。

（9）重复性：指传感器的输入量在同一方向进行全量程的连续、重复测量所得的输出/输入特性曲线不一致的程度。产生不一致的主要原因是传感器的机械部分不可避免地存在着间隔、摩擦及松动等问题。

（10）可靠性：通常包括工作寿命、平均无故障时间、疲劳性能、绝缘电阻、耐压等指标。

对传感器的主要要求有高精度、低成本、高灵敏度、稳定性好、工作可靠、抗干扰能力强、动态特性良好、结构简单、使用维护方便、功耗低等。

4. 传感器的分类

1）根据传感器的工作原理分类

可分为物理传感器和化学传感器两大类。物理传感器诸如压电效应，磁致伸缩现象，离化、极化、热电、光电、磁电等效应。被测信号量的微小变化都将转换成电信号；化学传感器包括那些以化学吸附、电化学反应等现象为因果关系的传感器，被测信号量的微小变化也将转换成电信号。

有些传感器既不能划分到物理传感器，也不能划分为化学传感器。大多数传感器是以物理原理为基础运作的。化学传感器的技术问题较多，例如可靠性问题、规模生产的可能性、价格问题等，只有解决了这类难题，化学传感器的应用才会有巨大增长。

2）按照传感器的用途分类

可分为压力敏和力敏传感器、位置传感器、液面传感器、能耗传感器、速度传感器、热敏传感器、加速度传感器、射线辐射传感器、振动传感器、湿敏传感器、磁敏传感器、气敏传感器、真空度传感器和生物传感器等。

3）以传感器的输出信号为标准分类

（1）模拟传感器：将被测量的非电学量转换成模拟电信号。

（2）数字传感器：将被测量的非电学量转换成数字输出信号（包括直接和间接转换）。

（3）膺数字传感器：将被测量的信号量转换成频率信号或短周期信号的输出（包括直接或间接转换）。

（4）开关传感器：当一个被测量的信号达到某个特定的阈值时，传感器相应地输出一个设定的低电平或高电平信号。

在外界因素的作用下，所有材料都会作出相应的、具有特征性的反应。它们中的那些对外界作用最敏感的材料，即那些具有功能特性的材料，被用来制作传感器的敏感元件。按照类别分为金属、聚合物、陶瓷和混合物材料。按材料的物理性质分为导体、绝缘体、半导体和磁性材料。按材料的晶体结构分单晶、多晶和非晶材料。

现代传感器制造业的进展取决于用于传感器的新材料和敏感元件的开发强度。传感器开发的基本趋势是和半导体及介质材料的应用密切关联的。按照制造工艺，可以将传感器区分为集成传感器、薄膜传感器、厚膜传感器、陶瓷传感器。

3.1.2　传感器的特性

在检测控制系统和科学实验中，需要对各种参数进行检测和控制。而要达到比较优良的控制性能，则必须要求传感器能够检测被测量的变化并且不失真地将其转换为相应的电量，这种要求主要取决于传感器的基本特性。传感器的基本特性主要分为静态特性和动态特性。

1．传感器静态特性

静态特性是指检测系统的输入为不随时间变化的恒定信号时，系统输出与输入之间的关系。主要包括线性度、灵敏度、迟滞、重复性、漂移等。

1）线性度

线性度指传感器输出量与输入量之间的实际关系曲线偏离拟合直线的程度。

2）灵敏度

灵敏度是传感器静态特性的一个重要指标。其定义为输出量的增量 Δy 与引起该增量的相应输入量增量 Δx 之比。它表示单位输入量的变化所引起传感器输出量的变化，显然，灵敏度 S 值越大，表示传感器越灵敏。

3）迟滞

传感器在输入量由小到大（正行程）或由大到小（反行程）变化期间，其输入、输出特性曲线不重合的现象称为迟滞。也就是说，对于同一大小的输入信号，传感器的正、反行程输出信号的大小不相等，这个差值称为迟滞差值。

4）重复性

重复性是指传感器的输入量按照同一方向进行全量程、连续、多次变化时，所得的特性曲线不一致的程度。

5）漂移

传感器的漂移是指在输入量不变的情况下，传感器的输出量随着时间变化的现象。产生漂移的原因有两个：一是传感器自身的结构参数；二是周围环境（如温度、湿度等）。最常见的漂移是温度漂移，即周围环境温度变化引起的输出量变化，温度漂移主要表现为温度零点漂移和温度灵敏度漂移。

温度漂移通常用传感器工作环境温度偏离标准环境温度（一般为20℃）时的输出值的变化量与温度变化量之比。

6）测量范围

传感器所能测量到的最小输入量与最大输入量之间的范围称为传感器的测量范围（Measuring Range）。

7）量程

传感器测量范围的上限值与下限值的代数差，称为量程（Span）。

8）精度

传感器的精度（Accuracy）是指测量结果的可靠程度，是测量中各类误差的综合反映。测量误差越小，传感器的精度越高。

传感器的精度用其量程范围内的最大基本误差与满量程输出之比的百分数表示，其基本误差是传感器在规定的正常工作条件下所具有的测量误差，由系统误差和随机误差两部分组成。工程技术中为简化传感器精度的表示方法，引用了精度等级的概念。精度等级以一系列标准百分比数值表示，代表传感器测量的最大允许误差。如果传感器的工作条件偏离正常工作条件，还会带来附加误差。温度附加误差是最主要的附加误差。

9）分辨率和阈值

传感器能检测到输入量最小变化量的能力称为分辨率（Resolution）。对于某些传感器，如电位器式传感器，当输入量连续变化时，输出量只进行阶梯变化，此时，分辨率就是输出量的每个“阶梯”所代表的大小。对于数字式仪表，分辨率就是仪表指示值的最后一位数字所代表的值。当被测量的变化量小于分辨率时，数字式仪表的最后一位数不变，仍指示原值。当分辨率以满量程输出的百分数表示时则称为分辨率。

阈值（Threshold）是指能使传感器的输出端产生可测变化量的最小被测输入量值，即零点附近的分辨率。有的传感器在零位附近有严重的非线性表现，形成所谓的“死区（Dead Band）”，此时将死区的大小作为阈值。在更多情况下，阈值主要取决于传感器噪声的大小，因而有的传感器只给出噪声电平。

10）稳定性

稳定性（Stability）表示传感器在一个较长的时间内保持其性能参数的能力。理想的情况是，不论什么时候，传感器的特性参数都不随时间变化。但实际上，随着时间的推移，大多数传感器的特性会发生改变。这是因为敏感元件或构成传感器部件的特性会随时间发生变化，从而影响了传感器的稳定性。

在室温条件下经过规定时间的间隔后，一般用传感器的输出与起始标定时的输出之间的差异来表示稳定性误差。稳定性误差可用相对误差表示，也可用绝对误差来表示。

2．传感器动态特性

动态特性是指传感器在输入变化时的输出的特性。在实际工作中，传感器的动态特性常用其对某些标准输入信号的响应来表示。这是因为传感器对标准输入信号的响应容易用实验的方法求得，并且它对标准输入信号的响应与其对任意输入信号的响应之间存在着一定的关系，往往知道了前者就能推定后者。最常用的标准输入信号有阶跃信号和正弦信号两种，所以传感器的动态特性也常用阶跃响应和频率响应来表示。

传感器在测量动态压力、振动、上升温度时，都离不开动态指标。

3.1.3　常用传感器简介

21 世纪是迈向信息化社会的崭新阶段。其中，光电信息学与生物学的迅猛发展已成为这一时期科学技术发展的重要标志，并最有机会寻求更大的突破与飞跃。传感器技术作为一种与现代科学密切相关的新兴学科，想要在人类迈向新世纪、步入信息化社会的关键阶段寻求空前迅速的发展，在很大程度上取决于传感器在这两个前沿领域中的深入研究与广泛应用。

1．光电传感器

光电传感器（Photoelectric Sensor）是以光为测量媒介、以光电器件为转换元件的传感器，它具有非接触、响应快、性能可靠等卓越特性。近年来，随着各种新型光电器件的不断涌现，特别是激光技术和图像技术的迅猛发展，光电传感器已成为各种光电检测系统中实现光电转换的关键元件，在传感器领域中扮演着重要角色，在非接触测量领域占据绝对统治地位。目前，光电式传感器已在国民经济和科学技术等领域得到广泛的应用，并发挥着越来越重要的作用。

光电传感器的一般组成形式如图 3-3 所示，主要包括光源、光通路、光电元件和测量电路 4 个部分。

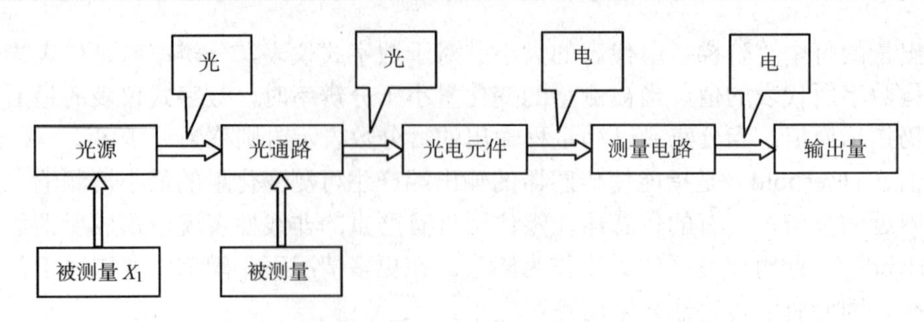

图 3-3　光电传感器的一般组成形式

其中，光电元件是将光能转换为电能的一种传感器件，并可以把光信号（红外、可见及紫外光辐射）转变成为电信号。光电元件响应快、结构简单、使用方便，并且有较高的可靠性，因此在自动检测、计算机和控制系统中应用广泛。

光电式传感器既可以测量光信号，也可以测量其他非光信号。同时，可以实现对直接引起光源变化的被测量进行测量，也可以对使光路产生变化的被测量进行测量。测量电路可对光电元件输出的电信号进行放大或转换。

光敏二极管是最常见的光传感器。光敏二极管的外型与一般二极管一样，只是它的管壳上开有一个嵌着玻璃的窗口，以便于光线射入。为增加受光面积，PN 结的面积做得较大。光敏二极管工作在反向偏置的工作状态下，并与负载电阻相串联。当无光照时，它与普通二极管一样，反向电流很小，称为光敏二极管的暗电流；当有光照时，载流子被激发，产生电子-空穴，称为光电载流子。在外电场的作用下，光电载流子参与导电，形成比暗电流大得多的反向电流，该反向电流称为光电流。光电流的大小与光照强度成正比，可在负载电阻上得到随光照强度变化而变化的电信号。

光敏三极管除了具有光敏二极管能将光信号转换成电信号的功能外，还有对电信号放大的功能。光敏三级管的外型与一般三极管相差不大，一般光敏三极管只引出两个极——发射极和集电极，基极不引出。其管壳同样开着窗口，以便光线射入。为增大光照，基区面积做得很大，发射区较小，入射光主要被基区吸收。工作时，集电结反偏，发射结正偏。在无光照时，管子流过的电流为暗电流 $I_{ceo}=(1+\beta)I_{cbo}$（很小），比一般三极管的穿透电流还小；当有光照时，能激发大量的电子-空穴对，使得基极产生的电流 I_b 增大，此刻流过管子的电流称为光电流。集电极电流 $I_c=(1+\beta)I_b$，可见光电三极管要比光电二极管具有更高的灵敏度。

光电传感器可用于检测直接引起光量变化的非电量，如光强、光照度、辐射测温、气体成分分析等；也可用来检测能转换成光量变化的其他非电量，如零件直径、表面粗糙度、应变、位移、振动、速度、加速度，以及物体的形状、工作状态的识别等。光电式传感器具有非接触、响应快、性能可靠等特点，因此在工业自动化装置和机器人中得到广泛应用。近年来，新的光电器件不断涌现，特别是 CCD 图像传感器的诞生，为光电传感器的进一步应用开创了新的一页。

防止工业烟尘污染是环保的重要任务之一。为了消除工业烟尘污染，首先要知道烟尘排放量，因此必须对烟尘源进行监测。烟道里的烟尘浊度是用通过光在烟道里传输过程中的变化大小来检测的。如果烟道浊度增加，光源发出的光被烟尘颗粒的吸收和折射增加，到达光检测器的光减少，因而光检测器输出信号的强弱可反映烟道浊度的变化。

光电池作为光电探测使用时，其基本原理与光敏二极管相同，但它们的基本结构和制造工艺不完全相同。由于光电池工作时不需要外加电压，光电转换效率高，光谱范围宽，频率特性好，噪声低等，因此已广泛地用于光电读出、光电耦合、光栅测距、激光准直、电影还音、紫外光监视器和燃气轮机的熄火保护装置等。

光电传感器在当前科研领域的运用范围很广，影响力巨大。尤其是基于光电传感器技术原理研发和制造出的新型光电传感器，已成为当今传感器市场的主流。

2．生物传感器

生物传感器（Biosensor）技术是指用生物活性材料作为感受器，通过其生化效应来检测被测量的传感器。生物传感器的原理主要由两大部分组成：生物功能物质的分子识别部分和转换部分。前者的作用是识别被测物质，当生物传感器的敏感膜与被测物接触时，膜上的某种生化活性物质就会从众多化合物中挑选适合于自己的分子并与之产生作用，使其具有选择识别的能力；转换部分是由于细胞膜受体与外界发生了共价结合，通过细胞膜的通透性改变诱发了一系列的电化学过程，而这种变换能把生物功能物质的分子识别转换为电信号，形成生物传感器。

生物传感器的研制和开发在全球学术界都具有巨大的影响力。在国外，现代生物传感器已被详细划分为酶传感器、细胞传感器、免疫传感器、基因传感器等。对于酶传感器，由于酶的纯化困难，加之固化技术影响酶的活性，现代生物传感技术中采用如下技术：

（1）多酶体系利用。即对不同化合物采用不同类型的酶进行最大活性的催化反应，再结合多酶的反馈调节，从而大大节省原材料，提高工作效率。

（2）固定化底物电极。也就是使玻璃电极附近的 PH 变化，并与酶的活性在一定范围内呈线性关系。

（3）酶的电化学固定化。即制作厚度小、酶含量可控的酶层。

细胞传感器以活细胞作为探测单元，能定性、定量地测量和分析未知物质的信息，并可连续检测和分析细胞在外界刺激下的生理功能。免疫传感器利用了抗体对抗原的识别，以及能与抗原结合的功能。根据生物敏感膜产生电位的不同，可分为标记和非标记。

生物传感器的应用非常广泛，可用于食品工业、发酵工业、环境监测及医学。

（1）对食品添加剂进行分析。亚硫酸盐通常用做食品工业的漂白剂和防腐剂，使用亚硫酸盐氧化酶为敏感材料制成的电流型二氧化硫酶电极可用于测定食品中的亚硫酸盐含量，测定的线性范围为 $0 \sim 6^4$ mol/L。又如饮料、布丁等食品中的甜味素、Guibault 等，采用天冬氨酶结合氨电极测定，线性范围为 $2\times10^{-5} \sim 1\times10^{-3}$mol/L。此外，也有用生物传感器测定色素和乳化剂的报道。

（2）对农药残留量进行分析。近年来，人们对食品中的农药残留问题越来越重视，各国政府也不断加强对食品中农药残留的检测工作。

Yamazaki 等人发明了一种使用人造酶测定有机磷杀虫剂的电流式生物传感器，利用有机磷杀虫剂水解酶，对硝基酚和二乙基酚进行测定的极限为 10^{-7} mol，在 40℃下测定只要 4 min。Albareda 等用戊二醛交联法将乙酰胆碱酯酶固定在铜丝碳糊电极表面，制成

一种可检测浓度为 10^{-10} mol/L 的对氧磷和 10^{-11} mol/L 的克百威的生物传感器，可用于直接检测自来水和果汁样品中两种农药的残留。

（3）对微生物和毒素进行检验的方法。食品中病原性微生物的存在会给消费者的健康带来极大危害，食品中的毒素不仅种类多，而且毒性大，大多有致癌、致畸、致突变的作用。因此，加强对食品中的病原性微生物及毒素的检测至关重要。

食用牛肉很容易被大肠杆菌 O157:H7 所感染，因此，需要快速、灵敏的方法检测和防御大肠杆菌 O157:H7 等细菌。Kramerr 等人研究的光纤生物传感器可以在几分钟内检测出食物中的病原体（如大肠杆菌 O157:H7），而传统的方法则需要几天。这种生物传感器从检测出病原体到从样品中重新获得病原体，并使它在培养基上独立生长，只需 1 天时间，而传统方法需要 4 天。

（4）对大气环境进行监测的方法。二氧化硫（SO_2）是酸雨、酸雾形成的主要原因，传统的检测方法很复杂。Martyr 等人将亚细胞类脂类（含亚硫酸盐氧化酶的肝微粒体）固定在醋酸纤维膜上，和氧电极制成安培型生物传感器。对 SO_2 形成的酸雨酸雾样品溶液进行检测，10 min 便可以得到稳定的测试结果。

3．免疫传感器

一旦有病原体或者其他异种蛋白（抗原）侵入某种动物体内，体内即可产生能识别这些异物并把它们从体内排除的抗体。抗原和抗体结合即可发生免疫反应，其特异性很高，具有极高的选择性和灵敏度。免疫传感器就是利用抗原（抗体）对抗体（抗原）的识别功能而研制的生物传感器。

免疫传感器作为一种新兴的生物传感器，以其鉴定物质的高度特异性、敏感性和稳定性受到青睐，它的问世使传统的免疫分析发生了很大的变化。它将传统的免疫测试和生物传感技术融为一体，集两者的诸多优点于一身，不仅减少了分析时间、提高了灵敏度和测试精度，也使得测定过程变得简单，易于实现自动化，有着广阔的应用前景。

3.1.4　传感新技术简介

1．开发新型传感器的需要

（1）微电子机械系统（Micro Electro Mechanical Systems，MEMS）技术、纳米技术将高速发展，成为新一代微传感器、微系统的核心技术，是 21 世纪传感器技术领域中带有革命性变革的高新技术。

（2）发现与利用新效应，比如物理现象、化学反应和生物效应，研发新一代传感器。

（3）加速开发新型敏感材料，微电子、光电子、生物化学、新型处理等各种学科、各种新技术的互相渗透和综合利用，可能研制出一批先进传感器。

（4）空间技术、海洋开发、环境保护及地震预测等都要求检测技术能满足观测研究宏观世界的要求。细胞生物学、遗传工程、光合作用、医学及微加工技术等又要求检测技术能跟上研究微观世界的步伐。它们对传感器的研究、开发提出了许多新的要求，其中，最重要的一点就是扩展检测范围，不断突破检测参数的极限。

（5）提高传感器的性能。检测技术的发展必然要求传感器的性能不断提高。

2. 传感器的微型化与微功耗

微传感器的特征之一就是体积小，其敏感原件的尺寸一般为微米级，由微机械加工技术制作而成，包括光刻、腐蚀、淀积、键合和封装等工艺。目前，形成产品的主要有微型压力传感器和微型加速传感器等，它们的体积只有传统传感器的几十乃至几百分之一，质量从千克级下降到几十克乃至几克。

3. 传感器的集成化与多功能化

集成化一般包括两方面的含义。其一是将传感器与其后级的放大电路、运算电路、温度补偿电路等制成一个组件，实现一体化。其二是将同一类传感器集成于同一芯片上，构成二维阵列式传感器，或称面型固态图像传感器，可用于测量物体的表面状况。

4. 传感器的智能化

智能传感器技术是测量技术、半导体技术、计算技术、信息处理技术、微电子学和材料科学互相结合的综合密集型技术。智能传感器与一般传感器相比具有自补偿能力、自校准功能、自诊断功能、数值处理功能、双向通信功能、信息存储记忆和数字量输出功能。随着科学技术的发展，智能传感器的功能将逐步增强，它利用人工神经网、人工智能和信息处理技术使传感器具有更高级的智能，具有分析、判断、自适应、自学习的功能，可以完成图像识别、特征检测、多维检测等复杂任务。它可充分利用计算机的计算和存储能力，对数据进行处理，并对内部行为进行调整，从而使采集的数据最佳。

5. 传感器的数字化

数字传感器的特点：将模拟信号转换成数字信号并输出，提高了传感器输出信号抗干扰的能力，特别适用于电磁干扰强、信号距离远的工作现场；软件可对传感器进行修正及性能补偿，从而减少系统误差；一致性与互换性好。

6. 传感器的网络化

传感器网络化是传感器领域发展的一项新兴技术。它利用 TCP/IP 协议，使现场测控数据就近接入网络，并与网络上有通信能力的结点直接进行通信，实现数据的实时发布和共享。传感器网络化的目标是采用标准的网络协议，同时经 AD 转换及数据处理后，由网络处理装置根据程序的设定和网络协议将其封装成数据帧，并加上目的地址，通过网络接口传输到网络上。反过来，网络处理器又能接收网络上其他结点传给自己的数据和命令，实现对本结点的操作，这样传感器就成为测控网中的一个独立结点。网络化传感器的基本结构如图 3-4 所示。

7. 智能化传感器网络结点

第一，传感器网络结点为一个微型化的嵌入式系统，构成了无线传感器网络的基础层支持平台。在感知物质世界及其变化的过程中，需要检测的对象很多，如温度、压力、湿度、应变等，微型化、低功耗对于传感器网络的应用意义重大。研究采用 MEMS 加工技术，并结合新材料的研究，从而设计出符合未来要求的微型传感器。第二，需要研究智能传感器网络结点的设计理论，使之可识别和配接多种敏感元件，并适用于各种检测方法。第三，各结点必须具备足够的抗干扰能力、适应恶劣环境的能力，并能够适合应用场合、尺寸的要求。第四，研究利用传感器网络结点具有的局域信号处理功能，在传感器结点附近局部可完成很多信号、信息处理工作，将原来由中央处理器实现的串行处理、集中决策的系统，改变为一种并行的分布式信息处理系统。

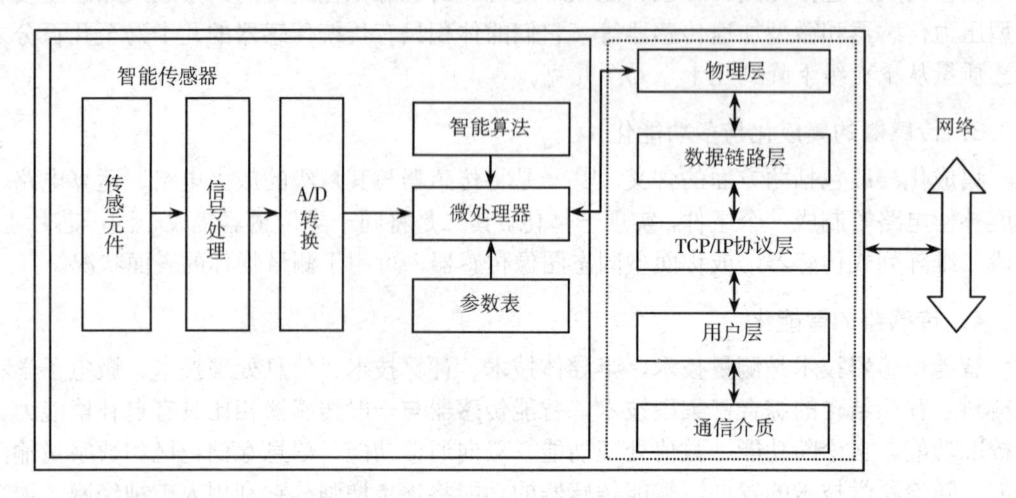

图 3-4　网络化传感器的基本结构

8．传感器网络体系结构及底层协议

网络体系结构是网络的协议分层及网络协议的集合，是对网络及其部件所应完成功能的定义和描述。对无线传感器网络来说，其网络体系结构不同于传统的计算机网络和通信网络。有学者提出无线传感器网络体系结构可由分层的网络通信协议、传感器网络管理及应用支撑技术 3 部分组成。分层的网络通信协议结构类似于 TCP/IP 协议体系结构。

传感器网络管理技术主要是对传感器结点自身的管理及用户对传感器网络的管理。在分层协议和网络管理技术的基础上，支持传感器网络的应用支撑技术。

在实际应用中，传感器网络中存在着大量的传感器结点，密度较高。当网络拓扑结构在结点发生故障时，应考虑网络的自组织能力、自动配置能力及可扩展能力。在某些条件下，为保证有效的检测时间，传感器结点要具有良好的低功耗性。传感器网络的目标是检测相关对象的状态，而不仅是实现结点间的通信。因此，在研究传感器网络的网络底层协议时，要针对以上特点，开展相关工作。

9．传感器网络的安全

传感器网络除了具有一般无线网络所面临的信息泄露、信息篡改、重放攻击、拒绝服务等多种威胁外，还面临传感结点容易被攻击者物理操纵，并获取存储在传感结点中的所有信息，从而控制部分网络的威胁。必须通过其他技术方案来提高传感器网络的安全性能。例如，在通信前进行结点与结点的身份认证；设计新的密钥协商方案，即使有一小部分结点被操纵，攻击者也不能或很难从获取的结点信息推导出其他结点的密钥信息；对传输信息加密，解决窃听问题；使网络中的传感信息只有可信实体才可以访问，保证网络私有性问题；采用一些跳频和扩频技术减轻网络堵塞问题。

在国外，光电传感器技术已广泛地运用到各国军事技术、航空航天、检测技术及车辆工程等诸多领域。例如，在军事方面，国外激光制导技术迅猛发展，使导弹发射的精度和射中目标的准确性大幅度提高。美国在航空航天领域研制出了新型高精度高耐性红外测温传感器，使其在恶劣的环境中仍能高精度地测量出运行飞行器的各部分温度。国外的城市交通管理也大多运用电子红外光电传感器进行路段事故检测和故障排解的指挥。同时，国外的现有汽车中常装载新型光电传感器，如激光防撞雷达、红外夜视装置、用于测量发动机燃料特性、压力变化及用于导航的光纤陀螺等。

目前，我国的光电式传感器在现代研究实力和影响范围上虽不及日本和欧美一些国家，但却在研究的种类和样式上取得了重大突破，总体上可分为光电式数字转速表、光电式物位传感器、视觉传感器及细丝类物件的在线检测。

同时，基于光电传感器技术的科技设备已在我国被广泛地应用于多种军事领域。其中较为广泛的应属紫外报警系统，它为探测来袭导弹提供了一个极其有效的方法。紫外报警系统技术的关键是紫外探测器。紫外探测器的主要特性是绝对光谱灵敏度，其光谱灵敏度由光学窗材料的透射率、探测器阴极灵敏度和探测器的管子结构决定。用于紫外报警系统的探测器目前主要有两类：紫外光电倍增管探测器、以多元或面阵器件为核心的紫外探测器。紫外光电倍增管有单阳极和多阳极微通道板紫外光电倍增管及日盲型紫外光电倍增管等多种形式。由于紫外报警系统性能独特，现在已成为电子战技术开发的新热点，开创了新型传感技术的又一个颇具影响力与竞争力的领域。目前，诸如紫外报警系统的新型光电传感技术已成为装备量最大的来袭导弹报警系统之一。

现代基因传感器技术主要应用于基因固定的载体表面修饰和基因探针固定化技术、界面杂交技术、杂交信号转换和检测技术等。在我国，生物传感器技术还处在大规模的研究阶段。然而，结合国内外相关技术研制的生物传感器在当前的工业、农业、环境监测及生物医学等众多领域还是有着广泛和重要的用途的。在生物医学方面，一些有临床诊断意义的基质（如血糖、乳酸、谷氨酰胺等）可借助于生物传感器来检测。

在环境监测领域，生物传感器在测定环境污染指标 BOD（即水质受有机物污染的程度）方面起到了重要的作用，为保证地区的淡水、饮用水质量，有效治理被污染水源等做出了贡献；微生物传感器用于测定空气和水中的 NH_3 含量和浓度，在发酵工业、整治大气污染等方面发挥着功效；生物传感器还可探测除草剂含量，可应用于植物学研究和整治农药污染。

在食品工业中，生物传感器用于食品鲜度、滋味和熟度的测定，在食品生产和加工过程中起到重要作用。同时，还可测定食品中的细菌和毒素含量，可及时避免人们误食此类食品而危害健康。

3.2　物联网检测技术

检测的自动化、智能化归功于计算机技术的发展。微处理芯片使传统的检测技术使用计算机进行数据分析、处理成为现实。微电子技术，特别是微计算机技术的迅猛发展，使检测仪器在测量过程自动化、测量结果的智能化处理和仪器功能仿真化等方面有了巨大的进展。从广义上说，自动检测系统包括以单片机为核心的智能仪器、以 PC 为核心的自动测试系统和目前发展势头迅猛的专家系统。下面就对现阶段比较典型的几种检测技术进行介绍。

3.2.1 压力检测技术

1．压力的基本概念和计量单位

1）压力种类与定义

（1）压力：垂直而均匀地作用在单位面积上的力。压力可表示为 $p=F/S$。式中，p 为压力，F 为垂直作用力，S 为受力面积。

（2）绝对压力：以完全真空（绝对压力零位）作为参考点的压力，用 p_i 表示。

（3）大气压力：由地球表面大气层空气柱重力所产生的压力，用 p_0 表示。

（4）表压力：以大气压力为参考点，大于或小于大气压力的压力。工业上所用的压力仪表指示值多数为表压力。

（5）差压（力）：任意两个相关压力之差，用 Δp 表示。

2）压力的计量单位

在国际单位制中，压力的单位为牛顿/米 ^{2}，用符号 N/m^2 表示；压力单位又称为帕斯卡，简称帕，符号为 Pa。1 Pa＝1 N/m^2。因帕单位太小，工程上常用千帕（kPa）或兆帕（MPa）表示。我国规定，帕斯卡为压力的法定计量单位。

由于历史发展的原因、单位制的不同及使用场合的差异，压力还有多种不同的单位。各种压力单位间的换算关系如表 3-1 所示。

表 3-1　压力单位换算表

单　位	帕 Pa（N/m^2）	巴（bar）	毫米水柱（mmH_2O）	标准大气压（atm）	工程大气压（kgf/cm^2）	毫米汞柱（mmHg）
帕 Pa（N/m^2）	1	10^{-5}	$1.019\ 716\times10^{-1}$	$0.986\ 923\ 6\times10^{-5}$	$1.019\ 716\times10^{-5}$	$0.750\ 06\times10^{-2}$
巴（bar）	10^5	1	1.019 716×104	0.986 923 6	1.019 716	0.750 06×103
毫米水柱（mmH_2O）	0.980 665×10	$0.980\ 665\times10^{-4}$	1	$0.967\ 8\times10^{-4}$	1×10^{-4}	$0.735\ 56\times10^{-1}$
标准大气压（atm）	$1.013\ 25\times10^5$	1.013 25	1.033 227×104	1	1.033 2	760
工程大气压（kgf/cm^2）	$0.980\ 665\times10^5$	0.980 665	1×10^4	0.967 841	1	735.56
毫米汞柱（mmHg）	$1.333\ 224\times10^2$	$1.333\ 224\times10^{-3}$	1.359 51×10	1.316×10^{-3}	$1.359\ 51\times10^{-3}$	1

2．压力检测方法

根据测压原理的不同，压力检测方法主要有以下几类：

1）重力平衡法

这种方法是按照压力的定义，通过直接测量单位面积上所受力的大小来检测压力的，如液柱式压力计和活塞式压力计。

2）弹性力平衡法

弹性力平衡法利用弹性元件受压力作用发生弹性变形而产生的弹性力与被测压力相平衡的原理来检测压力。

弹性元件在压力作用下会由于发生弹性变形而形成弹性力，当弹性力与被测压力相平衡时，其弹性变形的大小反映了被测压力的大小，因此可以通过测量弹性元件位移变形的大小测出被测压力。

3）物性测量法

这种方法根据压力作用于物体后所产生的各种物理效应来实现压力测量。

常用的压力检测仪表有弹性压力计和电测式压力计。

3.2.2　温度检测技术

温度检测技术在所有检测技术中是最常见的一种，这些技术可通过大量应用得以诠释，在这些应用中了解和使用绝对或相对温度是至关重要的。例如压力、张力、流量、液位和位置等传感器，在使用时常常需要温度监控，以保证测量的精度。

温度是国际单位制中的基本物理量之一，它是工农业生产、科学试验中需要经常测量和控制的主要参数。从热平衡的观点看，温度可以作为物体内部分子无规则热运动剧烈程度的标志。

1．温度与标定

1）温标

温度的“标尺”——温标，就是通过测量一定的标准而划分的温度标志，就像测量物体的长度要用长度标尺——长标一样，是一种人为的规定，或者称为一种单位制。规定温标是比较复杂的，不能像确定长标那样，在温度计上随便定出刻度间隔。首先，人们要确定选择什么样的物质（是水银，还是氢气、电偶），这些物质的冷热状态必须能够明显地反映客观物体（欲测物体）的温度变化，而且这种变化有复现性（这一步称为选择“测温质”）。其次，要知道该测温质的哪些物理量随着温度的改变将产生某种预期的改变（这一步称为确定“测温特性”）。

2）标定

温度计的标定方法有标准值法和标准表法两种。

（1）标准值法就是用适当的方法建立起一系列国际温标定义的固定温度点（恒温）作为标准值，把被标定温度计（或传感器）依次置于这些标准温度值之下，记录下温度计的相应示值（或传感器的输出），并根据国际温标规定的内插公式对温度计（传感器）的分度进行对比记录，从而完成对温度计的标定。被标定后的温度计可作为标准温度计来测温度。

（2）标准表法就是把被标定温度计（传感器）与已标定好的更高一级精度的温度计（传感器）紧靠在一起，共同置于可调整的恒温槽中，分别把槽温调整到所选择的若干温度点，然后比较和记录两者的读数，获得一系列对应差值。经多次升温，降温、重复测试，若这些差值稳定，则把记录下的这些差值作为被标定温度计的修正量，就成了对被标定温度计的标定。

2．测温方法分类及其特点

根据传感器的测温方式，温度基本测量方法通常可分成接触式和非接触式两大类。

1）接触式温度测量

使用接触式方法测量，测温精度相对较高且直观、可靠，测温仪表价格相对较低；由于感温元件与被测介质直接接触，影响被测介质的热平衡状态，若接触不良，则会增加测温误差。被测介质的腐蚀性以及温度太高都将严重影响感温元件性能和寿命。

2）非接触式温度测量

感温元件不与被测对象直接接触，而是通过接受被测物体的热辐射实现热交换，据此测出被测对象的温度。非接触式测温具有不改变被测物体的温度分布、热惯性小、测温上限高、便于测量运动物体的温度和快速变化的温度等优点。接触式温度测量和非接触式温度测量的比较如表 3-2 所示。

表 3-2　接触式温度测量和非接触式温度测量比较

方　式	接　触　式	非接触式
测量条件	感温元件要与被测对象良好接触；感温元件的加入几乎不改变对象的温度；被测温度不能超过感温元件能承受的上限温度；被测对象不对感温元件产生腐蚀	须准确知道被测对象表面的发射率；被测对象的辐射能充分照射到检测元件上
测量范围	特别适合1 200℃以下、热容大、无腐蚀性对象的连续在线测温，对高于1300℃以上的温度测量较困难	原理上，测量范围可以从超低温到极高温，但在 1 000℃以下时，测量误差大，能测运动物体和热容小的物体温度
精度	工业用表通常为 1.0、0.5、0.2 及 0.1 级，实验室用表可达 0.01 级	通常为 1.0、1.5、2.5 级
响应速度	慢，通常为几十秒到几分钟	快，通常为 2 s～3 s
其他特点	整个测温系统结构简单、体积小、可靠、维护方便、价格低廉，仪表读数直接反映被测物体的实际温度；可方便地组成多路集中测量与控制系统	整个测温系统结构复杂、体积大、调整麻烦、价格昂贵；仪表读数通常只反映被测物体表面温度（须进一步转换）；不易组成测温、控温一体化的温度控制装置

3.2.3　流量检测技术

1．流量概述

流量监测的主要任务有两类：一是为流体工业提高产品质量和生产效率，降低成本，在水利工程和环境保护等方面进行必要的力量监测和控制；二是为流体贸易结算、储运管理及污水、废气排放控制等进行总量计量。

对于流体（气体或液体）的输送计量和控制，需要测量流体的速度或者流过的流量，因此流量的测量和控制是测试技术中的一个重要环节。

在工业中，凡是涉及流体介质的生产流程（如气体、液体及粉状物质的传送等），都有流量测量和控制问题。

流量可分为体积流量和质量流量。单位时间内通过管道某一截面的体积数或质量数称为流体的瞬时流量。一段时间范围内通过管道某一截面的体积数或质量数的总和称为流体的累积流量。

2．流量的测量方法

根据流体的不同性质、工作状态、工作场合，可以有多种测量方式，较常用的测量方法是将流量转换为其他非电量的测量（速度、位移、压差等），再将非电量转换为电量，最后计算出流量。

20 世纪 50～60 年代，在公用事业和流程工业大量使用流量仪表的推动下，涡轮式、电磁式成为工业实用仪表；20 世纪 70～80 年代，旋涡式、超声式、热式、科里奥利质量式亦相继进入市场；20 世纪 90 年代，蓬勃发展的科里奥利质量流量计称为 20 世纪最后的新颖流量计。这些新颖流量计与差压式、容积式、浮子式等传统仪表组成当代封闭管道用的十大类主流流量仪表。

近年，虽有一些新测量原理已达工业实用阶段的流量仪表进入市场，如测量单相液体和液固双相流体的声纳流量计、测量气固双相流体的微波流量计，但尚处于积累经验、推广应用的初始阶段。流量仪表业界的主要力量还是对成熟的主流仪表进行换代，开发新型号流量仪表。对新一代流量仪表从提高性能、增加功能、方便使用、拓展应用领域等方面进行改进，有以下一些趋势：

1）在流量检测技术方面

在流量检测技术方面，流量仪表在运行时可增强自身的检查诊断功能；流量检测元件在检测主参量以外的其他参量功能方面有拓展，如科里奥利质量流量计和电磁流量计已经或试图实现测量黏度；对两种流量测量方法各取其长，组合在一起。

（1）科里奥利质量流量计。科里奥利质量流量计测量管刚性变化会影响流量测量和密度测量的仪表校准系数。测量管受到流体的冲刷、磨损或腐蚀，导致壁厚减薄或内壁结垢，均会影响测量管刚性，引起测量误差。管壁均匀磨损壁厚 1.0%，质量流量产生约 0.8%的偏差，相对于准确度 0.2%～0.5%的仪表，影响是相当可观的；密度产生约 0.033 g/cm^3 偏差。美国 Micav M060n 公司的科里奥利质量流量计测量管刚性在线检查，是通过仪表专用处理器和 FCF 数据处理专用软件发出特定信号给流量传感器，传感器回馈信号并与内存记忆数据比对，据此判断测量管的刚性是否发生了变化。

（2）电磁流量计。电磁流量计可以测试并检查磁场强度、电极信号系统的绝缘性、电极与液体间接触的电阻等，从而评判仪表的完好性。横河电机 ADMAG AXF 型仪表具有电极沾污自诊断功能。当电极被缓慢附着绝缘层，发出 4 个等级污染程度的预警信号，提示运行人员及时清理维护。德国 Krohne 公司的 1FC300 型仪表有更多的监测诊断系统，不仅诊断仪表自身，还可判断外界流程测量条件的变化（如液体电导率变化、液体中气泡或颗粒含量变化、来流流速分布畸变等）。诊断是通过仪表内部一些设定（输入）条件的改变，测量某些内在参数变化，以进行比较与判断。例如：电极电阻监测系统可监测电极表面的覆盖附着层、电极泄漏、液体品种变换（如食品工业管系更换介质前热水清洗的探知，并不予计量）；测量电极噪声判断电极腐蚀现象（电极和地之间存在电化学电势），液体中含有气泡或固体颗粒；励磁系统在切换两线圈连接方向时，产生两种磁场强度和磁场分布下的流量信号，按其比值的变化，判断衬里变形和来流流速分布廓形变化。

2）在流量传感器结构设计方面

在流量传感器结构设计方面形成一个理念，就是将使用方的集成工作集合到流量仪表内，例如间接式气体质量流量计将所需温度或压力传感器集合进流量仪表，将异径管等功能件纳入流量传感器。

再例如，贸易储运交接计量的超声流量计是以超声波在流体内顺逆流动方向传播，利用传播速度差与流体流速之间的关系，求取流体流量。在测量气体时，人们利用实测声速与被测气体声速或与混合气体按成分计算所得声速（即从流量计外获得的参比量）进行比较，验证超声流量计。

3.2.4　物位检测技术

1. 液位检测方法

液位检测方法总体上可分为直接检测和间接检测两种，由于测量状况及条件复杂多样，因而往往采用间接测量法，即将液位信号转化为其他相关信号并进行测量，如压力法、浮力法、电学法、热学法等。

1）直接测量法

直接测量是一种最为简单、直观的测量方法，它利用连通器的原理，将容器中的液体引入带有标尺的观察管中，通过标尺读出液位高度。如图 3-5 所示是玻璃管液位计。

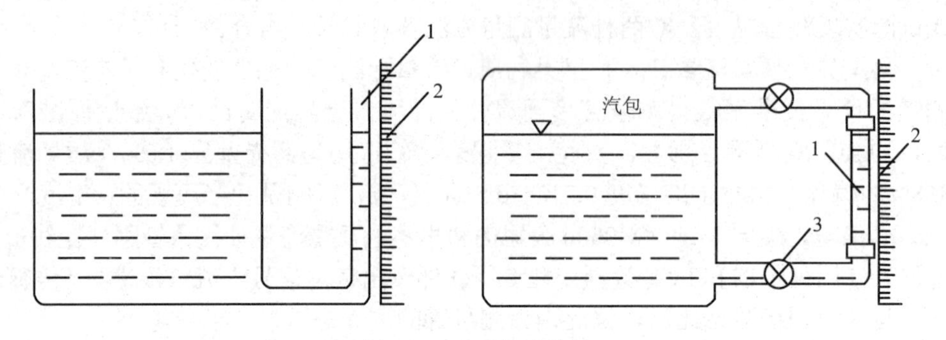

图 3-5　玻璃管液位计

2）压力法

压力法指依据液体重量所产生的压力进行测量。由于液体对容器底面产生的静压力与液位高度成正比，因此通过测容器中的液体压力即可测算出液位高度。

3）浮力法

浮力法测液位是依据力平衡原理，通常借助浮子一类的悬浮物，浮子做成空心刚体，使它在平衡时能够浮于液面。当液位高度发生变化时，浮子就会跟随液面上下移动。因此测出浮子的位移就可知液位变化量。浮子式液位计按浮子形状的不同，可分为浮子式、浮筒式等；按结构不同，可分为钢带式、杠杆式等。

4）电学法

按工作原理的不同，电学法液位计可分为电阻式、电感式和电容式。用电学法测量无摩擦件和可动部件，信号转换、传送方便，便于远传，可靠，且能输出可转换为统一的电信号，与电动单元组合仪表配合使用，可方便地实现液位的自动检测和自动控制。

5）热学法

在冶金行业中常遇到高温熔融金属液位的测量。由于测量条件的特殊性，目前除使用核辐射法外，还常用热学方法进行检测。利用高温熔融液体本身的特性，即在空气和高温液体分界面处的温度场突变的特点，用测量温度的方法间接获得高温金属熔液液位。热学法按温度测量转换原理的不同，通常又分为热电法和热磁感应法。

6）超声波法

超声波液位计利用的是波在介质中的传播特性。在容器底部或顶部安装超声波发射器和接收器，发射出的超声波在相界面被反射，并由接收器接收，测出超声波从发射到接收的时间差，便可测出液位高低。

超声波液位测量有以下许多优点：

（1）与介质不接触，无可动部件，电子元件只以声频振动，振幅小，仪器寿命长。

（2）超声波传播速度比较稳定，光线、介质黏度、湿度、介电常数、电导率、热导率等对检测几乎无影响，因此适用于有毒、腐蚀性或高黏度等特殊场合的液位测量。

（3）不仅可进行连续测量和定点测量，还能方便地提供遥测或遥控信号。

（4）能测量高速运动或有倾斜晃动的液体液位，如置于汽车、飞机、轮船中的液位。

超声波液位测量也有以下缺点：

（1）超声波仪器结构复杂，价格相对昂贵。

（2）当超声波传播介质的温度或密度发生变化时，声速也将发生变化，对此超声波液位计应有相应的补偿措施，否则严重影响测量精度。

（3）有些物质对超声波有强烈的吸收作用，选用测量方法和测量仪器时要充分考虑液位测量的具体情况和条件。

7）微波法

在电磁波谱中将波长为 1 mm～1 000 mm 的电磁波称为微波。微波的特点是：

（1）在各种障碍物上能产生良好的反射，具有良好的定向辐射性能；

（2）在传输过程中受到粉尘、烟雾、火焰及强光的影响小，具有很强的环境适应能力。

2．料位检测方法

由于固体物料的状态特性与液体有些差别，因此料位检测既有其特有的方法，也有与液位检测类似的方法，但这些方法在具体实现时又略有差别。

1）重锤探测法

重锤探测法原理示意图如图 3-6 所示。重锤连在与电机相连的鼓轮上，电机发动后可使重锤在执行机构控制下动作，从预先定好的原点处靠自重开始下降，通过计数或逻辑控制记录重锤下降的位置；当重锤碰到物料时，产生失重信号，控制执行机构停转，然后反转，使电机带动重锤迅速返回原点位置。

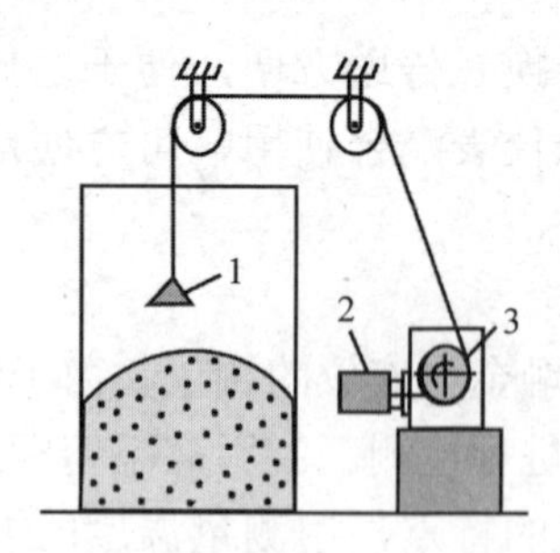

图 3-6　重锤探测法原理示意图

1—重锤；2—伺服电机；3—鼓轮

2）称重法

在一定容积的容器内，物料重量与料位高度应当是成比例的，因此可用称重传感器或测力传感器测算出料位高低。

3）光学法

光学法是一种比较古老的料位控制方法。一般只用来进行定点控制，工作方式采用遮断式。在储料容器的一侧安装激光发射器，在另一侧安装接收器。当料位未达到控制位置时，接收器能够正常接收到光信号；当料位上升至控制位置时，光路被遮断，接收器接收的信号迅速减小，电子线路检测到信号变化后，便可转化成报警信号或控制信号。

3．相界面的检测

相界面的检测包括液-液相界面、液-固相界面的检测。液-液相界面检测与液位检测相似，因此各种液位检测方法及仪表（如压力式液位计、浮力式液位计、反射式激光液位计等）都可用来进行液-液相界面的检测。液-固相界面检测与料位检测相似，因此重锤探测式、吊锥式、称重式、遮断式激光料位计或料位信号器也同样可用于液-固相界面的检测控制。

3.2.5　成分检测技术

对于成分分析内容，一是定性分析，确定物质的化学组成；二是定量分析，确定物质中各种成分的相对含量。成分分析仪器是指专门用来测定物质化学组成和性质的一类仪器的总称。成分分析仪器可分为实验室分析仪器和过程分析仪器两大类。

热导式气体分析仪是利用混合气体的导热系数 λ 随组分气体的体积百分含量不同而变化的这一物理特征来进行分析的。物体的导热能力通常用导热系数 λ 来表示，物体的热传导现象可用傅立叶定律来描述，即单位时间内传导的热量和温度梯度及垂直于热流方向的截面积成正比。

3.3　无线传感器网络

无线传感器网络由称为“微尘”的微型计算机构成。这些微型计算机通常指带有无线链路的微型独立节能型计算机。无线链路可使各个微尘通过自我重组形成网络，彼此通信，并交换有关现实世界的信息。传感网的定义：随机分布的集成传感器、数据处理单元和通信单元的微小结点，通过自组织的方式构成的无线网络。

3.3.1　传感网概述

借助于结点中内置的传感器测量周边环境中的热量、红外、声波、雷达和地震波信号，从而探测包括温度、湿度、噪声、光强度、压力、土壤成分、移动物体的大小、速度和方向等物质现象。

以因特网为代表的计算机网络技术是 20 世纪计算机科学的一项伟大成果，它使人们的生活发生了深刻的变化。然而，在目前，网络功能再强大，网络世界再丰富，也终究是虚拟的，它与人们所生活的现实世界还是不同的。在网络世界中，很难感知现实世界，很多事情在网络中是不可能实现的，时代呼唤着新的网络技术。传感网络正是在这样的背景下应运而生的全新网络技术，它综合了传感器及微机电等技术，由此可以预见，在不久的将来，传感网络将使人们的生活方式发生革命性的变化。

无线传感器网络（Wireless Sensor Network，WSN）是集分布式信息采集、信息传输和信息处理技术于一体的网络信息系统，以其低成本、微型化、低功耗、灵活的组网方式、铺设方式及适合移动目标等特点受到重视，是关系国民经济发展和国家安全的重要技术。物联网正是通过遍布在各个角落和物体上的形形色色的传感器及由它们组成的无线传感器网络，来最终感知整个物质世界的。

当前，自组网的一个重要发展方向是传感器网络，人们可以把传感器网络定义如下：传感器网络是由一组随机分布的集成传感器、数据处理单元和通信模块的微型传感器以自组织方式构成的无线网络，其目的是感知、采集和处理网络覆盖范围内感知对象的信息，并传送给信息获取者。从通信角度来讲，传感器网络属于一种特殊自组网。信息获取者是传感器网的用户，也是感知信息的接受者和应用者。信息获取者可以是人，也可以是计算机或其他设备。例如，军队指挥官、一个由飞机携带的移动计算机都可以是传感器网的信息获取者。另外，一个传感器网可以有多个信息获取者，一个信息获取者也可以是多个传感器网的用户。信息获取者可以主动地查询或收集传感器的感知信息，也可以被动地接收传感器网发布的信息。信息获取者将对感知信息进行观察、分析、挖掘、制定决策，甚至对感知对象采取相应的行动。

传感器网的感知对象是观察者感兴趣的监测目标，如坦克、军队、动物、有害气体等。感知对象的信息一般通过表示物理现象、化学现象或其他现象的数字量来表示，如温度、湿度、物体的大小、物体的移动速度等。一个传感器网可以感知网络分布区域内的多个对象，一个对象也可以被多个传感器网所感知。

3.3.2　传感网的体系结构

无线传感器网络包括 4 类基本实体对象：目标（Target）、观测结点（Observer）、传感结点（Sensor）和感知视场（Sensing Field）。另外，还须定义外部网络、远程任务管理单元和用户，从而完成对整个系统的刻画。图 3-7 所示为自组织传感网络体系结构。大量传感结点随机部署，通过自组织方式构成网络，形成对目标的感知视场。传感结点检测的目标信号经本地简单处理后，通过邻近传感结点多跳传输到观测结点。用户和远程任务管理单元通过外部网络，比如卫星通信网络或因特网与观测结点进行交互。观测结点向网络发布查询请求和控制指令，接收传感结点返回的目标信息。

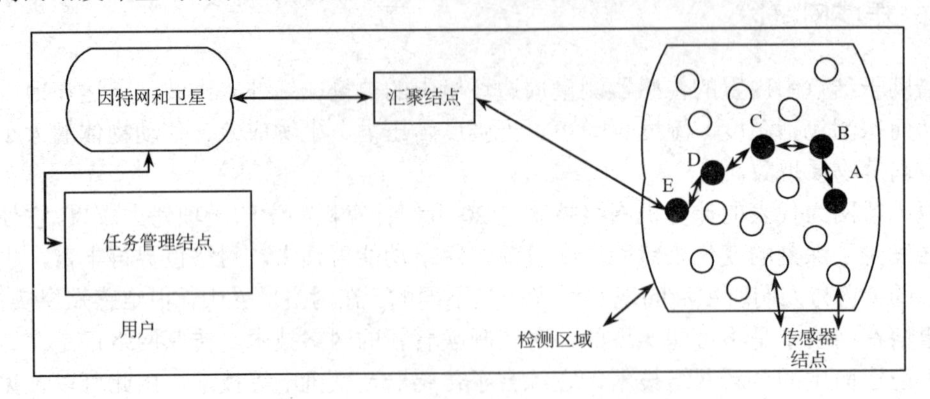

图 3-7　自组织传感网络体系结构

传感结点具有原始数据采集、本地信息处理、无线数据传输及与其他结点协同工作的能力，依据应用需求，还可能携带定位、能源补给或移动等模块。结点可采用飞行器撒播、火箭弹射或人工埋置等方式部署。其目标是网络感兴趣的对象及其属性，有时特指某类信号源。传感结点通过目标的热量、红外、声波、雷达或振动等信号，获取目标温度、光强度、噪声、压力、运动方向或速度等属性。传感结点对感兴趣目标的信息获取范围称为该结点的感知视场，网络中所有结点视场的集合称为该网络的感知视场。当传感结点检测到的目标信息超过设定阈值，需提交给观测结点时，该观测结点称为有效结点。

观测结点具有双重身份：一方面，在网内作为接收者（Sink）和控制者（Commander），被授权监听和处理网络的事件消息和数据，可向传感器网络发布查询请求或派发任务；另一方面，面向网外作为中继（Relay）和网关（Gateway），完成传感器网络与外部网络间信令和数据的转换，是连接传感器网络与其他网络的桥梁。通常假设观测结点能力较强，资源充分或可补充。观测结点有被动触发和主动查询两种工作模式，前者被动地由传感结点发出的感兴趣事件或消息触发，后者则周期扫描网络和查询传感结点，较常用。

3.3.3 传感器网络的通信与组网技术

近年来，无线传感器网络是多学科高度交叉、知识高度集成的，关于现代网络通信的一个前沿热点研究方向。作为一种典型的普适计算（Pervasive Computing）应用，WSN能够通过各类集成化的微型传感器实时监测、感知和采集各种环境或监测对象的信息，并对这些信息加以处理，使需要这些信息的用户获得详尽而准确的数据，从而实现逻辑上的信息世界与真实的物理世界的融合，深刻地改变了人与自然的交互方式。

无线传感器网络是由大量部署在观测环境中的微型、廉价、低功耗的传感器结点以无线、自组织的方式，通过多跳通信而快速形成的网络系统。WSN 的典型布撒方式是通过飞行器撒播、人工埋置和火箭弹射等方式来完成的。

在结点能量、无线网络通信带宽、网络计算处理能力等资源普遍受限情况下，通过路由算法、数据融合和负载平衡、功率控制和睡眠调度等策略，降低数据传输延迟时间，最终使 WSN 的各种资源得到优化分配。从拓扑结构来看，平面型（非层次的）路由协议的逻辑结构视图是平面的，网络中的各结点功能相同、地位平等，除此之外的 WSN 属于层次型（基于簇）的。

1. 平面型路由协议

平面型路由协议多是以数据为中心的，是基于数据查询服务的策略，可对监测数据按照属性命名，可对相同属性的数据在传输过程中进行融合，从而减少冗余数据的传输。这类协议同时集成了网络层路由任务和应用层数据管理任务。优点是：不存在特殊结点，路由协议的鲁棒性较好，网络流量平均地分散在网络中。缺点是：缺乏可扩展性，限制了网络的规模，只适用于规模较小的传感器网络。平面型路由协议的典型代表主要有：泛洪（Flooding）、闲聊（Gossiping）、SPIN、DD。其中泛洪协议和闲聊协议是两个最为经典和简单的传统网络路由协议，可以应用到 WSN 中。这两个协议都不要求维护网络的拓扑结构，不需要维护路由信息，也不需要任何算法，但是扩展性很差。

2. 层次型路由协议

在层次型路由协议中，网络通常被划分为簇（Cluster），每个簇由一个簇头（Cluster-Head）和多个簇成员（Cluster-Member）组成。这些簇头可形成高一级的网络，在高一级网络中，又可以分簇，再次形成更高一级的网络，直至最高级。在分级结构中，簇头不仅负责所管辖簇内信息的收集和融合处理，还负责簇间数据的转发。在层次型路由协议中，每个簇的形成通常是基于传感结点的保留能量和与簇首的接近程度。同时，为了延长整个网络的生存期，簇头需要周期更新。层次型路由协议的优点是：便于管理，适合大规模的传感器网络环境，可扩展性较好，能够有效地利用稀缺资源（比如无线带宽等），可以对系统变化做出快速反应，并提供高质量的通信服务。缺点是：簇头的可靠性和稳定性对整个网络性能的影响较大，簇的维护开销较大。

层次型路由协议典型代表主要有：LEACH、TEEN、PEGASIS。

3.3.4 传感器网络的支撑技术

由于无线传感器网络的资源有限，其能量、存储能力、计算能力都低于传统无线网络中的移动设备，并且一般情况下还具有大规模、高密度等特点，因此，传统无线网络的各种应用支撑技术很多都不再适用于无线传感器网络。当前，WSN 的支撑技术，一部分是在原有无线网络相关技术的基础上针对 WSN 的特点加以改进，另外一些则是重新设计的低耗方案。无线传感器网络的支撑技术分为适用于绝大多数无线传感器网络的基础支撑技术和面向各类典型应用的应用支撑技术，下面分别加以讨论。

1. 通信协议

通信协议对于所有网络都是必不可少的基础支撑技术。WSN 的通信协议与其他网络相比还不成熟，没有统一的标准，改进空间很大，研究非常活跃。根据低功耗的目标，WSN 的协议设计尽量简化，跨层设计受到青睐。下面根据传统的方式对各层协议设计加以介绍。

1）MAC 协议

无线网络 MAC 协议的设计目标主要是为蜂窝网提供 QoS 和高带宽，即使是无线 Ad-Hoc 网络的 MAC 层协议，一般也只是加入自组织和移动的设计。而 WSN 的 MAC 层协议的首要设计目标则是低功耗，尽量延长网络寿命，其次则是良好的扩展性和适应性，这与已有的协议存在很大差异。

WSN 在 MAC 层的主要能量浪费包括接收数据包时发生碰撞、串音（Overhearing，意为结点收到的不是发给自己的数据包）、过多的控制包、空闲侦听等。这些因素都是在设计 WSN 的 MAC 层协议时应该尽量避免的。

MAC 层协议的基本类型包括 TDMA、FDMA、CDMA 和 CSMA。其中，TDMA、CDMA 和 FDMA 从机制上避免了冲突访问，CSMA 则引入了竞争机制来检测冲突（CD）或者避免冲突（CA）。WSN 的 MAC 层协议需要低能耗设计，尽量减少上述各种原因引起的能量浪费，并考虑结点的睡眠状态。现有的许多 WSN 的 MAC 层协议就是在上述几种协议的基本架构上针对 WSN 进行了低功耗改进。基于 TDMA 设计的 WSN 的 MAC 层协议有 SMACS、DE2MAC、EMACS、TRAMA 等。基于 FDMA 的有 Implicit Prioritized Access Protocol 等。基于 CS2MA 的 MAC 协议占 WSN 的 MAC 协议的大部分，这种 MAC 协议一般需要通过附加的控制消息来解决隐藏结点问题，如 Sensor2MAC protocol（S2MAC）的握手、Timeout MAC（T2MAC）等。

2）路由协议

路由协议是通信协议极其重要的一环。WSN 路由协议的设计除了需要考虑资源限制外，还具有许多特异性：以数据为中心的路由在 WSN 中很受关注，几乎所有应用都存在结点与基站之间的多对一的数据传输，此外要考虑数据冗余等问题。根据上述 WSN 中路由协议的设计考虑，出现了许多针对各种 WSN 的路由协议，根据数据路由的方式可以分为 3 类。

（1）以结点为中心的路由：以结点为中心的路由是传统的路由方式，结点用唯一 ID 标识，并通过这些标识进行路由，如当前的因特网路由。以结点为中心的路由最大的特点就是将路由功能严格与上层应用分离。如 WSN 中最主要的两种信息服务查询（Query）和发现（Discovery）就只能通过应用层，这种明确的分层对于应用相对简单的 WSN 往往会产生不必要的耗费。

（2）以数据为中心的路由：以数据为中心的路由是一种随需设计（On Demand），即当需要时通过查询的方式获得特定数据，结点用所采集的数据表示，根据数据的内容进行路由。SPIN 是最早的以数据为中心的路由协议；直接扩散（Directed Diffusion）是目前最为著名的以数据为中心的协议；此外，还有 RR、CADR、COU GAR、ACQUIRE 等。以数据为中心的路由的一大特点就是具有应用特异性，即数据的命名与应用紧密相关。查询和发现是内置在路由协议中的，由于数据内容可知，因此可以在路由的过程中进行数据融合，减少数据冗余。

（3）基于地理信息的路由：基于地理信息的路由是自组织无线网络所特有的一种路由方式。它将结点的位置信息引入路由机制，结点用地理信息标识，根据距离估算通信能耗，以低能耗为目标建立通信拓扑，如 MECN、SMECN、GAF、GEAR 等。此外，还可以根据网络的通信拓扑结构，将 WSN 路由分为平面路由、分级路由和混合路由。其中，分级路由一般是指带有簇结构的路由，包括静态簇结构（簇头结点不变，成员不变）和动态簇结构（簇头结点动态选举产生，成员有可能根据需求改变）。所有的结点都将数据发送给簇头结点，通过簇头结点进行数据融合。LEACH 是最早的带有簇结构的路由协议之一，此外，还有 PEGASIS、Hierarchical2PEGASIS、TEEN、APTEEN 和 EARCSN 等。这些传统的层次路由协议是单跳的，假设所有结点都可直接与基站通信。混合路由是指在路由过程中根据具体需要采取不同的路由方式。例如 GEAR，先通过平面路由将数据包传送至目标区域，然后通过区域内有限制的泛洪将数据包发给区域内的所有结点，后者可以视为簇内的多播。除了上述比较基本的分类方法外，WSN 路由还可以根据设计目标、运行方式、实现方法等分类，如基于协商的路由（SPIN）、QoS 路由（SAR、SPEED）、基于查询的路由等。由于 WSN 的结点极易出现被俘获、电能耗尽及器件故障等情况，因此，QoS 路由的概念较为重要。QoS 路由以服务质量为目标，以低丢包率和高速通信为首要目标，常用的手段包括多路路由、网络编码及拥塞控制等。

3）传输协议

因特网的 TCP 协议和 UDP 协议是两个著名的传输协议，但并不适合 WSN 的需求。TCP 协议需要一个握手过程，由于一般情况下 WSN 中每次传输的数据量很小，所以相对来说握手的能耗过大。TCP 协议通过端到端的方式来控制拥塞和保证可靠性，在链路非常不可靠的 WSN 中会花费很长时间，ACK 在网络中的端到端传输也会耗费很多能量。由于 UDP 没有拥塞控制，当拥塞发生时会丢掉大量数据包，耗费能量，对 WSN 来说也不合适。不过，这种无连接较适合 WSN 环境，也可以简化连接初始化过程。WSN 下的传输协议应该提供拥塞控制和保证可靠性。WSN 数据传输具有爆发性，接收者（Sink 结点）的处理能力、通信能力和存储能力相对比较强，它连接传感器网络与汇聚结点等外部设备或网络。因而接收者周围的数据传输量非常大，所以有效的拥塞发现、避免和控制机制是非常必要的。虽然 MAC 层可以提供数据包错误恢复，但是对于丢包就需要传输层来控制。对于 WSN 下的可靠性保证，一般并不需要严格保证所有的数据包可靠传输，只需要保证某一区域内的数据包可以正确传输，或者某一概率的数据包可以正确传输即可，根据这个特点可以进行优化设计。此外，低耗的 WSN 传输协议在发生拥塞时应该尽量避免弃包，而且保证结点流量尽可能地均匀。

WSN 中的传输协议根据其设计目标不同可以分为上传拥塞控制、下传拥塞控制、上传可靠性保证及下传可靠性保证 4 类，包括 CODA、ESRT、RMST、PSFQ、GARUDA、ATP 及 SenTCP 等。跨层设计虽然目前不多，但是对 WSN 来说非常适合。例如，路由的错误信息可以使传输协议知道数据包的丢失不是由于拥塞发生，从而不需要进行拥塞控制。

2．能量管理

低能耗在 WSN 中是贯穿始终的设计理念，通信单元负责结点与其他结点间或者网络代理等设备之间的无线通信，即无线信号的收发功能，一般被认为是整个结构中能耗最大的部分，从物理层到应用层各层面的设计都要将低能耗作为最主要的设计目标之一。广义的能量管理包括 WSN 中所有需要能耗的部分，如结点的功率控制、低能耗的 MAC 协议和路由协议、应用中的采样率控制、数据融合等。一些结点的信号发射功率是固定的，但是有些结点的信号发射功率却为可变的。例如，第二代μAMPS 原型结点的能量消耗水平有 13 级，有关闭状态、空闲状态、接收状态、低耗传输状态、高耗传输状态等 5

种状态。除此之外，还有许多中间状态。低能耗的 MAC 尽量使结点处于睡眠状态，以降低能耗。狭义的能量管理主要是指围绕电池的各种控制。结点各部件之间的协同需要精心设置，例如，当结点部件工作电压由 2.7 V 降到 2.0 V 时，在同样电能的情况下，结点生命周期可能会延长 5 倍，所以根据传感器结点在不同时段的不同工作模式，采用动态功率管理、动态电压调度等方式进行能量管理和控制。对于需要长时间采集数据的传感器，有时需要收集太阳能、人体电能等周边能量，以及通过无线充电及移动机器人充电等方式来维持结点的正常运转。

3. 时钟同步

由于晶体振荡器频率的差异及诸多物理因素的干扰，无线传感器网络各结点的时钟会出现时间偏差。而时钟同步对于无线传感器网络非常重要，如安全协议中的时间戳、数据融合中数据的时间标记、带有睡眠机制的 MAC 层协议等都需要不同程度的时钟同步。网络中的时钟同步一般需要通过结点间交换包含时间信息的消息完成，消息交换的过程中会受到不同原因的时间延迟影响，进而影响时钟同步的精确性。整个消息交换过程中的时间延迟主要包括：发送端构造消息的延迟、发送端等待发送信道可用而产生的延迟、消息从发送端网卡传送到接收端网卡的延迟、消息被接收处理的延迟等 4 个主要部分。人们可以通过细化延迟提高精度，将延迟细化为 FTSP 发送中断处理、时延、编码时延、传播时延、解码时延、字节对齐时延、接收中断处理时延。

时钟同步分为 3 类：第一类，简单比较事件或者消息的先后顺序（通过本地时钟）；第二类，维护本地时钟及其与周边结点时钟的相差与频差，需要时推算同步，大部分 WSN 的时钟同步都属于这类，包括 RBS、LTS 等；第三类，维护全局的时钟，如 TPSN。此外，还可以从发送者、接收者的角度分类：第一类，基于发送者，中心结点单向发送同步包，需要先发送前导码和同步码，如 DMTS、FTSP；第二类，基于发送者 to 接收者，采用传统的、双向的消息交换方式，类似 NTP，发送者和接收者双向交互信息，如 TPSN、Tiny2Sync 和 Mini2Sync 等；第三类，基于接收者 to 接收者、第三方广播消息，接收者之间根据接到消息的时间进行同步，如 RBS、adaptive RBS 等。

4. 定位

WSN 采集的数据往往需要与位置信息相结合才有意义。由于 WSN 具有低功耗、自组织和通信距离有限等特点，传统的 GPS 等算法不再适合 WSN。WSN 中需要定位的结点称为未知结点，而已知自身位置并协助未知结点定位的结点称为锚结点（Anchor Node）。WSN 的定位就是未知结点通过定位技术获得自身位置信息的过程。在 WSN 定位中，通常使用三边测量法、三角测量法和极大似然估计法等算法计算结点位置。WSN 中的定位技术可以从以下不同角度分类：

1）基于测距的定位技术和不基于测距的定位技术

基于测距（Range-Based）的定位技术需要测量相邻结点间的绝对距离或方位来计算未知结点的位置，包括信号强度测距法、到达时间差（TDOA）测距法、时间差定位法和到达角（AOA）定位法等。该类技术需要设计算法来减小测距误差对定位的影响，包括多次测量、循环定位求精等。虽然这类算法可以获得相对精确的定位结果，但是其计算和通信消耗却较大，不适合 WSN 低功耗的特点。不基于测距（Range-Free）的定位技术利用结点间的估计距离计算结点位置，包括质心定位算法、凸规划定位算法、基于距离矢量计算跳数的算法（DV-Hop）、无定形（A-Morphous）算法和以三角形内的点近似定位（APIT）算法等。不基于测距的技术虽然精度较低，但是对于大多数应用已经足够，因为其具有造价低、低功耗的显著优势，所以在 WSN 中备受关注。

2）基于锚结点的定位技术和无锚结点的定位技术

基于锚结点的定位技术在定位过程中以锚结点作为参考点，各结点定位后产生整体的绝对坐标系统。无锚结点的定位技术只关心结点间的相对位置，在定位过程中，各结点以自身作为参考点，将邻近的结点纳入自己定义的坐标系中，相邻的坐标系统依次转换及合并，最后产生整体相对坐标系统。

3）粗粒度定位技术和细粒度定位技术

细粒度定位计算的信息包括信号强度、时间等。而基于跳数和与锚结点的接近度来度量的，则是粗粒度定位。

3.3.5　传感网系统设计与开发

由传感器网络的组成及体系结构就可以看出，进行传感器网络设计时，需要对发射结构进行设计，包括调制、上变频、功率放大和滤波等的设计，还需要对通信接收机进行设计。除此之外，还必须设计传感器网络的通信协议。

以一个楼宇的无线传感器网络设计为例，其传感器网络结构如图 3-8 所示。

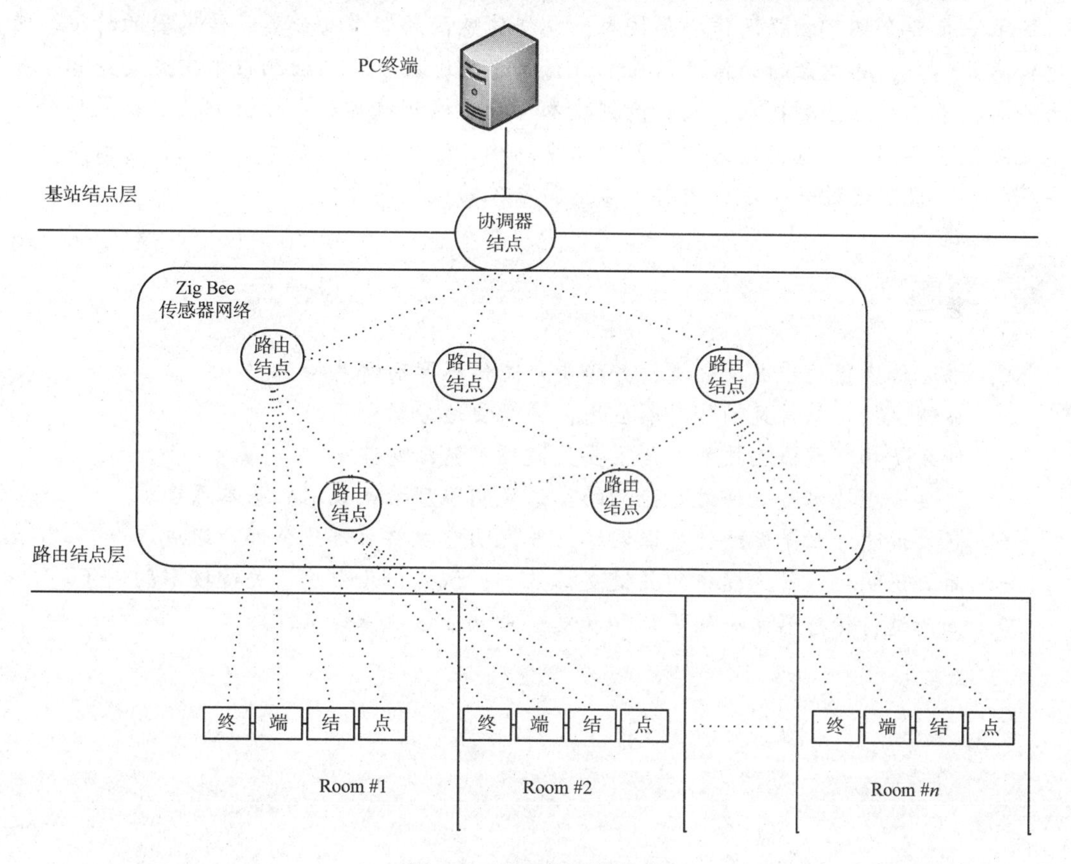

图 3-8　传感器网络结构

系统的实现平台是网状（Mesh）拓扑结构与星形（Star）拓扑结构混合的无线传感器网络。楼宇中每个房间的自主控制子系统采用星形拓扑结构，由一个路由结点和若干终端结点组成；每个房间内的路由结点和协调器结点采用网状拓扑结构组网，称为二级网络。另外，协调器结点可以与 PC 连接，构成基站结点，监管整个系统。所有结点间采用 ZigBee 协议进行无线通信，该协议是一种近距离、低复杂度、低功耗、低速率、低成本的双向无线通信技术，通信距离为 100 m 左右，它基于 IEEE 802.15.4 标准，是有关组网、安全和应用软件方面的技术标准，可以嵌入到各种设备中，主要适合于自动控制和远程控制领域。

基站结点位于系统的顶层，主要用来监控整个网络。它既可以在 PC 终端界面上显示网络的拓扑结构图及各结点的工作状态信息，也可以向路由结点发送命令，预设对应房间自主控制子系统各终端结点的主要作用是采集当前房间内人员的个数、所在位置及光线强度，并将这些信息发送给子系统内的路由结点；另一方面，终端结点还根据接收到的路由结点指令来设置房间的照明模式。路由结点根据终端结点采集到的房间内环境信息，综合判断应设置的照明模式，同时，路由结点还负责与基站结点进行信息交互。

小结

本章主要介绍了物联网传感器技术，包括传感器的组成及分类、传感器的特征、常用传感器简介，并对最新的传感器技术进行了介绍；在物联网检测技术中主要介绍了压力检测技术、温度检测技术、流量检测技术、物位检测技术及成分检测技术；最后介绍了无线传感器网络，包括无线传感器的体系结构、通信与组网技术，以及传感器网络的支撑技术，最后通过一个示例讲解了传感器系统的设计及开发。

习题

1. 描述传感器的组成及分类，并简要介绍传感器有哪些特征。
2. 举例说明几个常见的传感器应用，并简要地分析一下。
3. 什么是物联网检测技术？其主要关键技术包括哪些？
4. 温度检测技术是如何进行检测的？试说明温度检测技术的基本原理。
5. 概要说明什么是无线传感器网络，并说明它主要有哪几个部分组成。
6. 简要说明无线传感器中的关键支撑技术，试举出几个应用关键技术的例子。
7. 如何进行传感器系统的设计和开发？重点应该注意什么？

第4章 物联网识别技术

本章学习重点

1. 掌握光符识别技术和语音识别技术的原理
2. 掌握RFID射频识别的原理
3. 掌握射频读写器的组成

作为物联网发展的“排头兵”，自动识别技术特别是射频识别技术（Radio Frequency Identification，RFID）成为市场最为关注的技术，近年来，自动识别系统（Auto-ID）在服务、商务和分销、物流、工业、制造及材料流等领域变得越来越流行。在这些领域中，自动识别过程提供人员、动物、货物、材料、产品等在传输过程中的信息。

普遍使用的条形码标签在很久前发生了一场识别系统的革命，但是现在随着急剧增长的编号数量已经越来越不适用了。条形码可以十分便宜，但是其致命缺陷是低存储容量和不能重新编程的特点。

人们日常生活中最常见的电子数据设备是接触式 IC 卡（电话卡、银行卡等），然而机械接触的 IC 卡却限制了其适用性。在数据承载设备和阅读器之间的非接触式数据传输可以带来更大的灵活性。在理想情况下，用于操作数据承载设备所需的电力也可以通过非接触方式从阅读器进行传输。因为用于传输数据和电力的方式，非接触 ID 系统也称为 RFID 系统（射频识别）。

本章将介绍物联网自动识别技术，主要包括各种自动识别技术，重点讲述目前在学术界及工业界普通关注的 RFID 技术。

4.1 自动识别技术

自动识别技术就是应用一定的识别装置，通过被识别物品和识别装置之间的接近活动，自动获取被识别物品的相关信息，并提供给后台的计算机处理系统来完成相关后续处理的一种技术。例如，大家在商场购物的时候，商场的条形码扫描系统就是一种典型的自动识别技术。售货员通过扫描仪扫描商品的条形码，从而获取商品的名称、价格，然后输入数量，后台 POS 系统即可计算出该批商品的价格，从而完成顾客的结算。当然，顾客也可以采用银行卡支付的形式进行支付，银行卡支付过程本身也是自动识别技术的一种应用形式。

4.1.1 光学字符识别技术

光学字符识别（OCR）技术自 20 世纪 50 年代起开始在商业中应用。它最初是设计用来识读“特殊字体”的。这些字体（如 OCR-A）包括字母、数字符号和特殊字符，可以被机器扫描或识读，从而提供了一种高速、非键盘的信息输入方法。它不像条形码，这些字体仍能够被人类所识读。

在过去的几年中，由于相对低成本、高速度的个人计算机的出现，OCR 技术有了可观的改进，很强功能的识别软件被发展出来。例如，目前大多数 OCR 仪器能够识读普通的办公字体，如 Courier，以及特殊字体和在报纸杂志上用的比例字体。事实上，许多工厂使用“智能字体识别（ICR）”一词，因为他们认为这个词更适合今天的 OCR 硬件与软件。

OCR 与条形码相似，会受到低质量印刷效果的影响。但是，只要在媒体准备和应用设计上花一点点工夫，识别效果就会有很大改善。目前，进行字母速度比较时，OCR 的速度与条形码相同，而且它的准确性也与条形码扫描相同。

在某些应用中，例如在需要人类识读的应用中，或者在使用和保持条形码标签的成本过高和实际行不通的情况下，OCR 比使用条形码更适合。在识读打字的文件或计算机印刷的材料而不要有附加步骤的应用中，OCR 更理想。OCR 在图书馆、出版业、付款处理、支票平衡、发出账单和其他普通信息输入应用中最常见。

OCR 有两个主要方式：模型对照和特点提取。模型对照是看到印刷的字体，并将这个图像与在数据库中可能的选择对照配对。特点提取是寻找结构特点和它们的综合以识别字体。字体是在光源下被扫描识读的，这种识别字体的系统是基于上述一个或两个识读方式，信息被转换成电子形式，以便输入到计算机中。

OCR 识读器大致有 3 种类型：篇页识读器、业务文件识读器和手持式识读器。篇页识读器扫描整页的文字，或者直接识读纸张文件，或者识读在计算机系统中存储的数字化文件（现在的计算机传真软件通常包含 OCR 程序）。业务文件识读器扫描相对短的信息，如付款单据上的账号。业务文件识读器与篇页识读器的最大不同是，业务文件识读器通常提供更高的准确性。业务文件识读器通常固定在某种机械传递装置上。手持式识读器方便数据输入，图书馆在登记借书信息时，使用它来扫描国际图书标准号码（ISBN）。由于手持式识读器允许使用者有选择地从表格或其他文件上扫描信息，因此，使用在普通信息输入应用中。

4.1.2　语音识别技术

语音识别技术（在自动识别领域中通常称做"声音识别"）将人类语音转换为电子信号，然后将这些信号输入到具有规定含义的编码模式中，它并不是将说出的词汇转变为字典式的拼法，而是转换为一种计算机可以识别的形式，这种形式通常开启某种行为。如组织某种文件、发出某种信号或开始对某种活动录音。

语音识别以两种不同形式的作业进行信息收集工作：分批式和实时式。分批式是指使用者的信息从主机系统中下载到手持式终端机中，它自动更新，然后在工作日结束时将全部信息上传到计算机主机处。在实时式信息收集中，语音识别也许会与射频技术相结合提供活动式和快捷的主机联系。

使用如同电话机的手持式收录机或头戴一个收录机，这种收录机与具有词汇程序的器材相连，这种仪器能够识别词汇，并将它转换为模拟电子信号。这种模拟信号通常转换成数字形式，然后由模式对比或特点分析来解码。这种仪器可与计算机相连或与一部独立的语音识别器相连，语音识别器能够与多种以计算机为基础的器材相连或启动它们。语音相连的器材包括乐器、可编程序的电路控制器、转换器、工作站、终端机和印刷机等。

在某些应用中，特别是多步骤检验的应用中，使用模拟语音提示帮助完成整个检验过程。语音识别，与模拟语音提示相结合，帮助操作人员完成一系列的工作，用操作人员对模拟语音提示的回答来确认工作的正确性。

在速度和准确性要求较高的应用中，或者在操作人员的手和眼睛要做其他工作不能写字或打字的情况下，语音识别是理想的技术。通常，语音识别应用包括收货、送货、批发、订单取货、零件追踪、试验室工作、库存控制、计算机板检验、铲车操作、分类、材料处理、质量控制和仓库管理。

现在，语音识别正在流行起来，因为它只需很有限的训练，允许操作人员在进行他们的日常工作时收集和输入信息，而且成本效益非常好。大多数语音识别系统是讲话人训练（依赖讲话人）式的。也就是说，每个使用者将一组词汇读给这套系统，让"训练"系统来识别他们特殊的声音。训练允许讲话人带有口音或使用特别的词汇或术语。

语音识别系统分为两种类型：连续性讲话和间断发音。连续性讲话允许使用者以一个正常的讲话速度讲话。间断发音要求在每个词和词组之间留出一个短暂的间歇。不管你选择什么类型的语音识别系统，安装这样的系统会在信息收集的速度和准确性方面给你很大的效益，有助于提高工作人员的活动能力和工作效率。

4.1.3 生物计量识别技术

生物计量识别是用来识别个人的技术，它以数字测量所选择的某些人体特征，然后与这个人的档案资料中的相同特征作比较，这些档案资料可以存储在一个卡片中或存储在数据库中。被使用的人体特征包括指纹、声音、掌纹、手腕和眼睛视网膜上的备管排列、眼球虹膜的图像、脸部特征、签字时和在键盘上打字时的动态。

下面介绍几种生物识别技术：

1. 指纹识别技术

指纹在我国古代就被用来代替签字画押、证明身份。大致可分为"弓"、"箕"、"斗" 3 种基本类型，具有各人不同、终身不变的特性。指纹识别是目前最成熟、最方便、可靠、无损伤、价格便宜的生物识别技术解决方案，已经在许多行业中得到了广泛的应用。

指纹识别技术具有 4 个优点。一是专一性强，复杂程度高。指纹是人体独一无二的特征，并且它们的复杂程度足以提供用于鉴别的特征。二是可靠性高。如果想要增加可靠性，只须登记更多的指纹，鉴别更多的手指即可，最多可以登记十个，而每一个指纹都是独一无二的，并且用户将手指和指纹采集头直接接触是读取人体生物特征最可靠的方法。三是速度快、使用方便。扫描指纹的速度很快，使用非常方便。四是设备小、价格低。指纹采集头更加小型化，可以很容易地与其他设备相结合，并且随着电子传感芯片的快速发展，其价格也会更加低廉。

指纹识别技术具有几个缺点，比如，某些人或某些群体的指纹因为指纹特征很少，故很难成像。此外，由于现在的指纹鉴别技术可不存储任何含有指纹图像的数据，而只存储从指纹中得到的加密的指纹特征数据；每一次使用指纹时都会在指纹采集头上留下用户的指纹印痕，而这些指纹痕迹存在被用来复制指纹的可能性。

2. 掌纹识别技术

手掌几何学基于这样一个事实：几乎每个人的手的形状都是不同的，而且手的形状在人达到一定年龄之后就不再发生显著变化。当用户把他的手放在手形读取器上时，一个手的三维图像就被捕捉下来。接下来，对手指和指关节的形状和长度进行测量。

根据用来识别人的数据的不同，手形读取技术可分为 3 个范畴：手掌的应用、手中血管的模式，以及手指的几何分析。映射出手的不同特征是相当简单的，不会产生大量数据集。但是，即使有了相当数量的记录，手掌几何学也不一定能够将人区分开来，这是因为手的特征是很相似的。与其他生物识别方法相比，手掌几何学不能获得最高程度的准确度。当数据库持续增大时，需要在数量上增加手的明显特征来清楚地将人与模板进行辨认和比较。

3．眼睛识别技术

分析眼睛的复杂和独特特征的生物识别技术主要包括虹膜识别技术、视网膜识别技术和角膜识别技术。

虹膜是环绕瞳孔的一层有色的细胞组织。每一个虹膜都包含一个独一无二的基于像冠、水晶体、细丝、斑点、结构、凹点、射线、皱纹和条纹等特征的结构。虹膜扫描安全系统包括一个全自动照相机来寻找你的眼睛，并在发现虹膜时开始聚焦，捕捉到虹膜样本后由软件来对所得数据与储存的模板进行比较，想通过眨眼睛来欺骗系统是不行的。

虹膜识别便于用户使用，可靠性好，用户与设备之间也不需要物理的接触。但其设备尺寸较大，并且因聚焦需要而采用的摄像头很昂贵，黑眼睛极难读取，此外还需要有比较好的光源。

视网膜是眼睛底部的血液细胞层。视网膜扫描是采用低密度的红外线去捕捉视网膜的独特特征，血液细胞的唯一模式因此被捕捉下来。某些人认为视网膜是比虹膜更为唯一的生物特征。

视网膜识别的优点在于，它是一种极其固定的生物特征，因为是“隐藏”的，故而不可能受到磨损、老化等影响；使用者也无须和设备进行直接的接触；同时它是一个最难欺骗的系统，因为视网膜是不可见的，故而不会被伪造。另一方面，视网膜识别也有一些不完善，如视网膜技术可能会给使用者带来健康的损坏，这需要进一步的研究；设备投入较为昂贵，识别过程的要求也高，因此角膜扫描识别在普遍推广应用上具有一定的难度。

4．面部识别

面部识别系统是通过分析面部特征的唯一形状、模式和位置来辨识人。其采集处理的方法主要是标准视频技术和热成像技术。标准视频技术通过一个标准的摄像头摄取面部图像或者一系列图像，在面部被捕捉之后，一些核心点被记录下来，例如眼睛、鼻子和嘴的位置以及它们之间的相对位置，然后形成模板；热成像技术通过分析由面部毛细血管的血液产生的热线来产生面部图像，与视频摄像头不同，热成像技术并不需要在较好的光源条件下，因此即使在黑暗情况下也可以使用。

面部识别技术的吸引力在于，它能够人机交互，用户不需要和设备直接接触。但相对来说，这套系统的可靠性较差，使用者面部的位置与周围的光环境都可能影响系统的精确性，并且设备十分昂贵，只有比较高级的摄像头才能够有效高速地捕捉面部图像，设备的小型化也比较困难；此外，面部识别系统对于人体面部（如头发、饰物、变老及其他）的变化需要通过人工智能来得到补偿，机器知识学习系统必须不断地将以前得到的图像和现在得到的进行比对，以改进核心数据和弥补微小的差别。鉴于以上各种因素，此项技术在推广应用上还存在着一定的困难。

人脸识别的方法有很多，主要的人脸识别方法如下：

1）基于几何特征的人脸识别方法

几何特征可以是眼、鼻、嘴等的形状和它们之间的几何关系（如相互之间的距离）。这些算法识别速度快，需要的内存小，但识别率较低。

2）基于特征脸的人脸识别方法

特征脸方法是基于 KL 变换的人脸识别方法，KL 变换是图像压缩的一种最优正交变换。高维的图像空间经过 KL 变换后得到一组新的正交基，保留其中重要的正交基，这些基可以张成低维线性空间。如果假设人脸在这些低维线性空间的投影具有可分性，就可以将这些投影用做识别的特征矢量，这就是特征脸方法的基本思想。这些方法需要较多的训练样本，而且完全是基于图像灰度的统计特性的。目前，有一些改进型的特征脸方法。

3）基于神经网络的人脸识别方法

神经网络的输入可以是降低分辨率的人脸图像、局部区域的自相关函数、局部纹理的二阶矩等。这类方法同样需要较多的样本进行训练，而在许多应用中，样本数量是很有限的。

4）基于弹性图匹配的人脸识别方法

弹性图匹配法在二维空间中定义了一种对于通常的人脸变形具有一定的不变性的距离，并采用属性拓扑图来代表人脸，拓扑图的任一顶点均包含一特征向量，用来记录人脸在该顶点位置附近的信息。该方法结合了灰度特性和几何因素，在比对时允许图像存在弹性形变，在克服表情变化对识别的影响方面有较好的效果，同时对于单个人不再需要多个样本进行训练。

5）基于线段豪斯多夫距离的人脸识别方法

心理学研究表明，人类在识别轮廓图（比如漫画）的速度和准确度上丝毫不比识别灰度图差。线段豪斯多夫距离（LHD）基于从人脸灰度图像中提取出来的线段图，它定义的是两个线段集之间的距离，与众不同的是，LHD 并不建立不同线段集之间线段的一一对应关系，因此更能适应线段图之间的微小变化。实验结果表明，LHD 在不同光照条件下和不同情况下都有非常出色的表现，但是在大表情的情况下识别效果不好。

6）基于支持向量机的人脸识别方法

近年来，支持向量机（SVM）是统计模式识别领域的一个新的热点，它试图使学习机在经验风险和泛化能力上达到一种妥协，从而提高学习机的性能。支持向量机主要解决的是一个 2 分类问题，它的基本思想是试图把一个低维的线性不可分的问题转化成一个高维的线性可分的问题。通常的实验结果表明，SVM 有较好的识别率，但是需要大量的训练样本（每类 300 个），这在实际应用中往往是不现实的。而且支持向量机训练时间长，方法实现复杂，该函数的取法没有统一的理论。

5. 签名识别技术

签名识别，也称为“签名力学辨识”，建立在签名时的力度上。它分析的是笔的移动，例如加速度、压力、方向及笔画的长度，而非签名的图像本身。签名识别和声音识别一样，是一种行为测定学。签名力学的关键在于区分出不同的签名部分，有些是习惯性的，而另一些在每次签名时都不同。

签名作为身份认证的手段已经用了几百年，应用范围从独立宣言到信用卡都可见到，是能很容易被大众接受而且是一种公认的、较为成熟的身份识别技术。然而，签名辨识的问题仍然存在于获取辨识过程中使用的度量方式以及签名的重复性。签名系统已被控制在某种方式上去接受变量。但是，如果不降低接受率，它将无法持续地衡量签名的力度。由于签名的速度不快，因此无法在 Internet 上方便地使用它。

6．DNA

人体内的 DNA 在整个人类范围内具有唯一性（除了双胞胎可能具有同样结构的 DNA 外）和永久性。因此，除了对双胞胎个体的鉴别可能失去它应有的功能外，这种方法具有绝对的权威性和准确性。DNA 鉴别方法主要根据人体细胞中 DNA 分子的结构因人而异的特点进行身份鉴别。这种方法的准确性优于其他任何身份鉴别方法，同时有较好的防伪性。然而，DNA 的获取和鉴别方法（DNA 鉴别必须在一定的化学环境下进行）限制了 DNA 鉴别技术的实时性；另外，某些特殊疾病可能改变人体 DNA 的结构组成，导致系统无法正确地对这类人群进行鉴别。

7．其他生物识别技术

除了上面介绍的几种生物识别技术以外，在开发和研究中还有通过静脉、耳朵形状、按键节奏、身体气味、行走步态等识别的技术。

指纹扫描器和掌纹测量仪是目前应用最广泛的器材。不管使用什么样的技术、操作方法，都能通过测量人体特征来识别一个人。

在生物测量识别技术的发展历史中，它受到高成本、不完善的操作及供应商短缺等问题的困扰，但是现在它正在被更多的使用者接受，不仅被应用在银行、政府等高保安部门中，而且被应用在健康俱乐部、计算机网络安全、调查社会福利金申请人的情况、商业或工业区办公室、工厂中。由于生物测量识别技术的使用较简便，因此被更多的人所接受，经常用来代替密码或身份卡。其成本已经降低到一个合理的水平，该类器材的操作和可靠性现在已达到令人满意的程度。

4.1.4　IC 卡技术

1974 年，法国人 Roland Moreno 第一次将可进行编程设置的 IC（Integrated Circuits）芯片放于卡片中，使卡片具有了更多的功能。当时他在专利申请书中对这项发明做了如下阐述：卡片是具有可进行自我保护的存储器。在同一年，日本人有村国为也发明了集成电路卡，他称“卡片内装有一个或多个芯片，可以产生特殊的信号”。法国 Bull 公司于 1976 年首先研制出 IC 卡产品，随后在法国得到了推广应用，在此后的时间，随着超大规模集成电路、大容量存储芯片，以及信息安全技术的发展，IC 卡技术也日渐成熟，目前在国外已得到了较为广泛的应用。

IC 卡技术是一门综合型应用技术课程，内容涉及模拟与数字电子技术、单片机及接口技术、串行通信、信息编码和密码学等。下面分别从几个方面对 IC 卡技术进行介绍。

1．IC 卡及其分类

IC 卡（Integrated Circuit Card）将具有存储、加密及数据处理能力的集成电路芯片镶嵌于塑料卡片中。IC 卡的核心部分是一块集成电路芯片，故它又称为芯片卡。从 IC 卡的外形来分，IC 卡分为有触点卡和无触点卡（又称为射频卡）两类。

前者由读/写设备的接头与卡片上的集成电路接触点相接触，进行信息的读/写。后者则与读/写设备无电接触，由非集成式读写技术进行读/写（如无线电技术等）。

1）有触点卡的分类

（1）存储器卡：含有 EEPROM 及其控制电路，但无加密逻辑，缺乏安全保护，适用于不须保密要求的地方。现最大容量可达 64 KB。

（2）逻辑加密卡：由加密逻辑电路和 EEPROM 组成。适用于需要保密，但保密要求不是很高的场合。

（3）CPU 卡：称为智能卡（Smart Card），这种卡内不仅有 EEPROM 等存储器，还带有 CPU 及其操作系统和加密算法（DEA 或 RSA）。它具有处理和存储两大功能，安全性能高。

（4）超级智能卡：不仅带有微处理器和存储器，还带有液晶显示屏和微型键盘，可称为继超级计算机、主机、小型计算机、个人计算机和微型计算机之后的第六计算机。

2）无触点卡的工作方式

（1）电感耦合：使用两个金属线圈，流过它们的电流以不同频率变化来表示二进制的 1 和 0。这种数据传送方法称为频率调制。

（2）幅度调制：让发生的交变信号的幅度在两电平之间变化。两电平分别表示为二进制的 1 和 0。

（3）电容耦合：在电容器两个极板上可直接加二进制的 1 和 0 和数字信息，不需要调制。

（4）其他形式：微波耦合、光学耦合、表面声学波耦合等。

2. IC 卡的应用领域

随着 IC 卡生产制造和应用开发能力的提高，人们对 IC 卡的了解不断深入，IC 卡的应用领域也正在不断扩大，可以说，IC 卡可应用于国民经济的各个领域。表 4-1 列出了目前常见的 IC 卡应用领域。

表 4-1　IC 卡应用领域

领　域	应用方式
金融财务	现金卡、信用卡、预付卡、证券卡、电子支票、电子钱包、储蓄卡、工资卡等
交通	驾驶执照、登机卡、停车卡、通行证、公路收费卡、铁路通用卡、货运管理卡等
社会保险	人寿和意外保险卡、健康保险卡、年金卡等
零售服务	购物卡、信用卡、定购卡、礼品卡、优惠卡、会员卡等
通信	电话卡、邮箱卡、邮政储蓄卡、电子信箱卡、移动电话（SIM）卡、网络安全控管卡等
医疗	急救医疗卡、病历卡、门诊卡、住院患者卡、血型卡、药方卡、健康检查卡、捐血卡等
教育	校园卡、图书卡、辅导卡、成绩管理卡、教材卡、借书卡、得分记录卡等
旅游	旅游卡、贵宾卡、游乐卡（如卡拉 OK 卡、戏院卡等）、门禁卡等
政府行政	居民卡、户口簿、印鉴卡、资格卡、免税卡等
身份识别	工作证、身份证、会员证、城市卡、公司卡、考勤卡、流动人口管理卡等
企业管理	产品管理卡、工艺管理卡、设备维修卡、产品经历卡、质量管理卡、机器人控卡等
管理卡	机场管理卡、股票管理卡、人事档案管理卡、仓储管理卡、监狱管理卡等
专用卡	电表卡、煤气卡、水表卡、加油卡等
其他	程式卡、保养卡、家庭安全卡、烹饪卡、操作员卡等

3．IC 卡的标准

ISO/IEC JTC1（联合信息技术委员会）是制定有关 IC 卡标准及其他相关标准的最重要的国际组织，是国际准化组织（ISO）与国际电工委员会（IEC）于 1987 年建立的第一个标准化技术委员会，主要负责信息技术方面的国际标准化工作。现在国际范围内适用的有触点 IC 卡的国际标准是 ISO/IEC 7816，其中的 5 个组成部分如表 4-2 所示。

表 4-2　IC 卡的国际标准

标准名称	内　容	一版时间（年）
ISO/IEC 7816-1	物理特性	1987
ISO/IEC 7816-2	带触点的卡. 触点的尺寸和定位	1988
ISO/IEC 7816-3	带触点的卡. 电接口和传输协议	1989
ISO/IEC 7816-4	交换用组织、安全和命令	1992（草案）
ISO/IEC 7816-5	应用提供者的登记	1994

ISO/IEC 7816-1 规定了 IC 卡的物理特性，如卡的尺寸、变形、易燃性、有毒性、抗化学性、环境温度、抗温性、耐久性等；对有触点的 IC 卡还有新的规定，如 X 射线和紫外线的辐射不能损坏芯片、触点能承受的机械压力、触点允许的最大平面位置误差、触点电阻的最大阻值、卡片的机械耐磨性、卡片的散热、最高温度限制和卡的抗静电能力等。ISO/IEC 7816-2 规定了 8 个触点在卡上的位置及触点的分配，触点位置正好对应于卡被扭曲或压弯时对电子电路的机械限制达到最小的地方。ISO/IEC 7816-2 规定了电源和信号的结构以及集成电路卡和终端接口设备之间的信息交换、信号速率、电压电平、电流值、奇偶性约定、操作程度、传送机制等。它对于上面 8 个触点中的 6 个触点（即 VCC、RST、CLK、GND、VPP 和 I/O）的电气性能做出规定，如规定在正常工作状态下电源电压 VCC 的最小值为 4.75 V，最大值为 5.25 V；电源电流 ICC 的最大值为 200 mA；I/O 触点上以半双工方式交换数据；GND 作为参考电压等。

除了国际标准外还有一些地区和国家适用的标准，如德国的 DIN-N117 标准。IC 卡在不同的应用领域有不同的特点和要求，因此，它还有专业技术以外的应用标准。国际上有关组织已制定了 IC 卡在某些领域应用所应参考或遵循的规范，如 ISO 9992 是 IC 卡在金融领域应用时应遵循的标准。

在发展 IC 卡技术和应用的过程中及时跟踪、学习有关国内外 IC 卡标准至关重要。现代电子技术的迅猛发展使得国际标准的内容也在不断发展、完善，例如，目前大多数 IC 卡均在芯片内部产生编程所需的高压，国际标准中对编程高压输入管脚 VPP 的定义已失去意义。因此，密切注意有关 IC 卡及其相关技术国际发展的最新情况，可以少走弯路，加速我国 IC 卡产业的发展。

4．IC 卡的安全

作为未来的电子货币，IC 卡的安全性是很重要的。IC 卡的安全包括物理安全和逻辑安全两个方面。物理安全又包括 IC 卡本身物理特性上的安全以及对外来物理攻击的抵抗能力。前者指对一定程度的应力、化学、电气、静电损坏的防范，后者指 IC 卡应能防止复制、篡改、伪造或截听等。

为实现物理安全，通常采取以下一些手段：

（1）采用高技术和昂贵的设备、昂贵的制造工艺，使其不能伪造。

（2）在制造和发行过程中，一切参数严格保密。

（3）制作时在存储器外面加若干保护层，以防止他人分析其中内容。

（4）在卡内安装监控程序，以防止对处理器或存储器数据总线、地址总线的截听。

逻辑安全与 IC 卡的操作有关，其实现方法主要有以下几种：

1）存储器分区保护

将 IC 卡中存储器的数据库分成若干个区，卡内一般有 3 个基本区，即公开区、工作区和保密区。每个区的数据访问规则不同，并把访问权分为无条件（任意读/写或擦除）、有条件（只读或只写）和禁止访问 3 类。

2）验证持卡人的身份

用户鉴别逻辑安全的首要问题是验证持卡人的身份，减少智能卡被冒用的可能性，这称为用户鉴别，也称个人身份鉴别。用户鉴别有下面 3 种：

（1）验证用户个人识别号 PIN（Personal Identification Number）。PIN 的验证过程大致为，持卡人通过读卡器的键盘向卡中输入 PIN，然后和事先存在卡内的 PIN 加以比较，若比较正确即可访问卡中存储的数据库。如在设定的比较次数（一般为 3～7 次）内没有输入正确的 PIN，则卡将自动闭锁，禁止以后的操作，这样可防止非法持卡人对卡的使用。这种方法是目前使用最多、最广泛的用户鉴别方法。

（2）生物鉴别。这种方法是根据每个人的指纹、手形、语音、视网膜等不同来识别用户。如美国的 INSPASS 计划，以手掌配合附有信息码的 IC 卡来识别游客身份；加拿大的 CANPASS 计划，则以指纹配合光纤条码的 IC 卡来识别游客的身份。

（3）手写签名。根据每个人书写签名时所用力度、笔迹等特点来识别签名人的身份。

3）其他方法

采用加密算法来鉴别和认证，或采用电子签名等安全功能。CPU 卡中一般都有加密算法。

4.1.5　条形码技术

近年来，只要走入任何一家商店，尤其是超市，随手拿一个商品，几乎都能在产品包装上发现它——条形码（Barcode），它是由一定数目的黑白平行相间由条纹组成的图案。

条形码最早起源于美国，1970 年美国超级市场公会（Supermarket Institute，SMI）与 IBM 计算机公司联合开发了一套便利的统一商品条形码（Universal Product Code，UPC），这也是世界上商业条形码系统的起源，其于 1973 年正式启用。

条形码技术是在计算机和信息技术基础上产生和发展起来的容编码、识别、数据采集、自动录入和快速处理等功能于一体的新兴信息技术。条形码技术以其独特的技术性能（如实时生成或预先制作均可，操作简单、成本低廉、技术成熟等）广泛应用于各行各业，迅速地改变着人们的工作方式和生产作业管理，极大地提高了生产效率。其中，在现代化物流业中的运用最为广泛、有效。条形码技术是物流信息系统的关键结点和物流信息由手工处理到数字化、自动化的桥梁，可以说，没有条形码技术就无法建立真正的物流信息系统。

1．条形码的基本结构

条形码是用来方便人们传输数据的一种方法，这种方法是将要输入计算机内的所有字符，经过编码后使得每一字符有其相对应的“码”。而编码的方式是藉由许多宽度不一的“线条”及“空白”的组合，来表示各种不同的码，每一种条形码规格都有其编码的方法，但不管如何，在一种条形码规格中，每一字符的码，都自有其独特的“线条”及“空白”宽窄的组合，而与其他字符不同。

一般人对于条形码并不了解，在此以简单方式向大家介绍。事实上，条形码因国家、区域及使用目的需求有不同的编码方式，但基本上由 4 个部分组成。

（1）起始码（Start Code）：一个条形码的起头，以便条形码读取器判别开始。

（2）资料码（Data Code）：条形码的主要部分，因使用不同，编码方式也不同。

（3）检查码（Check Code）：又称查核码，用计算公式算出，以确保数据正确。

（4）终止码（End Code）：一个条形码的结束，以便条形码读取器判别结束。

注：线条指的是黑色的线条，空白指的是白色的线条。

2．条形码的种类以及特征

1）*交错式二五码*

1972 年发展出交错式二五码（Interleaved 2 of 5）系统。交错式二五码的编码规则相当简单，只要将其几个特点把握住，就能很容易地“活”用于日常生活中。交错式二五码（简称 I25 码）即一个字符由 5 个线条组成，其中有两条是粗线条，而所谓的交错式即 5 个黑色线条及 5 个白色线条穿叉相交而成，如图 4-1 所示。

图 4-1　交错式二五码

交错式二五码的数据码，长度可由使用者任意调整，若数据个数为奇数，应在数据码最前端自动加上一个 0；若数据码长度为偶数则不用加。交错码可做双向扫描处理，并且仅可用数字 0～9 的十个号码来使用。交错码无检查码。交错式二五码结构包含了起始码和终止码。

2）UPC

1973 年发展的 UPC（Universal Product Code，统一商品条形码），是世界上第一套商用条形码系统，由美国超级市场工会所推广，适用于加拿大及北美地区。

UPC 可依编码结构之不同，区分为 UPC-A 及 UPC-E（如图 4-2 所示）两个系统。UPC 可做双向扫描处理，含有一位检查码。UPC 仅可用数字 0～9 的十个号码来组成。

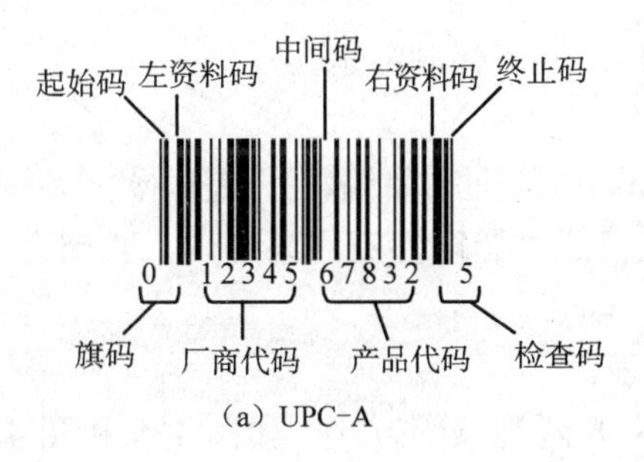

（a）UPC-A

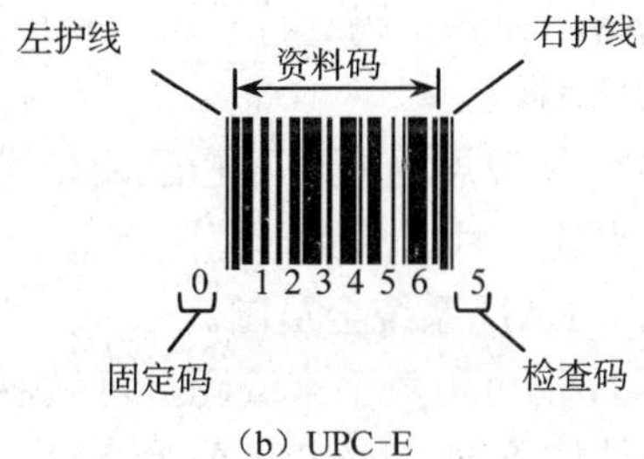

（b）UPC-E

图 4-2　UPC

UPC 包含左护线、资料码（包含旗码、厂商代码、产品代码及检查码）、右护线、中护线。

3）三九码

1974 年发展的三九码（Code 3 of 9）系统（如图 4-3 所示），目前在国内已被广泛使用，如图书馆之数据管理系统、录像带之数据管理系统、百货公司之数据管理系统等。因为三九码的使用限制较少，又具有文字支持能力，故一般私人行号或学校机关皆采用此三九码条形码系统。为什么称为 Code 3 of 9（简称 Code 39）呢？很简单！即一字符由 5 个黑色线条（简称 Bar）、4 个白色线条（简称 Space），共 9 个线条所组成，其中有 3 个是粗的线条。

图 4-3　三九码

三九码的数据码长度可由使用者任意调整，但一定要在条形码阅读机所能阅读的范围内。三九码可做双向扫描处理，并且其起使码和终止码固定为“*”字符。检查码可设定也可不设定，随使用者意思而定，但设定后会减慢条形码阅读机的阅读速度。三九码占用的空间比较大。数据码本身除了以 0～9 的数字表示外，还可用 A～Z、+、–、*、/、%、$等符号来表示。

4）Codabar 码

自 1972 年就开始发展的 Codabar 条形码系统，直到 1977 年才被正式使用，如图 4-4 所示。Codabar 码也称为“NW–7 码”。Codabar 条形码由 4 个黑色线条、3 个白色线条，共 7 个线条组成，每个字符与字符间有一间隙做区隔。

Codabar 码的数据码长度，可由使用者任意调整，但数据码长度最多只能 30 个字符，再加上起始码和终止码各一个字符，故 Codabar 码最大长度为 32 个字符。Codabar 码可做双向扫描处理。数据码本身除了以 0～9 的数字表示外，还可用，、+、–、*、/、$、：及 A～D 等 21 个符号来表示数据码之数据。无检查码。

图 4-4　Codabar 码

Codabar 码包含起始码、数据码和终止码。

起始码和终止码之符号可由使用者自行调整，并无强制限定。

5）EAN

1977 年发展的 EAN（European Article Number，欧洲物品编码），是由欧洲各国共同开发出来的一种商品条形码。目前，EAN 系统已成为国际性商用条形码，我国在 1974 年加入了 EAN 系统会员国。

EAN 仅可用数字来编码，可做双向扫描处理。

依结构不同，EAN 可分为 EAN-13 和 EAN-8 两种编码方式，如图 4-5 和图 4-6 所示。其中，EAN-13 固定由 13 个数字组成，为 EAN 的标准编码形式。EAN-8 固定由 8

个数字组成，为EAN的简易编码形式。

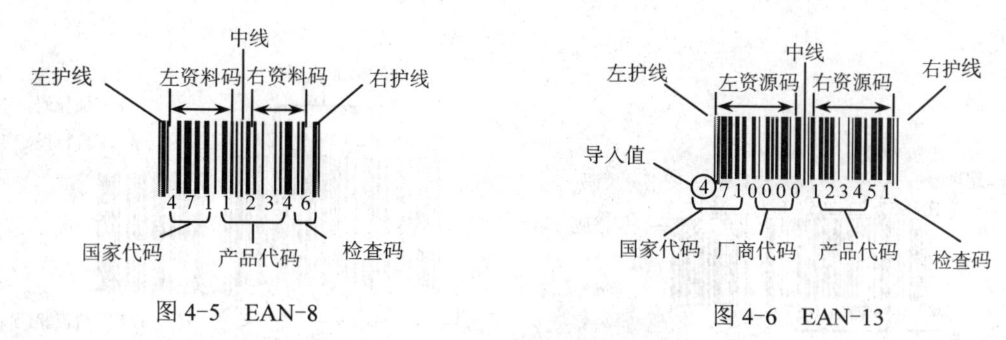

图4-5 EAN-8　　图4-6 EAN-13

EAN必须固定含有一位检查码，以预防读取数据错误的情形发生（位于EAN中的最右边处）。

EAN具有左护线（Left Grard Pattern）、中护线（Center Pattern）及右护线（Right Grard Pattern）的额外设置，以分隔条形码结构上的不同部分与撷取适当的安全空间来处理。

条形码长度一定，欠缺弹性，但经由适当的管道，可使其通用于世界各国。

6）128码

1981年发展出的128条形码系统如图4-7所示。由于复杂度提高，使得它所能应用的字符相对增加了许多。又因可交互使用3种类别的编码规则，可提供ASCII 128编码字符，故使用起来弹性相当大。

图4-7 128码

128码的数据码长度可由使用者任意调整，但一定要在32个字符内。128码可做双向扫描处理。在128码中，可交互使用A、B、C三种不同类别的编码类型，以缩短条形码的长度。

检查码可设定也可不设定，随使用者意思而定，但设定后会减慢条形码阅读机阅读的速度。

128码可用数字，大、小写英文字母，句柄等各种符号来表示。

7）ISBN

ISBN（International Standard Book Number，国际标准书号）是由EAN演变而来的，所以ISBN的基本特性、结构与编码规则和EAN完全相同，如图4-8所示。此两码间唯一不同的地方只有国家代码，故要将ISBN转换成EAN只须将国家代码改成978即可。

8）ISSN

ISSN（International Standard Serial Number，国际标准期刊号）是根据国际标准组织于1975年制订的ISO-3297规定，由设于法国巴黎的国际期刊数据系统中心赋予申请登记的每一种刊物的一个具有识别作用且通用于国际的统一编号，ISSN 如图 4-9 所示。

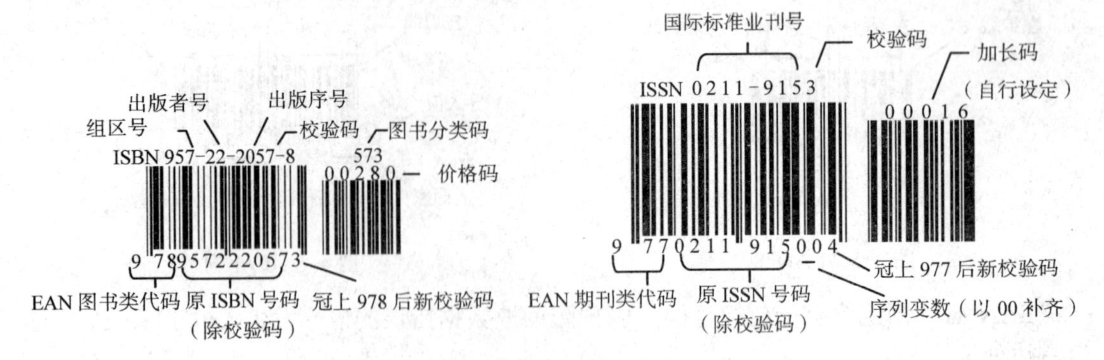

图 4-8　ISBN　　　　图 4-9　ISSN

期刊是指任何一系列定期或不定期连续出版的刊物，它们通常以一定的刊名发行，以年月日、年月或数字标明卷、号、期数。市面上常见的期刊、杂志、丛刊、年刊等大多属于国际标准期刊号的编号与编码范围。每一种期刊在注册登记时，就得到了一个永久专属的 ISSN，一个 ISSN 只对应一个刊名；而一个刊名也只有一个 ISSN。所以当刊名变更时，需要另申请一个 ISSN。如果期刊停刊，那么被删除的 ISSN 也不会被其他期刊再使用。因此，国际期刊数据系统中心在分配 ISSN 时，必须为该期刊编订一个有别于其他期刊刊名的识别题名（Key Title）。

每组 ISSN 系由 8 位数字构成，分前、后两段，每段 4 位数，段与段间以一短横（Hyphen）相连接，其中后段的最末一数字为检查号，如 ISSN 0211-9153。在制作条形码时，将 ISBN 中的 978 部分更改为 977 即为 ISSN。

3. 一维条形码技术

条形码最早起源于 1949 年，由美国 Woodland 等人为研究食品项目代码及相应设备而发明，这种最早的条形码其实是一种同心圆环形码，俗称“公牛眼”。到了 1960 年，美国超市业因收银台算账太慢和结账常出错，由一群零售商、批发商和杂货制造商组成超市委员会，与 IBM、NCR 等当时的主要计算机厂商共同寻求解决方法，制定一套商品代码，称为“环球商品代码（Universal Product Code，UPC）”。到了 1973 年 4 月 3 日，美国统一编码协会选用 UPC 码建立条形码系统，制定了相应的标准，并在食品业内以 UPC 码作为标准码推广使用，条形码技术从此由研究阶段进入大规模实际应用阶段。UPC 码的结构为一组印在商品包装上的平行黑线和号码，故又称为“条形码”，只要利用光学扫描器（Barcode Reader）来读取商品上的条形码，即可辨别所有商品。在美国和加拿大，UPC 码一直延用至今。

简而言之，条形码（Barcode）是将号码、数字，改以平行的线条符号来替代，并通过条形码阅读机（Scanner）读取、译码，再经由计算机运算，这一连串的作业，符合条形码应用的基本原则，可谓“一维条形码”。

严格区分一维条形码，又可分为商品条形码及一般条形码两种。而商品条形码因有其使用限制，使用者须向本国管理机构申请核准，给予厂商编号，方便使用。我国自 1986

年正式取得EAN会员国后，随即沿用EAN作为商品流通的国际市场依据。

一维条形码规格的内容，简单来说，条形码是用来方便人们输入数据的一种方法，这种方法是将要输入计算机内的所有字符，以宽度不一的线条（Bar）及空白（Space）组合来表示每一字符相对应的码（Code）。其中，空白可视为一种白色线条，不同的一维条形码规格有不同的线条组合方式。

在一个条形码的起头及结束的地方，都会放入起始码及结束码，用来辨识条形码的起始及结束，不过不同条形码规格的起始码及结束码的图样并不完全相同。具体而言，每一种条形码规格规定了下列7个要素：

1）字符组合

每一种条形码规格所能表示的字符组合（Character Set），有不同的范围及数目，有些条形码规格只能表示数字，如UPC码、EAN码；有些则能表示大写英文字母及数字，甚至能表示出ASCII字符表上的128字符，如三九码、128码。

2）符号种类

依据条形码被解读时的特性，可将符号种类（Symbology Type）分成两大类。

（1）分布式：每一个字符可以独自地译码，打印时每个字符与旁边的字符间是由字间距分开的，而且每个字符固定以线条作为结束。然而，并不一定是每一个字间距的宽度大小都必须相同，可以容许某些程度的误差，只要彼此差距不大即可，因此，对条形码打印机（Barcode Printer）的机械规格要求比较宽松，例如39码与128码。

（2）连续式：字符之间没有字间距，每个字符都是以线条开始，以空白结束。且在每个字的结尾后，马上就紧跟下一个字符的起头。由于无字间距的存在，所以在同样的空间内可打印出较多的字符数，但相对地，因为连续式条形码的密度比较高，其对条形码机的打印精度的要求也较高，例如UPC和EAN码。

3）粗细线条的数目

条形码的编码方式是藉由许多粗细不一的线条及空白的组合方式来表示不同的字符码。大多数的条形码规格只有粗和细两种线条，但也有些条形码规格使用两种以上不同粗细的线条。

4）固定或可变长度

在条形码中包含的数据长度是固定或可变的，有些条形码规格因限于本身结构的关系，只能使用固定长度的数据，如UPC码、EAN码。

5）细线条的宽度

它指条形码中细线条及空白的宽度，通常是某个条形码中所有细线条及空白的平均值，而且使用的单位通常是mil（千分之一英寸，即0.001 inch）。

6）密度

它指在一固定长度内可表示字符数目，例如条形码规格A的密度高于条形码规格B的密度，则表示当两者密度值相同时，在同一长度内，条形码A可容纳更多的字符。

7）自我检查

它指某个条形码规格是否有自我检测错误的能力，会不会因一个打印上的小缺陷，而使得一个字符被误认成另外一个字符。有自我检查能力的条形码规格，大多没有硬性规定要使用检查码，例如三九码。没有自我检查能力的条形码规格，在使用上大多有检查码的设定，如EAN码、UPC码等。

4. 二维条形码技术

二维条形码源于1988年美国符号科技公司（Symbol Technologies，Inc.）的王寅君博士开始二维条形码符号科技的研发工作，于1992年底推出，1993年由中山大学黄庆祥博士引进我国台湾推广及研发相关软件包。1995年4月美国电子工业联谊会（EIA）条形码委员会，在美国国家标准协会（ANSI）赞助下完成二维条形码标准草案（ANSI/EIA PN3132），作为电子产品产销流程使用二维条形码的标准。而此标准草案整合了各种二维条形码在各行业中的需求，也符合国际标准。故本文以介绍二维条形码PDF 417为主。PDF 417是因为PDF是可携资料文件（Portable Data File，PDF），即视条形码为一数据文件，可储存较多数据（约1 108 B），且可随身携带。至于417，则是其编码方式，表示每个字码（Code Word）包含17个模块（Modules），而17模块是由4个线条（Bar）及4个空白（Space）组成的，又称为417码。

有别于一维条形码所用的粗细黑白空间，二维条形码是以矩阵般的黑白方块来代表数据的。

二维条形码的特性归结如下：

1）储存量大

一个二维条形码可以容纳1 100～2 000个数字，较相同面积、密度的一维条形码多出很多，因此，可以记录大量的产品相关数据，成为“可以带着走的”数据库。

2）安全性高

一维条形码由线条的空间单位组成数字，编码方式较简单，肉眼较易辨识。二维条形码的编码方式特殊，且较微小，肉眼不易辨识，在编码或译码时可以加上密码，故又称安全条形码。

3）辨识性强

二维条形码在设计时便有“错误纠正码”技术，指条形码若有污损、断裂、打洞、折迭或者磨损率高达15%，仍然可以正确地读出，故可使用传真、影印方式传送，且可以自行设定其大小比例，大到无法扫描，小到无法辨识为止。不过须考虑其显像质量是否超过可辨识之磨损范围。

二维条形码依其图形组成方式，分为堆累式（Stacked）二维条形码及矩阵式（Matrix）二维条形码两类，两者之扫描原理、设备需求及使用环境有些差异。

二维条形码只要有其编码软件，就可在屏幕上显示出二维条形码，或从打印机印出。编码软件可在DOS、Windows、Unix、OS2等不同平台上应用。编码器功能架构包含输入、处理、输出3个部分。

5. 条形码技术的应用

条形码的应用实在不胜枚举，小至录像带出租管理，大到图书馆图书管理以及百货公司、超市的销售管理。甚至以后的SA（商店自动化）、OA（办公室自动化）、FA（工厂自动化）、BA（大楼自动化）和HA（家庭自动化）等，都具有广大的发展空间。

条形码还广泛应用于产品种类众多的行业，如出版品、药品、服饰业等，近年来还用于服务业、餐饮业。利用条形码点歌、点菜，经由计算机网络传至音控室、吧台、柜台或厨房，以取代以往服务生的形式，不仅节省人力，使效率更好，同时也提高了服务质量。

条形码最先用于工厂的物料管理及生产流程的品管活动，藉以掌握产品的优良率高低，并调节产销间的供需关系。后来应用范围越来越广，应用方式也越来越多，现今多用于商品销售管理。我国台湾目前条形码相当普及，有 70%以上的商品有条形码，可谓是商品的身份证。

二维条形码具有储存量大、保密性高、追踪性高、抗损性强、备援性大、成本便宜等特性，这些特性特别适用于窗体、安全保密、追踪、证照、存货盘点、数据备援等方面。

1）窗体应用

公文窗体、商业窗体、进出口报单、舱单等数据之传送交换，减少人工重复输入窗体数据，避免人为错误，降低人力成本。

2）保密应用

商业情报、经济情报、政治情报、军事情报、私人情报等机密数据之加密及传递。

3）追踪应用

公文自动追踪、生产线零件自动追踪、客户服务自动追踪、邮购运送自动追踪、维修记录自动追踪、危险物品自动追踪、后勤补给自动追踪、医疗体检自动追踪、生态研究（动物、鸟类……）自动追踪等。

4）证照应用

护照、身份证、挂号证、驾照、会员证、识别证、连锁店会员证等证照之数据登记及自动输入，发挥随到随读、立即取用的信息管理效果。

5）盘点应用

物流中心、仓储中心、联勤中心之货品及固定资产之自动盘点，发挥立即盘点、立即决策的效果。

6）备援应用

文件窗体的数据若不能以磁盘、光盘等电子媒体储存备援，可利用二维条形码来储存备援，不仅携带方便、不怕折叠，保存时间长，又可影印传真，做更多备份。

6. 条形码应用系统相关设备

1）读码机

每个码自有独特的“线条”及“空白”的组合方式，与其他码不同。这些记号必须经由读码机的特殊光学仪器才能被解读出来，解读过程可细分为下列 3 个动作：

（1）扫描：使用光电技术扫描条形码，物体的颜色是由其反射光的类型决定的，白色物体能反射各种波长的可见光，黑色物体则吸收各种波长的可见光，依照条形码的线条反射回来的明亮度不同，条形码中的白线条会比黑线条反射更多的光度，然后找出光度变化较大的地方，即白线条与黑线条交接之处，在实际当中，在黑白交接之处会有较强的信号。

（2）解码：由传入的电子信号找出，分析出黑、白线条的宽度，再进一步根据各式条形码的编码原则，将条形码数据解析出来。

（3）传送：将解读出来的条形码数据传送给计算机主机。

2）扫码器

扫码器是使用一些光电原理的技术，在扫描条形码时，会发出某一种波长的光线来照射条形码，而依据某位置反应回来的光线多少输出长度不同的电子信号，送入译码器内，来作为决定该位置的光线反应度的大小，由此便可判断出在该位置上究竟是黑线条还是白线条。可分为手握式或固定式、光线移动式或光线固定式、接触式或不接触式。

3）译码器

译码器有两个主要任务：解码和传送。另外，译码器在使用时，必须搭配扫描仪一起使用。

4）印码机

印码机是专门设计用来打印条形码的打印机。多数印码机属于热感应打印机或点矩阵打印机。

5）计算机主机

有了完善、齐全的硬件设备，并不能使整个系统运作起来，而大部分系统仍需要一个计算机主机，来统筹运用这些设备。然而在计算机主机内，仍需要设计出一套系统软件程序来负责从各个读码机端收集各种数据，并依照系统的规格汇整成有用的信息，以便作为系统使用者下次判断时的依据。

7. 应用前景

条形码技术不仅作为物流信息系统的一个结点，在物流管理中起着举足轻重的桥梁、纽带作用，而且作为一种全球通用的计算机语言，在供应链中充当着沟通、识别工具，使物品在全球范围顺利流通。我国物流企业决策者应高瞻远瞩、统筹规划、科学设计、精心构建物流信息管理系统，推动企业现代化水平不断提高。在条码制式选择上，应跟踪世界物流领先企业的运用状况，重点考虑使用二维条码，以避免日后改造信息系统的浪费。

4.2 RFID 技术

RFID（无线射频识别）是一种非接触式的自动识别技术，它通过射频信号自动识别目标对象并获取相关数据，识别工作无须人工干预。作为条形码的无线版本，RFID 技术具有条形码所不具备的防水、防磁、耐高温、使用寿命长、读取距离大、标签上的数据可以加密、存储数据容量更大、存储信息更改自如等优点，其应用将给零售、物流等产业带来革命性变化。

4.2.1 射频识别系统概述

RFID 技术的基本原理是利用射频信号及其空间耦合、传输特性，实现对静止或移动中的待识别物体的自动机器识别，是一种非接触式的自动识别技术。

RFID 技术在国外的发展较早也较快，尤其是在美国、英国、德国、瑞典、瑞士、日本、南非，目前均有较为成熟且先进的 RFID 系统。其中，低频近距离 RFID 系统主要集中在 125 kHz、13.56 MHz 系统；高频远距离 RFID 系统主要集中在 UHF 频段（902～928 MHz）中的 915 MHz 及 2.45 GHz、5.8 GHz 系统。UHF 频段的远距离 RFID 系统在北美得到了很好的发展；欧洲的应用则以有源 2.45 GHz 系统得到了较多的应用。5.8 GHz 系统在日本和欧洲均有较为成熟的有源 RFID 系统。

在 RFID 技术发展的前 10 年中，有关 RFID 技术的国际标准的研讨空前热烈，国际标准化组织 ISO/IEC 联合技术委员会 JTCl 下的 SC31 下级委员会成立了 RFID 标准化研究工作组 WG4。尤其是在 1999 年 10 月 1 日正式成立的，由美国麻省理工学院 MIT 发起的 Auto-ID Center 非盈利性组织在规范 RFID 应用方面所发挥的作用越来越明显。Auto-ID Center 在对 RFID 理论、技术及应用研究的基础上，所做出的主要贡献如下：

（1）提出产品电子代码（Electronic Product Code，EPC）概念及其格式规划。为简化电子标签芯片功能设计、降低电子标签成本、扩大 RFID 应用领域奠定了基础。

（2）提出了实物因特网的概念及构架，为 EPC 进入因特网搭建了桥梁。

（3）建立了开放性的国际自动识别技术，应用公用技术研究平台，为推动低成本的 RFID 标签和读写器的标准化研究开创了条件。

射频识别系统与 IC 卡技术有着密切的关系，数据存储在电子数据载体（称为“应答器”）之中。然而，应答器的能量供应不是通过电流的触点接通而是通过磁场或电磁场，这方面采用了无线电荷雷达技术。射频识别是无线电频率识别的简称，即通过无线电波进行识别。

通常，RFID 系统的组成如图 4-10 所示。

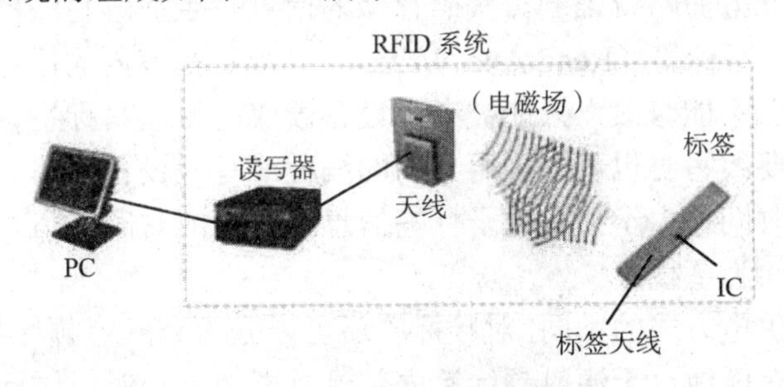

图 4-10　系统组成

（1）阅读器（Reader）。读取（有时还可以写入）标签信息的设备，可分为手持式或固定式两种。

（2）天线（Antenna）。在标签和读取器间传递射频信号。

（3）电子标签（Tag）。一般保存约定格式的电子数据，在实际应用中，电子标签附着在待识别物体的表面。读写器可无接触地读取并识别电子标签中所保存的电子数据，从而达到自动识别体的目的。通常，阅读器与计算机相连，所读取的标签信息被传送到计算机中进行下一步处理。除以上基本配置以外，RFID 系统还包括相应的应用软件。

RFID 技术的基本工作原理：射频标签进入磁场后，接收解读器（Reader）发出的射频信号，凭借感应电流所获得的能量发送出存储在芯片中的相关信息（Passive Tag，无源标签或被动标签），或者主动发送某一频率的信号（Active Tag，有源标签或主动标签）；解读器读取信息并解码后，送至中央信息系统进行有关数据处理。

和其他识别系统相比，射频识别系统具有许多优点。因此，射频识别系统占领了巨大的销售市场，例如，用非接触 IC 作短距离公共交通车票。

4.2.2 射频标签

射频标签就是含有物品唯一标识体系的编码的标签，这种唯一标识体系包括产品电子代码 EPC、泛在识别号 UCODE、车辆识别码 VIN、国际证券标识号 ISIN 及 IPv6 等。射频标签又称电子标签、应答器、数据载体，是 RFID 系统真正的数据载体。一般情况下，射频标签由标签天线和标签专用芯片组成。每个标签具有唯一的电子编码，附着在物体上。标签相当于条形码技术中的条形码符号，用来存储需要识别和传输的信息。与条形码不同的是，射频标签必须能够自动或在外力作用下，把存储的信息主动发射出去。射频标签可以像纸一样薄，可编程，射频标签内存储的信息可按特殊的应用随意进行读取和改写。射频标签中的内容在被改写的同时，也可以被锁死保护起来。

RFID 标签分为被动标签（Passive Tags）和主动标签（Active Tags）两种。主动标签自身带有电池供电，读/写距离较远时体积较大，与被动标签相比成本更高，也称为有源标签，一般具有较远的阅读距离，不足之处是电池不能长久使用，能量耗尽后需更换电池。无源电子标签在接收到阅读器（读出装置）发出的微波信号后，将部分微波能量转化为直流电供自己工作，一般可做到免维护、成本低并具有很长的使用寿命，比主动标签更小也更轻，读/写距离则较近，也称为无源标签。较有源系统，无源系统在阅读距离及适应物体运动速度方面略有限制。按照存储的信息是否被改写，标签分为只读式标签（Read Only）和可读写标签（Read And Write）。只读式标签内的信息在集成电路生产时即将信息写入，以后不能修改，只能被专门设备读取；可读写标签将保存的信息写入其内部的存储区，需要改写时也可以采用专门的编程或写入设备擦写。通常，将信息写入电子标签所花费的时间远大于读取电子标签信息所花费的时间，写入所花费的时间为秒级，阅读花费的时间为毫秒级。

依据射频标签供电方式的不同，射频标签还可以分为有源射频标签和无源射频标签。有源射频标签内装有电池，无源射频标签内部没有电池。有源射频标签的工作电源由内部电池供给，同时标签电池的能量供应部分转化为射频标签与读写器通信所需要的能量。无源射频标签的能量由读写器发出的射频信号提供。无源射频标签的通信距离比有源射频标签的通信距离近，但其结构简单、成本低、寿命长，近年来发展很快。

从功能方面看，可将射频标签分为 4 种，即只读标签、可重写标签、带微处理器的标签和配有传感器的标签。

电子标签由耦合元件及芯片组成，每个标签具有唯一的电子编码，附着在物体上标识目标对象；每个标签有一个全球唯一的 ID 号码——UID，UID 是在制作芯片时放在 ROM 中的，无法修改。用户数据区（Data）是供用户存放数据的，可以进行读/写、覆盖、增加等操作。读写器对标签的操作有以下 3 种：

（1）识别（Identify）：读取 UID。

（2）读取（Read）：读取用户数据。

（3）写入（Write）：写入用户数据。

4.2.3　单个标签的识读

当 RFID 的读写器与单个标签进行通信时，首先由读写器发出功率来激活标签，使标签中储存的信息能够发射出来，供读写器接收。此时读写器与标签的信息交换很少，其主要功能为标签提供能量，并接收标签发送的信息。

在读写器到标签方向的数据信息传输过程中，所有已知的数字调制方法都可以使用。常用的数字调制方法有振幅键控调制（Ampltude Shift Keying，ASK）、频移键控调制（Frequency Shift Keying，FSK）和相位键控调制（Phase Shift Keying，PSK）等方法。为了简化电子标签设计并降低成本，多数射频识别系统采用 ASK 调制方式。数据编码又称基带数据编码，一方面便于数据传输，另一方面可以对传输的数据进行加密。常用的数据编码有：

（1）反向不归零编码（Non-Return-to-Zero，NRZ）：NRZ 编码用“高”电平表示 1，用“低”电平表示 0。

（2）曼彻斯特编码（Manchester）：曼彻斯特编码在半个比特周期时负跳变表示 1，正跳变表示 0。曼彻斯特编码在采用副载波的负载调制或者反向散射调制时，通常用于从标签到读头的数据传输，因为这有利于发现数据传输的错误。

（3）单极性归零编码：单极性归零编码在第一个半比特周期内的“高”电平表示 1，而持续整个比特周期的“低”电平表示 0。

（4）差动双向编码（DBP）：差动双向编码在半个比特周期内的任意边沿跳变表示 0，没有边沿跳变表示 1。在每个比特周期的开始电平都要反相，因此对于接收器来说，位同步重建比较容易。

（5）米勒编码（Miller）：米勒编码在半个比特周期的任意边沿跳变表示 1，而经过一个比特周期电平保持不变表示 0。一连串的 0 在比特周期开始时产生跳变。对于接收器来说，要建立位同步比较容易。

（6）变形米勒编码：变形米勒编码相对于米勒编码来说，将其每个边沿都用负脉冲代替。由于负脉冲的时间很短，可以保证数据传输过程中从高频场中连续给标签提供能量。变形米勒编码在电感耦合的射频识别系统中用于从读写器到射频标签的数据传输。

4.2.4　多个标签的识读

射频识别的优点之一就是多个目标识别。射频识别系统工作时，在读写器的作用范围内，可能会有多个标签同时存在。在多个读写器和多标签的射频识别系统中，存在着两种形式的冲突方式，一种是同一标签同时收到不同读写器发出的命令，另一种是一个读写器同时收到多个不同标签返回的数据。第一种情况在实际使用中要尽量避免，我们仅考虑实际系统中最容易出现的情况，即一个读写器和多个标签的系统。在这种系统中，存在着两种基本的通信：从读写器到标签的通信和从标签到读写器的通信。从读写器到标签的通信，类似于无线电广播方式，多个标签同时接收从一个读写器发出的信息，这种通信方式也称为“无线电广播”。从标签到读写器的通信称为多路存取，使之在读写器的作用范围内有多个标签的数据同时传送给读写器。

下面对射频识别系统中采用的多路存取方法进行介绍。

1．空分多路法

空分多路法（SDMA）是在分离的空间范围内进行多个目标识别的技术。一种方式是将阅读器和天线的作用距离按空间区域进行划分，把多个阅读器和天线放置在这个阵列中。这样，当标签进入不同的阅读器范围内时，就可以从空间上将电子标签区别开来。其实现的另一个方式是，在阅读器上利用一个相控阵天线，使天线方向性图对准每个应答器。所以不同应答器可以根据其在阅读器作用范围内的角度位置区别开来。

空分多路法的缺点是，复杂的天线系统和相当高的实施费用，因此这种方法一般用于一些特殊应用场合。

2．频分多路法

频分多路法（FDMA）是把若干个使用不同载波频率的传输通道同时供用户使用的技术。一般情况下，这种射频识别系统的下行链路（从读写器到标签）频率是固定的（如125 kHz），用于能量供应和命令数据的传输。而对于上行链路（从标签到读写器），射频标签可以采用不同的、独立的副载波频率进行数据传输（如433 MHz～435 MHz频率范围的若干频率）。

频分多路法的一个缺点是，阅读器的成本太高，因为每个接收通路必须拥有自己单独的接收器。因此，这种反碰撞方法只能在少数特殊的应用系统上使用。

3．时分多路法

时分多路法（TDMA）是把可供使用的通路容量按时间分配给多个用户的技术。TDMA构成射频识别系统的反碰撞算法的最大一族，在时分多路法中最灵活、最广泛。使用的方法是“二进制搜索算法”，对于这种方法来说，为了从一组应答器中选择其中之一，阅读器发出一个请求命令，有意识地将应答器序列号传输时的数据碰撞引导到阅读器上。在二进制搜索算法的实现中起决定作用的是，阅读器所使用的合适的信号编码必须能够确定碰撞的准确比特位置。为此，必须有合适的位编码法。首先对NRZ编码和Manchester编码的碰撞情况作一比较。选择ASK调制副载波的负载调制电感耦合系统作为应答器系统。基带编码中的1电平使副载波接通，0电平使副载波断开。

1）NRZ编码

某位之值是在一个位周期内由传输通道的静态电平表示的。这种逻辑1编码为静态“高”电平，逻辑0编码为静态“低”电平。

如果两个应答器之一发送了副载波信号，那么这个信号由阅读器译码为“高”电平，且被认定为逻辑1。阅读器不能确定，读入的某位究竟是若干个应答器发送的数据相互重叠的结果，还是某个应答器单独发送的信号。

2）Manchester编码

某位之值是一个位周期内由电平的改变（上升沿或下降沿）来表示的。这里，逻辑0编码为上升沿，逻辑1编码为下降沿。在一个位周期内“没有变化”的状态是不允许的，并且作为错误被识别，由两个（或多个）应答器同时发送的数位不同时，接收到的上升沿和下降沿互相抵消，以致在整个位周期内接收器收到的是连续的副载波信号。在

Mancheste 编码中对这种状态未作规定。因此，这种状态导致错误，用这种方法来确定发生了碰撞。

为了实现“二进制搜索”算法系统，需要选用 Manchester 编码。“二进制搜索”算法系统是由一个阅读器和多个应答器之间规定的相互作用（命令和应答）规则构成的，目的是从一组中选出一个应答器。

为了实现该算法系统，需要一组命令，这组命令由应答器处理。此外，每个应答器拥有唯一的序列号。这里的序列号用 8 位二进制数表示。

（1）Request（SNR）——请求（序列号）：此命令发送一序列号作为参数给应答器。应答器把自身的序列号与接收到的序列号做比较，如果其自身的序列号小于或等于接收到的序列号，则此应答器回送其序列号给阅读器。此操作可以缩小预选应答器的范围。

（2）Select（SNR）——选择（序列号）：用某个事先确定的序列号作为参数发送给应答器。具有相同序列号的应答器将此作为执行其他命令（例如读出和写入数据）的切入开关，即选择这个应答器。具有其他序列号的应答器只对 Request 命令应答。

（3）ReadData——读出数据：选中的应答器将存储的数据发送给阅读器。

（4）Unselect——取消选择：取消一个事先选中的应答器，应答器进入“休眠”状态，在这种状态下应答器是非激活的，对收到的 Request 命令不做应答。为了重新激活应答器，必须暂时离开阅读器的作用范围以复位。

假设有 4 个应答器在阅读器的作用范围内，其序列号如下：

应答器 1：10110010

应答器 2：10100011

应答器 3：10110011

应答器 4：11100011

首先，阅读器发送 Request（l1111111）命令，阅读器作用范围内所有应答器的序列号都小于或等于 11111111，从而此命令被阅读器作用范围内的所有应答器响应。二进制搜索算法要求所有的应答器必须准确地在同一时刻开始传输它们的序列号，只有这样才能按位判断碰撞的发生。

在接收序列数的 0 位、4 位和 6 位，由于应答器的序列号在这些位有不同的内容而发生了碰撞。接收到的位顺序为 1X1X001X，可以确定接收到的序列号有 8 种可能。第 6 位发生碰撞，意味着在序列号大于等于 11000000 的范围内，和序列号小于等于 10111111 的范围内，至少各有一个应答器存在。为了能选择到一个单独的应答器，必须缩小范围进一步搜索。

限制搜索范围规则为：位（X）=0

其中，X 是接收到序列号发生碰撞的最高位地址。

阅读器发送 Request（10111111）命令，所有满足条件的应答器做出应答，并将自己的序列号传输给阅读器。在接收的序列号的 0 位和 4 位发生碰撞，接收到的位序列为 101X00lX，可以确定接收到的序列号有 4 种可能。

第 4 位发生碰撞，根据限制搜索范围规则 2.1，阅读器发出 Request（10101111）命令，只有应答器 2 满足条件发出其序列号。接收端收到有效的序列号 10100011。阅读器用 Select（10100011）命令选择应答器 2，现在可以无干扰地撇开其他的应答器，由阅读器通过 ReadData 命令对应答器进行各种访问操作。阅读器对应答器访问操作完成后，用 Unseleet 命令使应答器 2 进入“休眠”状态，这样应答器 2 对后继的请求命令就不再做出应答。假如在阅读器作用范围内有许多应答器“等待”对它们进行处理，可以用这种方法使选择一个单独的阅读器所必需的重复操作次数减少。在本例中，可以重复运用反碰撞算法自动选择至今未被处理的应答器 1、3 或 4 中的一个应答器。

4.2.5　射频读写器

射频读写器又称读出装置、扫描器、读头、阅读器，是负责读取或写入标签信息的设备。读写器可以是单独的个体，也可以作为部件嵌入到其他系统中。它可以单独实现数据读/写、显示和处理等功能，也可以与计算机或其他系统进行联合，完成对射频标签的操作。由于支持的标签类型不同，完成的功能不同，读写器的复杂程度也是不同的。读写器的基本功能是提供与射频标签进行数据传输的途径。同时，读写器还提供相当复杂的信号状态控制、奇偶错误校验和更正功能等。

阅读器在整个 RFID 系统中起举足轻重的作用，首先，阅读器的频率决定了 RFID 系统的工作频段；其次，阅读器的发射功率直接影响识别距离。一般来说，读写器主要完成以下功能：

阅读器与标签之间的通信，适用于固定和移动标签的标识，对于某些应用场合，能够做到在识别区域内对多标签同时识别，具备防数据冲突的功能。

阅读器与后台计算机之间的通信标准接口（如 RS232 等）进行通信，并向计算机提供阅读器的信息，如阅读器的标识码、读/写开始时间、读出的标签信息等。并能校验读/写过程中的错误信息，并反映给后端主控设备。如果是有源标签配套的阅读器，还需要能够标识标签中剩余的电量信息等。

对于解决多个阅读器之间的读写冲突问题即实现防冲突功能。具体到阅读器内部，一般来讲，主要划分为几大模块，分别是射频模块与基带模块、控制及接口模块，如图 4-11 所示。

射频模块的主要任务主要有 3 个：第一个是激活射频标签并为其提供能量；第二个是将读写器发射网射频标签的命令调制到射频载波信号上，即 RFID 系统的工作频率上，以便由阅读器发射天线发射出去；第三个是通过调制提取出射频标签同时回送数据。除此之外，防数据冲突机制往往也需要在射频模块中实现。

基带模块的任务有场两个：一是将读写器控制单元发出的命令编码调制到射频信号上的基带信号；二是实现对射频标签回送的数据信号进行必要的处理，如解码、校验、解密等，并将处理后的结果送入到阅读器的控制单元。

射频模块与基带模块的接口为调制过程，在系统实现时，射频模块通常包括调制/解调部分，并且包括解调之后对射频标签的应答信号进行必要的加工处理，如放大、整形等。

控制模块随着读写器的应用场合其功能会有所增减，一般来讲，对于阅读器后端有主控计算机的场合，读写器控制模块的作用是接收来自主控计算机的操作指令，并依据相应指令向编码模块发出特定的数据流；同时接收从射频标签返回的应答数据流，并分析提取出相关信息；有时也会结合外接的时钟芯片提取读取时间等辅助信息，或者通过显示电路在阅读器上直接显示出相关读/写进程。由于读写器运算速度远比 PC 慢，所以一般数据都是实时地传送到后端，并在后端 PC 建立相应的数据库，以便于一步操作。而对于一些便携式的读写器，一般都会有大容量的 Flash 来存储数据，同时留有液晶显示和键盘方便人机交互。

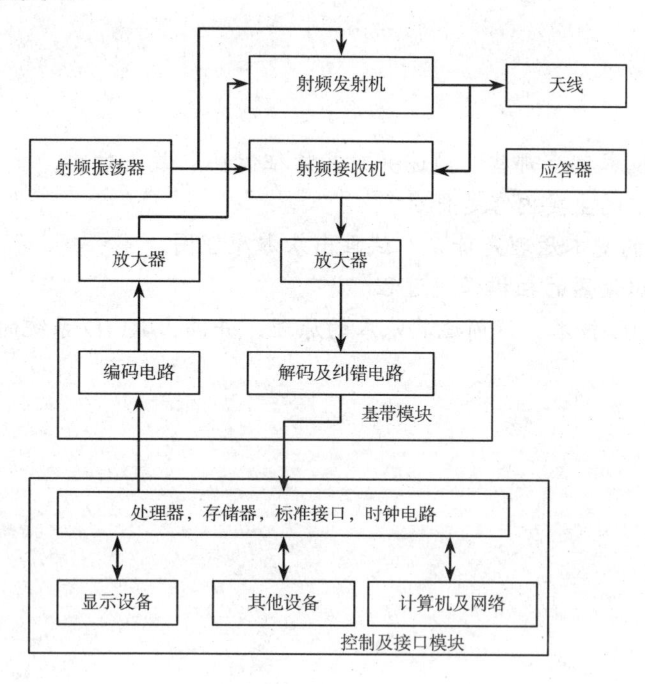

图 4-11 射频读写器基本构架图

对于接口模块，应用软件和控制器之间的数据交换可以通过读写器的接口模块来完成。读写器接口可以采用 RS-232 和 RS-485 串口，也可以采用 RJ-45 网口，还可以是无限 WLAN 接口。其波特率一般可以通过软件来进行调整。

不同频率的 RFID 系统在耦合方式（电感/电磁）、通信流程、从射频标签到读写器的数据传输方式及频率范围等方面存在着根本的区别，但所有的读写器在功能原理以及由此决定的设计构造上很相似，读写器都由射频模块、控制模块、接口电路和天线组成。射频模块包括发送器和接收器，其功能包括产生高频信号，以启动射频标签并提供能量：对发射信号进行调制，用于将数据传送给射频标签：接收并解调来自射频标签的高频信号。读写器附带接口电路（RS-232、RS-485、以太网接口等），以便将所获得的数据传送给应用系统或从应用系统中接收命令。

小结

物联网就是通过射频识别（RFID）、红外感应器、全球定位系统、激光扫描器等信息传感设备，按约定的协议，把任何物体与因特网相连接，进行信息交换和通信，以实现对物体的智能化识别、定位、跟踪、监控和管理的一种网络。因此，物联网建设离不开自动信息获取和感知技术，它是物联网“物”与“网”连接的基本手段，是物联网建设非常关键的环节。本章主要介绍了物联网中的自动识别技术，主要包括光学符号识别技术、语音识别技术、生物计量识别技术、IC 卡技术及条形码技术；同时介绍了目前物联网发展领域中势头强劲的 RFID 技术，重点介绍了 RFID 技术中的射频标签、单个和多个标签的识读技术，以及射频读写器的基本原理等 RFID 关键技术。

习题

1. 自动识别技术都有哪些？简述并对其特征优缺点做一对比。
2. 条形码技术的主要内容是什么？
3. IC 卡技术的基本原理是什么？试画出基本原理图。
4. 简要说明识读器的扫描译码过程。
5. 什么是 RFID 技术，试简述其基本的原理，并画出 RFID 系统的构架图并做简要说明。

第5章 物联网通信技术

本章学习重点

1. 物联网感知层的通信技术
2. 物联网网络层的通信技术
3. 物联网的网络管理

物联网的通信技术包括感知层的通信技术、网络层的通信技术及物联网的网络管理。感知层的通信技术主要指短距离无线通信技术。网络层的通信技术包括接入网技术、传送网技术、公众通信网技术及各种无线通信技术。

5.1 感知层的通信技术

感知层的通信技术主要指短距离无线通信技术，包括无线局域网（WLAN）与 IEEE 802.11 标准族、蓝牙（Bluetooth）技术、紫蜂（ZigBee）技术和超宽带（UWB）技术。

5.1.1 工业控制网络技术

随着以因特网为代表的信息技术的广泛应用，一个企业不再仅仅是一个地区的企业，一个国家的企业，而是一个全球的企业。这样就产生了如下需求：一个企业中的设备可能和异地企业的设备组成制造系统，或者由异地企业来控制管理，所以研究设备的远程监控是实现全球化制造的重要课题。因此，工业现场控制网络已经成为现代制造业自动化系统中十分重要和关键的内容。

现场总线（Fieldbus）是 20 世纪 80 年代末、90 年代初在国际上发展形成的，用于过程自动化、制造自动化、楼宇自动化等领域的现场智能设备互连通信网络。它作为工厂数字通信网络的基础，沟通了生产过程现场及控制设备之间，及其与更高控制管理层之间的联系。

通常把现场总线系统称为第五代控制系统，也称为 FCS——现场总线控制系统。通常把 20 世纪 50 年代前的气动信号控制系统（PCS）称为第一代，把 4～20 mA 等电动模拟信号控制系统称为第二代，把数字计算机集中式控制系统称为第三代，而把 20 世纪 70 年代中期以来的集散式分布控制系统（DCS）称为第四代。现场总线控制系统（FCS）作为新一代控制系统，一方面突破了 DCS 系统采用通信专用网络的局限，采用了基于公开化、标准化的解决方案，克服了封闭系统所造成的缺陷；另一方面把 DCS 集中与分散相结合的集散系统结构，变成了新型的全分布式结构，把控制功能彻底下放到现场。可以说，开放性、分散性与数字通信是现场总线系统最显著的特征。

现场总线技术在历经群雄并起、分散割据的初始阶段后，尽管已有一定范围的磋商合并，但至今尚未形成完整统一的国际标准。其中，实力较强、影响较大的技术有 FoudationFieldbus（FF）、LonWorks、Profibus、HART、CAN、DeviceNet 等。它们具有各自的特色，在不同应用领域中形成了自己的优势。

1. 基金会现场总线

基金会现场总线（FoudationFieldbus，FF）分为低速 H1 和高速 H2 两种通信速率。H1 的传输速率为 3 125 kbit/s，通信距离可达 1 900 m（可加中继器延长），可支持总线供电，支持本质安全防爆环境。H2 的传输速率为 1 Mbit/s 和 2.5Mbit/s 两种，其通信距离为 750 m 和 500 m。物理传输介质可支持双绞线、光缆和无线发射，协议符合 IEC 1158-2 标准。

2．LonWorks

LonWorks 是又一具有强劲实力的现场总线技术，它由美国 Ecelon 公司推出并和摩托罗拉、东芝公司共同倡导，于 1990 年正式公布。它采用了 ISO/OSI 模型的全部七层通信协议，采用了面向对象的设计方法，通过网络变量把网络通信设计简化为参数设置，其通信速率从 300 bit/s～15 Mbit/s 不等，直接通信距离可达 2 700 m（78 kbit/s，双绞线），支持双绞线、同轴电缆、光缆、射频、红外线、电源线等多种通信介质，并开发了相应的本安防爆产品，被誉为通用控制网络。

3．Profibus

Profibus 是作为德国国家标准 DIN 19245 和欧洲标准 prEN 50170 的现场总线，同时也是 IEC 62026 现场总线标准之一。ISO/OSI 模型是它的参考模型，它由 Profibus-DP、Profibus-FMS、Profibus-PA 组成了 Profibus 系列。Profibus 是世界上第一个在全球范围内得到使用的工业现场总线。

4．DeviceNet

DeviceNet 在 1994 年 3 月由美国罗克韦尔自动化公司推出，1995 年成为开放协议，首先在北美推广。其凭借突出的优点，逐渐在亚太地区及全世界范围得到推广应用。2000 年 2 月，DeviceNet 进入中国。2000 年 6 月，DeviceNet 成为 IEC 61158 标准，2002 年 10 月成为我国国家标准。

5．CAN

CAN（Control Area Network，控制局域网络）最早由德国 BOSCH 公司推出，用于汽车内部测量与执行部件之间的数据通信。其总线规范现已被 ISO 国际标准组织制定为国际标准，得到了 Motorola、Intel、Philips、Siemens、NEC 等公司的支持，已被广泛应用在离散控制领域。

CAN 协议也是建立在国际标准组织的开放系统互连模型基础上的，不过，其模型结构只有 3 层，只取 OSI 底层的物理层、数据链路层和顶层的应用层。其信号传输介质为双绞线，通信速率最高可达 1 Mbit/s，直接传输距离最远可达 10 km，挂接设备最多可达 110 个。

6．HART

HART（Highway Addressable Remote Transducer）最早由 Rosemout 公司开发并得到 80 多家著名仪表公司的支持，于 1993 年成立了 HART 通信基金会。HART 通信模型由 3 层组成，即物理层、数据链路层和应用层。物理层采用 FSK（Frequency Shift Keying）技术在 4 mA～20 mA 模拟信号上叠加一个频率信号，频率信号采用国际标准 Bell 202；数据传输速率为 1 200 bit/s，逻辑 0 的信号传输频率为 2 200 Hz，逻辑 1 的信号传输频率为 1 200 Hz。

7．RS-485

尽管 RS-485 不能称为现场总线，但是作为现场总线的“鼻祖”，还有许多设备继续沿用这种通信协议，而且目前许多商业化的现场总线都是在此基础上建立起来的。采用

RS-485 通信具有设备简单、成本低等优势，仍有一定的生命力。

5.1.2 短距离无线通信技术

短距离无线通信通常指 100 m 以内的通信，分为高速短距离无线通信和低速短距离无线通信两类。高速短距离无线通信的最高数据速率大于 100 Mbit/s，通信距离小于 10 m，典型技术有高速 UWB、Wireless USB；低速短距离无线通信的最低数据速率小于 1 Mbit/s，通信距离小于 100 m，典型技术有蓝牙、紫蜂（ZigBee）和低速 UWB。

1．无线局域网与 IEEE 802.11 标准族

无线局域网（WLAN）顾名思义是一种借助无线技术取代以往有线信道方式构成计算机局域网的手段，以解决有线方式不易实现的计算机的可移动性，使其应用更加不受空间限制。

IEEE 802.11 是 IEEE 最初制定的，是计算机网络与无线通信技术相结合的产物，包括 IEEE 802.11a、IEEE 802.11b 和 IEEE 802.11g。IEEE 802.11a 主要用来解决办公室局域网和校园网中用户与用户终端的无线接入，工作在 5 GHz 的 U-NII（Unlicensed-National Information Infras-tructure）频带，物理层速率为 54 Mbit/s，传输层速率为 25 Mbit/s。它采用正交频分复用（OFDM）扩频技术，可提供 25 Mbit/s 的无线 ATM 接口、10 Mbit/s 的以太网无线帧结构接口以及 TDD/TDMA 的空中接口，支持语音、数据、图像业务。一个扇区可接入多个用户，每个用户可带多个用户终端。其缺点是芯片没有进入市场，设备昂贵，空中接力不好，点对点连接很不经济，不适合小型设备。

Wi-Fi（Wireless Fidelity，无线保真）属于无线局域网（WLAN）的一种，通常是指 IEEE 802.11b 产品，是利用无线接入手段的新型局域网解决方案。Wi-Fi 的主要特点是传输速率高、可靠性高、建网快速、便捷、可移动性好、网络结构弹性化、组网灵活、组网价格较低等，因此具有良好的发展前景。IEEE 802.11b 工作频段为 2.4 GHz 的 ISM 自由频段，采用直接序列扩频（DSSS）技术，理论上速率可以达到 11 Mbit/s。典型通信距离为 2 Mbit/s 时 30 m～45 m，2 Mbit/s 时 40 m～75 m，2 Mbit/s 时 75 m～100 m。IEEE 802.11g 使用了与 IEEE 802.llb 相同的 2.4 GHz 的 ISM 免特许频段。它采用了两种调制方式，即 IEEE 802.11a 所采用的 OFDM 和 IEEE 802.11b 所采用的 CCK。通过采用这两种分别与 IEEE 802.11a 和 IEEE 802.11b 相同的调制方式，使 IEEE 802.llg 不仅达到了 IEEE 802.11a 的 54 Mbit/s 的传输速率，同时实现了与现在广泛存在的采用 IEEE 802.llb 标准设备的兼容。目前，IEEE 802.11g 已经被大多数无线网络产品制造商选择作为下一代无线网络产品的标准。

2．蓝牙技术

“蓝牙（Bluetooth）”是一个开放性的、短距离无线通信技术标准，也是目前国际上最新的一种公开的无线通信技术规范。它可以在较小的范围内通过无线连接方式安全、低成本、低功耗的网络互连，使得近距离内各种通信设备能够实现无缝资源共享，也可以实现各种数字设备之间的语音和数据通信。由于蓝牙技术可以方便地嵌入到单一的 CMOS 芯片中，因此，特别适用于小型的移动通信设备，使设备去掉了连接电缆的不便，通过无线建立通信。

蓝牙技术以低成本的近距离无线连接为基础，采用高速跳频（Frequency Hopping）和时分多址（Time Division Multi-Access，TDMA）等先进技术，固定与移动设备通信环境建立一个特别连接。蓝牙技术使得一些便于携带的移动通信设备和计算机设备不必借助电缆就能连网，并且能够实现无线连接因特网，其实际应用范围还可以拓展到各种家电产品、消费电子产品和汽车等，组成一个巨大的无线通信网络。打印机、PDA、桌上型计算机、传真机、键盘、游戏操纵杆及所有其他的数字设备都可以成为蓝牙系统的一部分。

目前蓝牙的标准是 IEEE 802.15，工作在 2.4 GHz 频带，通道带宽为 1 Mbit/s，异步非对称连接最高数据速率为 723.2 kbit/s。蓝牙速率亦进一步增强，新的蓝牙标准 2.0 版支持 10 Mbit/s 以上的速率（4、8 及 12～20 Mbit/s），这是适应未来愈来愈多宽带多媒体业务需求的必然演进趋势。作为一种新兴技术，蓝牙技术的应用还存在许多问题和不足之处，如成本过高、有效距离短及速度和安全性能不令人满意等。但毫无疑问，蓝牙技术已成为近年来应用最快的无线通信技术，它必将在不久的将来渗透到人们生活中的各个方面。

3．紫蜂技术

新一代的无线传感器网络将采用 IEEE 802.15.4 协议。紫蜂（ZigBee）是一种提供廉价的固定、便携或移动设备使用的复杂度、成本和功耗极低的低速率无线连接技术，主要适合于自动控制和远程控制领域，可以嵌入在各种设备中，同时支持地理定位功能。下面介绍 ZigBee 技术的特点：

（1）低速率：ZigBee 工作在 20 kbit/s～250 kbit/s 的较低速率，分别提供 250 kbit/s（2.4 GHz）、40 kbit/s（915 MHz）和 20 kbit/s（868 MHz）的原始数据吞吐率，满足低速率传输数据的应用需求。

（2）低时延：ZigBee 的响应速度较快，一般从睡眠转入工作状态只需要 15 ms，结点连接进入网络只需要 30 ms，进一步节省了电能。相比较，蓝牙需要 3 s～10 s，Wi-Fi 则需要 3 s。

（3）低功耗、实现简单：设备可以在电池的驱动下运行数月甚至数年。低功耗意味着较高的可靠性和可维护性，更适合体积小的大量日常应用设备。

（4）低成本：对用户来说，低成本意味着较低的设备费用、安装费用和维护费用。ZigBee 设备可以在标准电池供电的条件下（低成本）工作，而不需要重换电池或充电操作（低成本、易安装）。

（5）网络容量高：ZigBee 通过使用 IEEE 802.15.4 标准的 PHY 和 MAC 层，支持几乎任意数目的设备，这对于大规模传感器阵列和控制尤其重要。

ZigBee 技术的应用范围非常广泛，其中包括智能建筑、军事领域、工业自动化、医疗设备、智能家居及各种监察系统等。ZigBee 技术弥补了低成本、低功耗和低速率无线通信市场的空缺，其成功的关键在于丰富而便捷的应用，而不是技术本身。

4．超宽带技术

超宽带（Ultra-Wide Band，UWB）技术起源于 20 世纪 50 年代末，此前主要作为军事技术在雷达等通信设备中使用。随着无线通信的飞速发展，人们对高速无线通信提出了更高的要求，超宽带技术又被重新提出，并倍受关注。UWB 是指信号带宽大于 500 MHz，或者信号带宽与中心频率之比大于 25%的无线通信方案。与常见的使用连续载波通信方式不同，UWB 采用极短的脉冲信号来传送信息，通常每个脉冲持续的时间只有几十皮秒到几纳秒的时间。因此脉冲所占用的带宽甚至高达几 GHz，最大数据传输速率可以达到几百分之一。在高速通信的同时，UWB 设备的发射功率很小，仅仅是现有设备的几百分之一，对于普通的非 UWB 接收机来说近似于噪声，因此从理论上讲，UWB 可以与现有无线电设备共享带宽。UWB 是一种高速而又低功耗的数据通信方式，有可能在无线通信领域得到广泛的应用。下面介绍 UWB 的特点：

（1）抗干扰性能强：UWB 采用跳时扩频信号，系统具有较大的处理增益，在发射时将微弱的无线电脉冲信号分散在宽阔的频带中，输出功率甚至低于普通设备产生的噪声。

（2）传输速率高：UWB 的数据速率可以达到几十 Mbit/s 到几百 Mbit/s，有可能高于蓝牙 100 倍。

（3）带宽极宽：UWB 使用的带宽在 1 GHz 以上，高达几个 GHz。超宽带系统容量大，并且可以和目前的窄带通信系统同时工作而互不干扰。

（4）消耗电能少：通常情况下，无线通信系统在通信时需要连续发射载波，因此要消耗一定的电能。而 UWB 不使用载波，只是发出瞬间脉冲电波，也就是直接按 0 和 1 发送出去，并且在需要时才发送脉冲电波，所以消耗电能较少。

（5）保密性好：UWB 的保密性表现在两个方面，一是采用跳时扩频，接收机只有在已知发送端扩频码时才能解出发射数据；另一方面是系统的发射功率谱密度极低，用传统的接收机无法接收。

（6）发送功率非常小：UWB 系统发射功率非常小，通信设备用小于 1 mW 的发射功率就能实现通信。低发射功率大大延长了系统电源的工作时间。

（7）成本低，适合于便携型使用：由于 UWB 技术使用基带传输，无须进行射频调制和解调，所以不需要混频器、滤波器、RF/TF 转换器及本地振荡器等复杂元件，系统结构简化，成本大大降低，同时更容易集成到 CMOS 电路中。

5.2 网络层的通信技术

网络层的通信技术包括接入网技术、传送网技术、公众通信网技术及各种无线通信技术，下面进行详细介绍。

5.2.1 接入网技术

接入网技术按照接入信息的类型可分为语音接入网技术、窄带业务接入网技术、宽带业务接入网技术；按照接入方式可分为有线接入网技术和无线接入网技术，其中有线接入网技术又分为基于双绞线铜缆的传统接入网技术、光纤接入网技术。

1. 基于双绞线铜缆的传统接入网技术

1）数字用户线

利用电话网铜线的数字用户线（DSL）技术具有良好的应用前景。与其他接入方式相比，DSL 技术的优势主要体现在 3 点：电话网的改造升级通常比有线电视网容易，投资也相对较低；DSL 已经存在一些标准，并被众多厂商支持和使用；新的衍生技术有望大大降低 DSL 的推广成本。

2）高比特率数字用户线

高比特率数字用户线是在无中继的用户环路网上使用无负载电话线提供高速数字接入的传输技术，高比特率数字用户线能够在现有的普通电话双绞铜线（两对或三对）上全双工传输 2 Mbit/s 速率的数字信号，无中继传输距离达 3 km～5 km。现在仅利用一对双绞线的高比特率数字用户线技术已出现。

3）高速数字用户线

在 ADSL 基础上发展起来的高速数字用户线，可在较短距离的双绞铜线上传送比 ADSL 更高速的数据，其最大的下行速率为 51 Mbit/s～55 Mbit/s，传输线长度不超过 300 m；当下行速率在 13 Mbit/s 以下时，传输距离可达 1.5 km，上行速率为 1.6 Mbit/s 以上。和 ADSL 相比，高速数字用户线传输带宽更高，而且由于传输距离缩短，码间干扰小，数字信号处理技术简化，成本显著降低。

2．光纤接入技术

光纤接入网是指在接入网中用光纤作为主要传输媒介来实现信息传送的网络形式。光纤接入网的组网方式有总线型结构、环型结构、星型结构。它的主要特点是：可以传输宽带交换型业务和多种业务，且传输质量好，可靠性高；网径一般较小，可不需要中继器；具有 V5 接口功能，不同设备之间完成 H-ISDN 业务基本解决；能够提供无人值守条件，具有各种监控功能的无线接入技术（无线接入技术是指接入网的某一部分或全部使用无线传输媒质，向用户提供固定和移动接入服务的技术）。

3．无线接入技术

1）无线本地环路（WLL）

WLL 是利用无线方式把固定用户接入到固定电话网的交换机，即利用无线方式代替传统的有线用户接入，为用户提供终端业务服务。WLL 包括 DECT、PHS、CDMA、FDMA、SCDMA 等，具有部署灵活、建网速度快、适应环境能力强、网络配置简单等优点，近年来颇受青睐。

2）本地多路分配业务接入（LMDS）

LMDS 利用地面转接站而不是卫星转发数据，通过射频（RF）频带 LMDS 最多可提供 10 Mbit/s 的数据流量，它采用蜂窝单元，以毫米波 28 GHz 的带宽向用户提供 VOD、广播和会议电视、视频家庭购物等宽带业务。LMDS 的主要缺点是存在来自其他小区的同信道干扰和覆盖区范围有限。

3）数字直播卫星接入（DBS）

DBS 利用位于地球同步轨道的通信卫星将高速广播数据送到用户的接收天线，所以也称为高轨卫星通信。其特点是通信距离远，费用与距离无关，覆盖面积大且不受地理条件限制，频带宽、容量大，适用于多业务传输，可为全球用户提供大跨度服务。

5.2.2　WLAN 与 Wi-Fi 技术

1. 无线局域网概述

无线局域网（WLAN）顾名思义是一种借助无线技术取代以往有线布线方式构成局域网的新手段，可提供传统有线局域网的所有功能。无线局域网利用无线多址信道的一种有效方法来支持计算机之间的通信，并为通信的移动化、个性化和多媒体应用提供了可能。

2. 无线局域网标准

1）IEEE 802.11 标准

IEEE 802.11 是在 1997 年由大量局域网以及计算机专家审定通过的标准。IEEE 802.11 规定了无线局域网在 2.4 GHz 波段进行操作，这一波段被全球无线电法规实体定义为扩频使用波段。1999 年 8 月，IEEE 802.11 标准得到了进一步的完善和修订，包括用一个基于 SNMP 的 MIB 来取代原来基于 OSI 协议的 MIB。另外还增加了两项内容，一是 IEEE 802.11a，扩充了标准的物理层，频带为 5 GHz，采用 QFSK 调制方式，传输速率为 6 Mbit/s～54 Mbit/s。它采用正交频分复用（OFDM）的独特扩频技术，可提供 25 Mbit/s 的无线 ATM 接口和 10 Mbit/s 的以太网无线帧结构接口，并支持语音、数据、图像业务。这样的速率完全能满足室内、室外的各种应用场合。但是，采用该标准的产品目前还没有进入市场。另一种是 IEEE 802.11b 标准，在 2.4 GHz 频带，采用直接序列扩频（DSSS）技术和补偿编码键控（CCK）调制方式。该标准可提供 11 Mbit/s 的数据速率，还能够根据情况的变化，在 11 Mbit/s、5.5 Mbit/s、2 Mbit/s、1 Mbit/s 等不同速率之间自动切换。它从根本上改变了无线局域网设计和应用现状，扩大了无线局域网的应用领域，现在，大多数厂商生产的无线局域网产品都基于 IEEE 802.11b 标准。

2）Wi-Fi

Wi-Fi 是一种可以将个人计算机、手持设备（如 PDA、手机）等终端以无线方式互相连接的技术。简单来说，它其实就是 IEEE 802.11b 的别称，是由一个名为“无线以太网相容联盟（Wireless Ethernet Compatibility Alliance，WECA）”的组织发布的业界术语，它是一种短程无线传输技术，能够在数百英尺[1 英尺（ft）=0.304 8 m]范围内支持因特网接入的无线电信号。随着技术的发展，以及 IEEE 802.11a 和 IEEE 802.11g 等标准的出现，现在，IEEE 802.11 标准已被统称为 Wi-Fi。它可以帮助用户访问电子邮件、Web 和流式媒体，为用户提供了无线的宽带因特网访问。同时，它也是在家里、办公室或旅途中上网的快速、便捷的途径。Wi-Fi 无线网络是由 AP（Access Point）和无线网卡组成的无线网络。在开放性区域，通信距离可达 305 m；在封闭性区域，通信距离为 76 m～122 m，方便与现有的有线以太网络整合，组网的成本更低。

3. 无线局域网的网络构成

WLAN 的设备主要包括无线网卡、无线访问接入点、无线集线器和无线网桥，几乎所有的无线网络产品都自带无线发射与接收功能，且通常是一机多用。WLAN 的网络结构主要有两种类型，即无中心网络和有中心网络。

1）无中心网络

无中心网络又称对等网络或 Ad-hoc 网络，它覆盖的服务区称 IBSS。对等网络用于一台无线工作站（STA）和另一台或多台其他无线工作站的直接通信，该网络无法接入到有线网络中，只能独立使用。图 5-1 所示为最简单的无线局域网结构。一个对等网络由一组有无线接口的计算机组成，这些计算机要有相同的工作组名、ESSID 和密码。

对等网络组网灵活，在任何时间，只要两个或更多的无线接口在彼此的范围之内，它们就可以建立一个独立的网络。这些根据要求建立起来的典型网络在管理和预先协调方面没有任何要求。

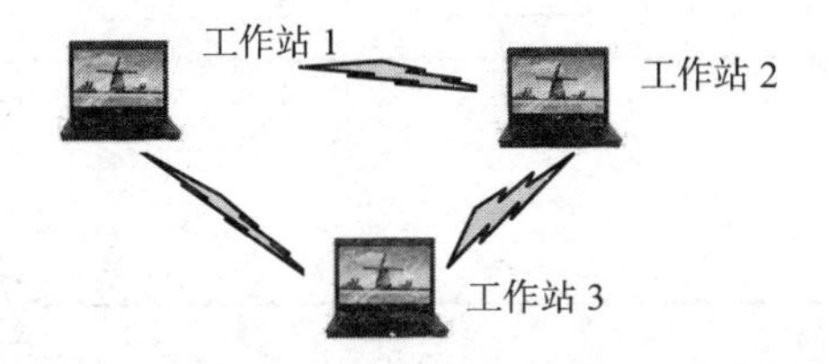

图 5-1　无中心网络结构

对等网络中的一个结点必须能同时“看”到网络中的其他结点，否则认为网络中断，因此对等网络只能用于少数用户的组网环境，比如 4～8 个用户，并且用户离得足够近。

2）有中心网络

有中心网络也称结构化网络，由无线 AP、无线工作站及 DSS 构成，覆盖的区域分为 BSS 和 ESS。无线访问点也称无线 AP 或无线 Hub，用于在无线 STA 和有线网络之间接收、缓存和转发数据。无线 AP 通常能够覆盖几十至几百个用户，覆盖半径达上百米，如图 5-2 所示。

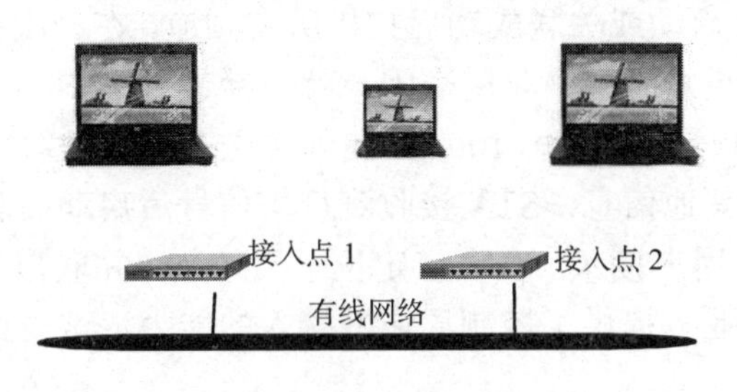

图 5-2　有中心网络结构

BSS 由一个无线访问点以及与其关联（Associate）的无线工作站构成，在任何时候，任何无线工作站都与该无线访问点关联。换句话说，一个无线访问点所覆盖的微蜂窝区域就是基本服务区。无线工作站与无线访问点关联采用 AP 的 BSSID，在 IEEE 802.11 标准中，BSSID 是 AP 的 MAC 地址。

扩展服务区 ESS 是指由多个 AP 以及连接它们的分布式系统组成的结构化网络，所有 AP 必须共享同一个 ESSID，也可以说，扩展服务区 ESS 中包含多个 BSS。分布式系统在 IEEE 802.11 标准中并没有定义，但是目前大多指以太网。扩展服务区只包含物理层和数据链路层，网络结构不包含网络层及其以上各层。因此，对于高层协议（比如 IP）

来说，一个 ESS 就是一个 IP 子网（结构如图 5-3 所示）。

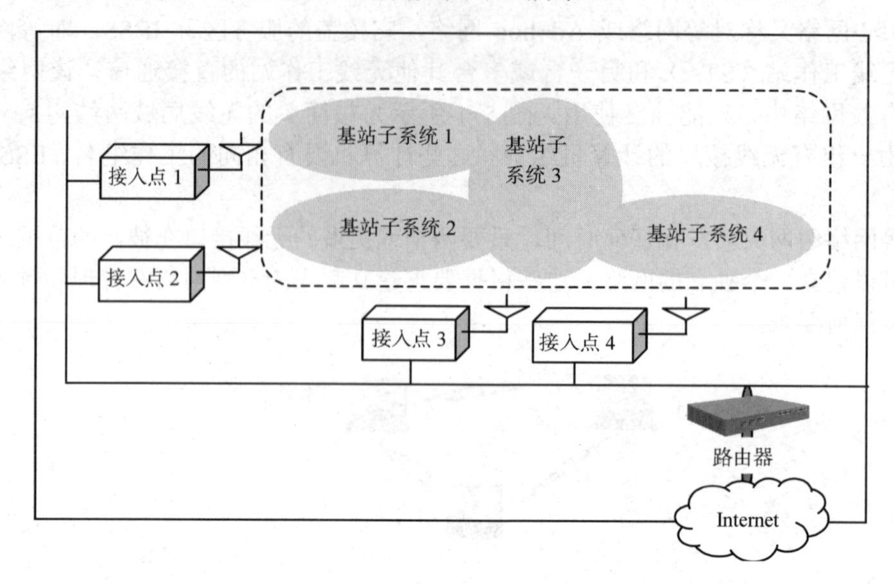

图 5-3　ESS 网络结构

4. 无线局域网的工作原理

WLAN 网络的操作可分为两个主要工作过程：一是工作站加入一个 BSS，二是工作站从一个 BSS 移动到另一个 BSS，实现小区间的漫游。一个站点访问现存的 BSS 需要几个阶段。首先，工作站开机加电开始运行，之后进入睡眠模式或者进入 BSS 小区。站点始终需要获得同步信号，该信号一般来自 AP 接入点。站点则通过主动和被动扫频来获得同步。

主动扫频是指 STA 启动或关联成功后扫描所有频道。在一次扫描中，STA 采用一组频道作为扫描范围，如果发现某个频道空闲，就广播带有 ESSID 的探测信号，AP 根据该信号做响应。被动扫频是指 AP 每 100 ms 向外传送一次灯塔信号，包括用于 STA 同步的时间戳、支持速率及其他信息，STA 接收到灯塔信号后启动关联过程。

WLAN 为防止非法用户接入，在站点定位了接入点，并取得了同步信息之后，就开始交换验证信息。验证业务提供了控制局域网接入的能力，这一过程被所有终端用来建立合法介入的身份标志。

站点经过验证后，关联（Associate）就开始了。关联用于建立无线访问点和无线工作站之间的映射关系，实际上是把无线变成有线网的连线。分布式系统将该映射关系分发给扩展服务区中的所有 AP。一个无线工作站同时只能与一个 AP 关联。在关联过程中，无线工作站与 AP 之间要根据信号的强弱协商速率，速率变化包括 11 Mbit/s、5.5 Mbit/s、2 Mbit/s 和 1 Mbit/s（以 802.11b 为例）。

工作站从一个小区移动到另一个小区需要重关联。重关联（Reassociate）是指当无线工作站从一个扩展服务区中的一个基本服务区移动到另外一个基本服务区时，与新的 AP 关联的整个过程。重关联总是由移动无线工作站发起。

IEEE 802.11 无线局域网的每个站点都与一个特定的接入点相关。如果站点从一个小区切换到另一个小区，就是处在漫游（Roaming）过程中。漫游指无线工作站在一组无线访问点之间移动，并提供对于用户透明的无缝连接，包括基本漫游和扩展漫游。基本漫游是指无线 STA 的移动仅局限在一个扩展服务区内部。扩展漫游指无线 SAT 从一个扩展服务区中的一个 BSS 移动到另一个扩展服务区的一个 BSS，IEEE 802.11 并不保证这种漫游的上层连接。近年来，无线局域网技术发展迅速，但无线局域网的性能与传统以太网相比还有一定距离，因此如何提高和优化网络性能显得十分重要。

5.2.3　下一代传送网技术

1．SDH

SDH 是一种将复接、线路传输及交换功能融为一体、并由统一网管系统操作的综合信息传送网络，是美国贝尔通信技术研究所提出来的同步光网络（SONET）。国际电话电报咨询委员会（CCITT，现 ITU-T）于 1988 年接受了 SONET 概念并重新命名为 SDH，使其成为不仅适用于光纤也适用于微波和卫星传输的通用技术体制。它可实现网络有效管理、实时业务监控、动态网络维护、不同厂商设备间互通等多项功能，能大大提高网络资源利用率、降低管理及维护费用、实现灵活可靠和高效的网络运行与维护，因此是当今世界信息领域在传输技术方面的发展和应用热点，受到人们的广泛重视。

SDH 采用的信息结构等级称为同步传送模块 STM-*N*（Synchronous Transport Module，*N*=1、4、16、64），最基本的模块为 STM-1，4 个 STM-1 同步复用构成 STM-4，16 个 STM-1 或 4 个 STM-4 同步复用构成 STM-16，STM-*N* 帧结构如图 5-4 所示。SDH 采用块状的帧结构来承载信息，每帧由纵向 9 行和横向 270×*N* 列字节组成，每个字节含 8 bit，整个帧结构分为段开销（Section Over Head，SOH）区、STM-*N* 净负荷区和管理单元指针（AU PTR）区 3 个区域，其中段开销区主要用于网络的运行、管理、维护及指配，以保证信息能够正常、灵活地传送，它又分为再生段开销（Regenerator Section Over Head，RSOH）和复用段开销（Multiplex Section Over Head，MSOH）；净负荷区用于存放真正用于信息业务的比特和少量的用于通道维护管理的通道开销字节；管理单元指针用来指示净负荷区内的信息首字节在 STM-*N* 帧内的准确位置，以便接收时能正确分离净负荷。SDH 在帧传输时按由左到右、由上到下的顺序排成串型码流依次传输，每帧的传输时间为 125 μs，每秒传输 1/125×1 000 000 帧。对于 STM-1 而言，每帧为 8 bit×（9×270×1）=19 440 bit，则 STM-1 的传输速率为 19 440×8 000=155.520（Mbit/s）；而 STM-4 的传输速率为 4×155.520 Mbit/s=622.080（Mbit/s）；STM-16 的传输速率为 16×155.520（或 4×622.080）=2 488.320（Mbit/s）。

SDH 传送网分层模型如图 5-5 所示，SDH 传输业务信号时各种业务信号要进入 SDH 的帧都要经过映射、定位和复用 3 个步骤：映射是将各种速率的信号先经过码速调整装入相应的标准容器（C），再加入通道开销（POH）形成虚容器（VC）的过程，帧相位发生偏差称为帧偏移；定位是将帧偏移信息收进支路单元（TU）或管理单元（AU）的过程，它通过支路单元指针（TU PTR）或管理单元指针（AU PTR）的功能来实现；复用则是将多个低价通道层信号通过码速调整使之进入高价通道或将多个高价通道层信号通过码速调整使之进入复用层的过程。

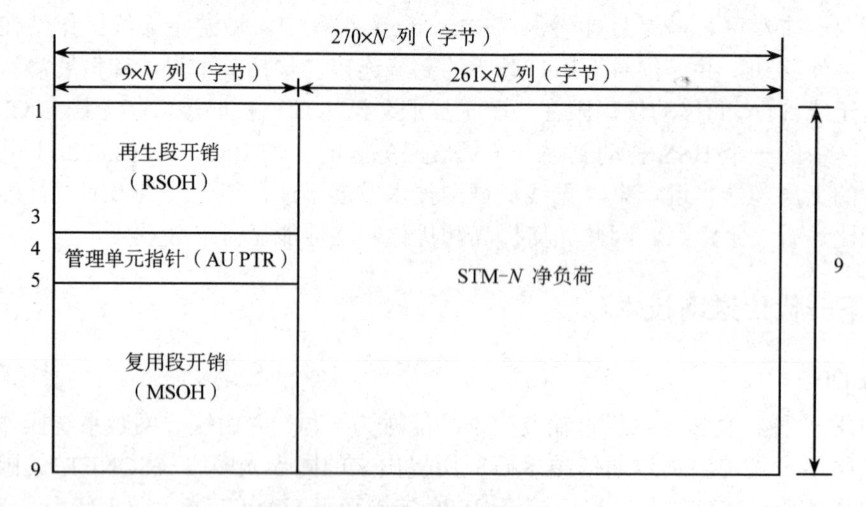

图 5-4　STM-N 帧结构

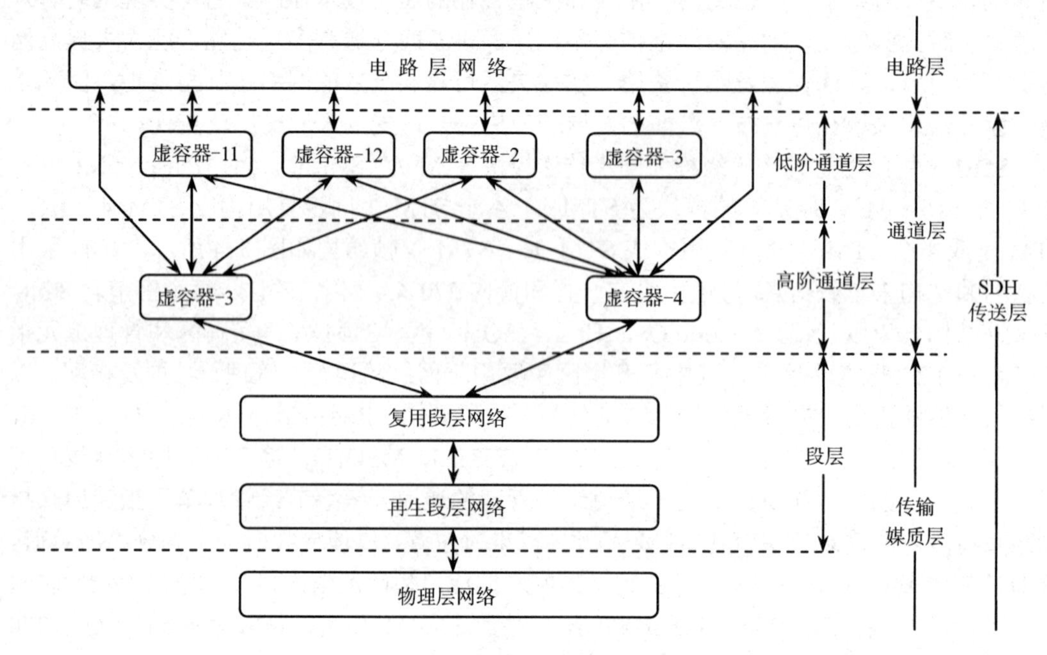

图 5-5　SDH 传送网分层模型

2. 光传送网

光传送网（OTN）是一种以 DWDM（密集型光波复用）技术与光通道技术为核心的新型传送网结构，它由光分插复用、光交叉连接、光放大等网元设备组成。

DWDM 技术可以不断提高现有光纤的复用度，在最大限度利用现有设施的基础上，满足用户对带宽持续增长的需求；DWDM 技术独立于具体的业务，同一根光纤的不同波长上的接口速率和数据格式相互独立，可以在一个 OTN 上支持多种业务。

OTN 可以保持与现有 SDH 网络的兼容性；SDH 系统只能管理一根光纤中的单波长

传输，而 OTN 系统既能管理单波长，也能管理每根光纤中的所有波长。随着光纤的容量越来越大，采用基于光层的故障恢复比电层更快、更经济。

OTN 的分层结构如表 5-1 所示。光层负责传送电层适配到物理媒介层的信息，在电信标准化部门（ITU-T）的 G.872 建议中，它被细分成 3 个子层，由上至下依次为光信道层（OCH）、光复用段层（OMS）、光传输段层（OTS）。

表 5-1　ONT 的分层结构

IP/MPLS	PDH	STM-*N*	GAE	ATM
光信道层（OCH）				
光复用段层（OMS）				
光传输段层（OTS）				

（1）光信道层负责为来自电复用段层的各种类型的客户信息选择路由、分配波长，为灵活的网络选路安排光信道连接，处理光信道开销，提供光信道层的检测、管理功能，它还支持端到端的光信道（以波长为基本交换单元）连接，在网络发生故障时，重选路由或进行保护切换。

（2）光复用段层保证相邻两个 DWDM 设备之间的 DWDM 信号完整传输，为波长复用信号提供网络功能，包括为支持灵活的多波长网络选路重新配置光复用段；为保证 DWDM 光复用段适配信息的完整性进行光复用段开销的处理；光复用段的运行、检测、管理等。

（3）光传输层为光信号在不同类型的光纤介质上（如 G.652、G.655 等）提供传输功能，同时实现对光放大器和光再生中继器的检测。

3．下一代网络

下一代网络（Next Generation Network，NGN）又称次世代网络，如图 5-6 所示。其主要思想是在一个统一的网络平台上以统一管理的方式提供多媒体业务，在整合现有的市内固定电话、移动电话（统称 FMC）的基础上，增加多媒体数据服务及其他增值型服务，从而逐步实现统一通信，其中 VOIP 将是下一代网络中的一个重点。

从网络结构横向分层的观点来看，NGN 主要分为边缘接入和核心网络两大部分：

（1）边缘接入：由各种宽窄带接入设备、各种类型的接入服务器、边缘交换机或路由器和各种网络互通设备构成。

（2）核心网络：由基于 DWDM 光传送网连接骨干 ATM 交换机或骨干 IP 路由器构成。

从网络功能纵向分层的观点来看，根据不同的功能可将网络分解成以下 4 个功能层面（见图 5-6）：

（1）业务和应用层：处理业务逻辑，其功能包括 IN（智能网）业务逻辑、AAA（认证、鉴权、计费）和地址解析，且通过使用基于标准的协议和 API 来发展业务应用。

（2）控制层：负责呼叫逻辑，处理呼叫请求，并指示传送层建立合适的承载连接。控制层的核心设备是软交换，软交换需要支持众多的协议接口，以实现与不同类型网络的互通。

（3）传送层：指 NGN 的承载网络。负责建立和管理承载连接，并对这些连接进行交换和路由，用来响应控制层的控制命令，可以是 IP 网或 ATM 网。

（4）边缘接入层：由各类媒体网关和综合接入设备（IAD）组成，通过各种接入手段将各类用户连接至网络，并将信息格式转换成为能够在分组网络上传递的信息格式。

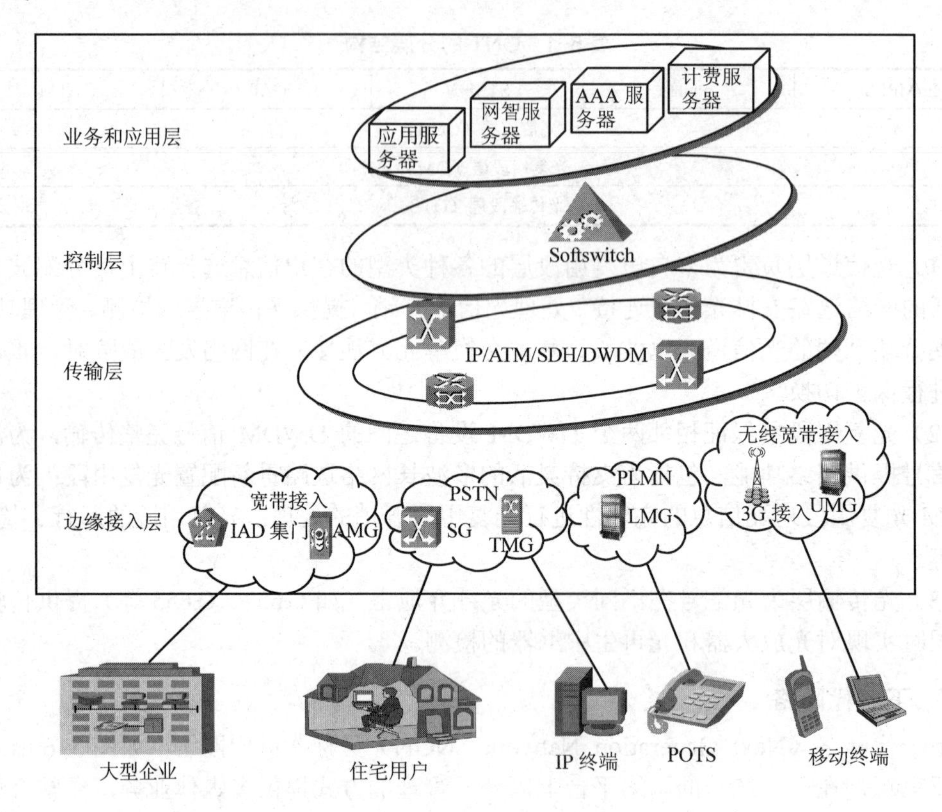

图 5-6　NGN 的网络构架

5.2.4　公众通信网技术

1. 通信网基本概念

1）通信网的定义和构成

传统通信系统由传输、交换、终端三大部分组成。其中，传输与交换部分组成通信网络，传输部分为网络的链路（Link），交换部分为网络的结点（Node）。随着通信技术的发展与用户需求的日益多样化，现代通信网正处在变革与发展之中，网络类型及所提供的业务种类在不断增加和更新，形成了复杂的通信网络体系。为了更清晰地描述现代通信网络结构，在此引入了网络分层的概念，现代通信网可以分为 3 层：通信基础网、业务网、应用层。

为了支持各层网络的有效运行和管理，还需要有支撑网（信令网、同步网、电信管理网）的介入，这些支撑网可以为通信网的某一层或多层服务。

2）通信网的类型

（1）按业务类型来分：可分为电话通信网（如 PSTN、移动通信网等）、数据通信网（如 X.25、Internet、帧中继网等）、广播电视网、公用电报网、传真通信网、图像通信网、可视图文通信网等。

（2）按空间距离和覆盖范围来分：可分为广域网、城域网和局域网。

（3）按信号形式来分：可分为模拟通信网和数字通信网。

（4）按运营方式来分：可分为公用通信网和专用通信网。

（5）按服务区域来分：可分为国际通信网、长途通信网、本地通信网、农村通信网、局域网（LAN）、城域网（MAN）、广域网（WAN）等。

（6）按主要传输介质来分：可分为电缆通信网、光缆通信网、卫星通信网、无线通信网、用户光纤网等。

（7）按交换方式来分：可分为电路交换网，报文交换网、分组交换网、宽带交换网等。

（8）按网络拓扑结构来分：可分为网型网、星型网、环型网、总线型网等，图 5-7 所示为电信网的基本结构。

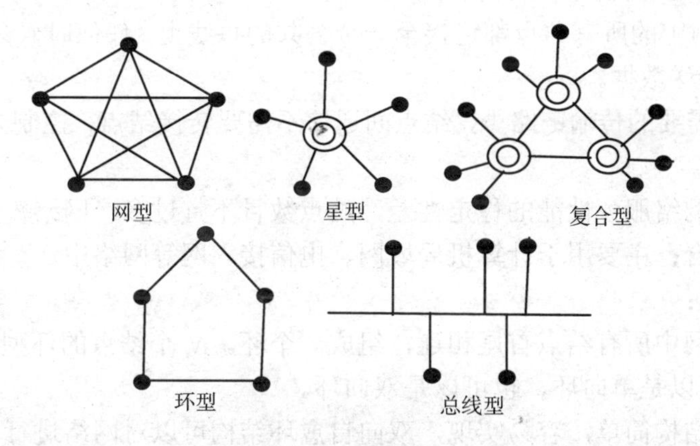

图 5-7　电信网基本结构

（9）按信息传递方式来分：同步转移模式（STM）的宽带网和异步转移模式（ATM）的宽带网等。

3）通信网的拓扑结构

在通信网中，所谓拓扑结构是指构成通信网结点之间的互连方式。基本的拓扑结构有网型网、星型网、环型网、总线型网、复合型网等。

（1）网型网：

① 结构：所形成的网络链路较多，形成的拓扑结构像网状。具有代表性的网型网是完全互连网（网内任意两结点之间均有直达线路连接）。具有 N 个结点的完全互连网需要有 $1/2\times N\times(N-1)$ 条传输链路。

② 优点：线路冗余度大，网络可靠性高，任意两结点间可直接通信。

③ 缺点：线路利用率低（N 值较大时传输链路数将很大），网络成本高，另外网络的扩容也不方便，每增加一个结点，就须增加 N 条线路。

④ 适用场合：通常用于结点数目少，又有很高可靠性要求的场合。

（2）星型网（又称辐射网）：

① 结构：星型结构由一个功能较强的转接中心 S 以及一些连到中心的从结点组成。具有 N 个结点的星型网共需（N–1）条传输链路。

② 优点：与网型网相比，降低了传输链路的成本，提高了线路的利用率。

③ 缺点：网络的可靠性差，一旦中心转接结点发生故障或转接能力不足，全网的通信都会受到影响。

④ 适用场合：通常用于传输链路费用高于转接设备、可靠性要求又不高的场合，以降低建网成本。

（3）复合型网：

① 结构：是由网型网和星型网复合而成的。它以星型网为基础，在业务量较大的转接交换中心之间采用网型网结构。

② 优点：兼具网型网和星型网的优点。整个网络结构比较经济，且稳定性较好。

③ 适用场合：规模较大的局域网和电信骨干网中广泛采用分级的复合型网络结构。

（4）总线型网（属于共享传输介质型网络）：

① 结构：网中的所有结点都连接至一个公共的总线上，任何时候只允许一个用户占用总线发送或接送数据。

② 优点：需要的传输链路少，结点间通信不需要转接结点，控制方式简单，增减结点也很方便。

③ 缺点：网络服务性能的稳定性差，结点数目不宜过多，网络覆盖范围较小。

④ 适用场合：主要用于计算机局域网、电信接入网等网络中。

（5）环型网：

① 结构：网中所有结点首尾相连，组成一个环。N 个结点的环型网需要 N 条传输链路。环型网可以是单向环，也可以是双向环。

② 优点：结构简单，容易实现，双向自愈环结构可以对网络进行自动保护。

③ 缺点：结点数较多时转接时延无法控制，并且环型结构不好扩容。

④ 适用场合：目前主要用于计算机局域网、光纤接入网、城域网、光传输网等网络中。

2．通信网网络结构

1）长途电话网

长途电话通信网的任务是完成国内、国际任何两个用户之间的长距离通话。

我国传统的长话网结构采用以下 4 级辐射式网络（见图 5-8）：

（1）C1：一级交换中心（即大区中心），分别设在北京、上海、广州、南京、西安、沈阳、武汉、成都八大城市。C1 局通过骨干路由全互连，汇接所辖各省长话和端接所在城市的长话业务。

（2）C2：二级交换中心（即省中心），设在省会城市，通过骨干路由与所归属 C1 局相连。汇接省内长话，端接所在省会的长话业务。

（3）C3：三级交换中心（即地区中心），设在地、市一级城市，通过骨干路由与所归属的 C2 局相连。汇接地、市区域内长话，端接所在城市的长话业务。

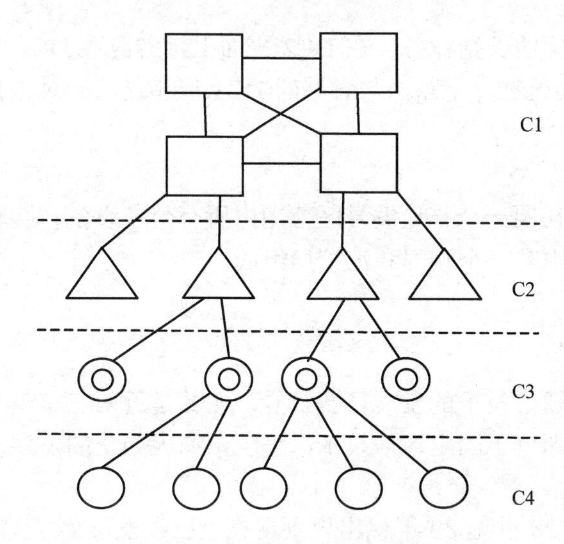

图 5-8　传统的 4 级长话网结构

（4）C4：四级交换中心（即县中心），设在县城，通过骨干路由与所归属的 C3 局相连，端接县城及各乡镇的长话业务。

为了适应通信事业的飞速发展，近几年来，我国的市话网、农话网合并为 C3 本地网，取消了原设在县城的 C4 局。在全国建成八纵八横光缆传输网络后，各省会城市的 C2 局基本做到了全互连，为取消 C1 局创造了条件。随着 C1、C4 局的撤销，我国基本形成了长话二级网结构。二级长话网与四级长话网相比较减少了网络层次，提高了电路可靠性，加快了接续速度，使网络组织变得简单、清晰，使网管更加方便。二级长话网的形成为向无级网过渡创造了条件。二级长话网将全国长话交换中心分为图 5-9 所示的两个平面，即 DC1 平面和 DC2 平面。

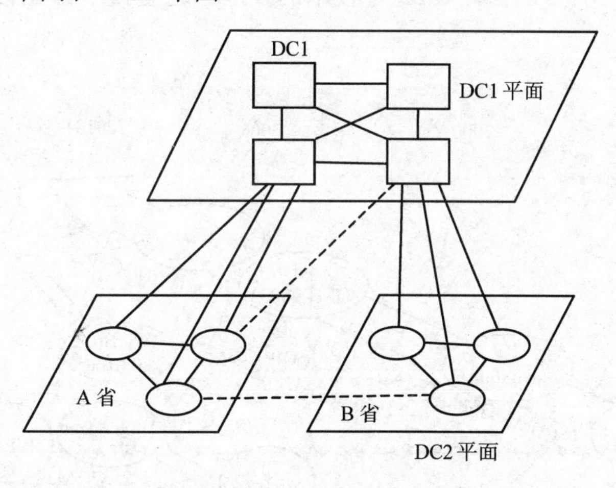

图 5-9　二级长话网结构

长话交换中心演变为以下两个等级：

（1）DC1：省级交换中心，相当于原 C2 交换中心。设在省会（直辖市）城市，汇接省内长话，端接省会城市本地网长话。在 DC1 平面上各 DC1 局通过骨干路由全互连。

（2）DC2：本地网交换中心，相当于原 C3 交换中心。设在地（市）本地网的中心城市，端接所在本地网的长话业务。在 DC2 平面上，省内各 DC2 局间可以是全互连，也可不是，各 DC2 局通过骨干路由与省城的 DC1 局相连，同时根据话务量的需求可建设跨省的直达路由。

2）本地电话网

本地电话网是指在同一个长途编号区范围内所有交换设备、传输设备和用户终端组成的电话通信网络，由若干个端局和汇接局组成。

5.2.5　无线通信技术

近几年来，全球通信技术的发展日新月异，尤其是近两三年，无线通信技术的发展速度与应用领域已经超过了固定通信技术，呈现出如火如荼的发展态势。其中，最具代表性的是蜂窝移动通信。

蜂窝移动通信从 20 世纪 80 年代出现到现在，已经发展到了第三代移动通信技术，目前业界正在研究面向未来的第四代移动通信技术；宽带无线接入也在全球不断升温，近几年来我国的宽带无线用户数增长势头强劲。宽带无线接入研究重点主要包括无线城域网（WMAN）、无线局域网（WLAN）和无线个域网（WPAN）技术；尽管模拟集群通信的应用开始得比较早，但随着技术的发展，数字集群通信技术越来越受到大家的关注；卫星通信以其特殊的技术特性，已经成为无线通信技术中不可忽视的一个领域；手机视频广播作为一种新的无线业务与技术，正在成为目前最热门的无线应用之一。

图 5-10 所示为各种无线通信技术的发展演进。在该图中有两条主线：第一条是蜂窝通信的发展主线，蜂窝通信技术从 1G、2G 向 3G、4G 发展；第二条线涵盖了 WLAN、WPAN、Bluetooth、Wi-MAX、RFID 等技术的发展，这些技术都朝移动的、宽带的、高速的方向发展。

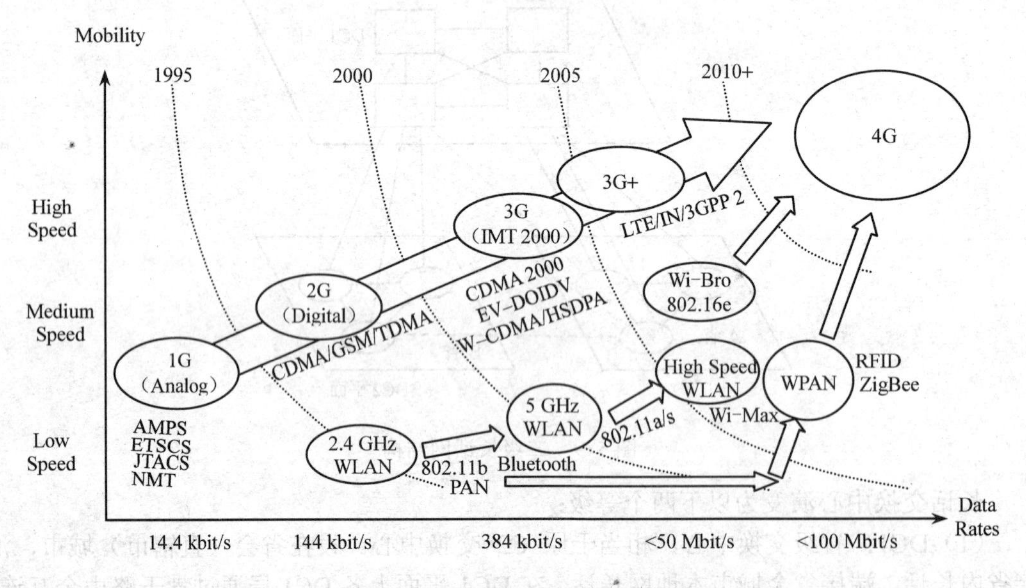

图 5-10　各种无线通信技术的发展演进

1．蜂窝移动通信标准的演进

总结蜂窝移动通信技术的演进过程，可以得出这样几个特点：

（1）无线接口频谱效率更高，速率更快。首先，每 10 年出现一代新技术，每 15～20 年推出一代；数据传输速率从几十 kbit/s、几百 kbit/s 到几 Mbit/s 再到几百 Mbit/s。其次，技术在平稳中演进。第一代模拟系统已经基本退出；第二代 GSM/CDMA 数字系统处于主导地位，占据约 95%的市场；3G 技术已经成熟开始商用，今后 10 年将与 2G 长期并存，最终逐步替代 2G；超 3G 正处在初期研究阶段，将在 10 年后进入实质商用阶段。

（2）核心网既考虑与现有网的后向兼容，又积极向基于 IP 的方向演进。以 3GPP 标准为例，R99 完全与 GSM/GPRS 兼容，R4 在电路域引入软交换，R5 保留了电路域、分组域，增加了 IP 多媒体子系统（IMS）。

2．无线技术与业务的发展趋势

无线技术与业务的发展趋势如下：

（1）网络覆盖的无缝化，即用户在任何时间、任何地点都能实现网络的接入。

（2）宽带化是未来通信发展的一个必然趋势，窄带的、低速的网络会逐渐被宽带网络所取代。

（3）融合趋势明显加快，包括技术融合、网络融合、业务融合。

（4）数据速率越来越高，频谱带宽越来越宽，频段越来越高，覆盖距离越来越短。

（5）终端智能化越来越高，为各种新业务的提供创造了条件和实现手段。

（6）从以下两个方向相向发展：

① 移动网增加数据业务：1xEV-DO、HSDPA 等技术的出现使移动网的数据速率逐渐增加，在原来的移动网上叠加覆盖可以连续；另外，Wi-MAX 的出现加速了新的 3G 增强型技术的发展。

② 固定数据业务增加移动性：WLAN 等技术的出现使数据速率有所提高，固网的覆盖范围逐渐扩大，移动性逐渐增加；移动通信、宽带业务和 Wi-Fi 的成功，促成了 IEEE 802.16 与 Wi-MAX 等多种宽带无线接入技术的诞生。

（7）B3G 的概念兼顾了移动性和数据速率。

5.2.6　DDN 技术和 VPN 技术

1．DDN 技术

1）DDN 概念

DDN（数字数据网）是采用数字信道来传输数据信息的数据传输网。数字信道包括用户到网络的连接线路，即用户环路的传输也应该是数字的。

DDN 用于向用户提供专用的数字数据传输信道，或提供将用户接入公用数据交换网的接入信道，也可以为公用数据交换网提供交换结点间用的数据传输信道。DDN 通常不包括交换功能，只采用简单的交叉连接复用装置。如果引入交换功能，就成了数字数据交换网。

DDN 是利用数字信道为用户提供话音、数据、图像信号的半永久连接电路的传输网路。半永久性连接是指 DDN 所提供的信道是非交换性的，用户之间的通信通常是固定的。一旦用户提出改变的申请，由网络管理人员，或在网络允许情况下由用户自己对传输速率、传输数据的目地及传输路由进行修改，但这种修改不是经常性的，所以称为半永久性交叉连接或半固定交叉连接。它克服了数据通信专用链路永久连接的不灵活性，以及以 X.25 建议为核心的分组交换网络的处理速度慢、传输时延大等缺点。

2）DDN 的组成及网络结构

DDN 由用户环路、DDN 结点、数字信道和网络控制管理中心组成，其网络组成结构如图 5-11 所示。

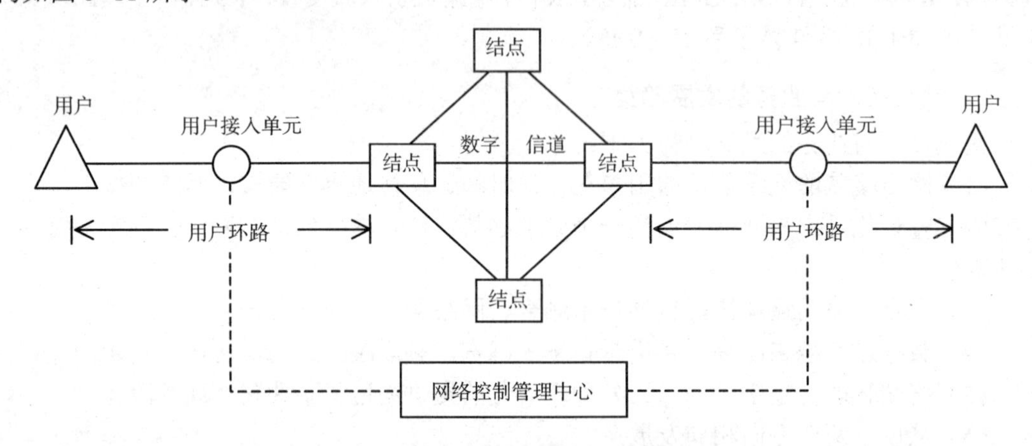

图 5-11　DDN 网络组成结构框图

用户环路又称用户接入系统，通常包括用户设备、用户线和用户接入单元。

用户设备通常是数据终端设备（DTE），如电话机、传真机、个人计算机及用户自选的其他用户终端设备。目前，用户线一般采用市话电缆的双绞线。用户接入单元可由多种设备组成，对于目前的数据通信而言，通常是基带型、频带型单路或多路复用传输设备。

从组网功能区分，DDN 结点可分为用户结点、接入结点和 E1 结点。从网络结构区分，DDN 结点可分为一级干线网结点、二级干线网结点及本地网结点。

（1）用户结点。用户结点主要为 DDN 用户入网提供接口并进行必要的协议转换，包括小容量时分复用设备以及 LAN 通过帧中继互连的桥接器/路由器等。小容量时分复用设备也可包括压缩话音/G3 传真用户接口。

（2）接入结点。接入结点主要为 DDN 各类业务提供接入功能，主要包括：

① $N\times64$ kbit/s（N=1～31），2 048 kbit/s 数字信道的接口；

② $N\times64$ kbit/s 的复用；

③ 小于 64 kbit/s 的子速率复用和交叉连接；

④ 帧中继业务用户的接入和本地帧中继功能；

⑤ 压缩话音/G3 传真用户的接入功能。

（3）E1 结点。E1 结点用于网上的骨干结点执行网络业务的转接功能，主要包括：

① 2 048 kbit/s 数字信道的接口；

②2 048 kbit/s 数字信道的交叉连接；

③ N×64 kbit/s（N=1～31）复用和交叉连接；

④ 帧中继业务的转接功能。

E1 结点主要提供 2 048 kbit/s（E1）接口，对 N×64 kbit/s 进行复用和交叉连接，以收集来自不同方向的 N×64 kbit/s 电路，并把它们归并到适当方向的 E1 输出，或直接接到 E1 进行交叉连接。

（4）枢纽结点。枢纽结点用于 DDN 的一级干线网和各二级干线网。它与各结点通过数字信道相连，容量大，因而故障时的影响面大。在设置枢纽结点时，可考虑备用数字信道的设备，同时合理地组织各结点互连，以充分发挥其效率。

DDN 网按组建、运营和管理维护的责任区域来划分网络的等级，可分为本地网和干线网，干线网又分为一级干线网、二级干线网，分为 3 级的网络结构如图 5-12 所示。

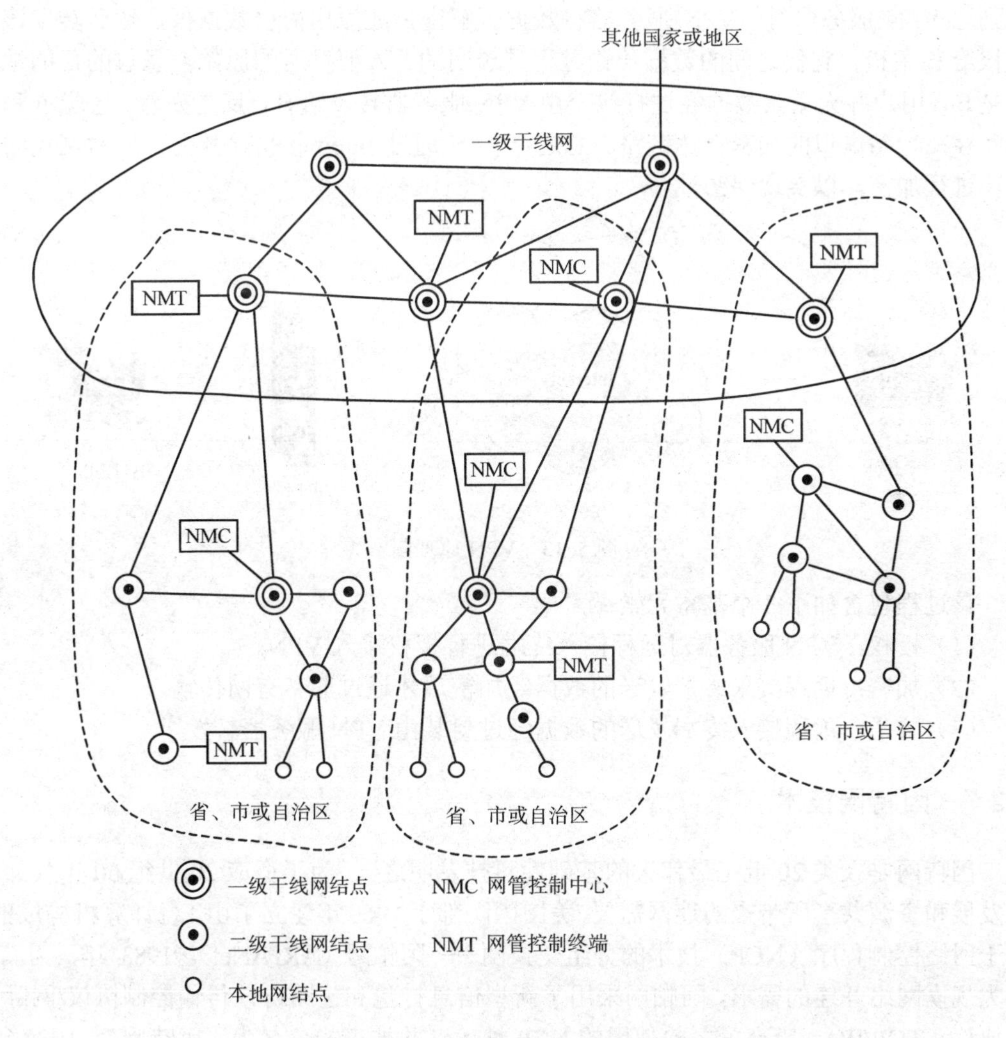

图 5-12　分为 3 级的 DDN 网络结构

2．VPN 技术

1）VPN 概念

顾名思义，VPN（Virtual Private Network，虚拟专用网）不是真的专用网络，但却能够实现专用网络的功能。所谓虚拟，是指用户不再需要拥有实际的长途数据线路，而是使用服务提供商现成网络的数据线路（通过使用隧道技术）。所谓专用网络，是指用户可以为自己制定一个最符合自己需求的网络，就像是私有的网络一样。

2）VPN 的基本工作原理

VPN 主要使用了隧道传输（Tunneling）技术和加密（Encrypting）技术。为了实现保密性，VPN 把外发的数据报加密传输。对于私有性，VPN 使用隧道技术，定义了两个网点的路由器之间通过 Internet 的一个隧道，并使用 IP-IN-IP 封装通过隧道转发数据报。其基本原理如图 5-13 所示，为了确保保密性，内层数据需要经过加密。VPN 授权主机 A 发给主机 B 的整个内层数据报，包括首部，在被封装前进行了加密。当数据报通过隧道到达 VPN 服务器时，VPN 服务器将数据区解密，还原出内层数据报，然后转发该数据报给 B 主机。它们之间的数据传输过程是透明的。A 要发送的原始信息包的目的地址就是 B，用户并无觉察数据经过打包交由 VPN 服务器转发给 B，反之亦然，感觉 A 和 B 之间存在一条虚拟的加密直达链路。总之，VPN 通过 Internet 传输数据，但对网点间的传输进行加密，以实现保密性。

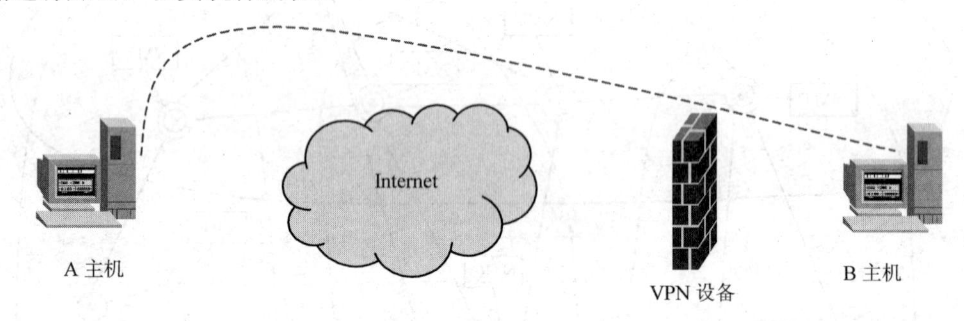

图 5-13　VPN 原理图

该过程包含如下 3 个基本元素：

（1）授权：VPN 服务器对远程接入终端进行授权接入 VPN。

（2）加密：远程接入终端发送的数据经加密后才通过非私有网传输。

（3）隧道：远程接入终端发送的数据经过封装由 VPN 服务器转发。

5.2.7　因特网技术

因特网是人类 20 世纪最伟大的基础性科技发明之一。为了适应 20 世纪 60 年代计算机发展和资源共享所带来的连网需要，美国国防部于 1969 年建立了由 4 台计算机构成的、基于网络控制程序（NCP）技术的分组交换网——阿帕网（ARPANet）。1983 年，为满足更大规模网络互连的需求，阿帕网采用了新型信息打包和选路协议传输控制协议/网际互连协议（TCP/IP），废弃了之前使用的 NCP 技术，并被正式命名为“因特网”。1989 年，随着万维网（WWW）的发明，使得因特网技术开始得到快速发展和应用。1994 年，美国允许商业资本介入，因特网从实验室进入了面向社会的商用时期，迎来了社会化应用的黄金发展时期。

在计算机网络产生之初，每个计算机厂商都有一套自己的网络体系结构概念，它们之间互不相容。为此，国际标准化组织（ISO）在 1979 年建立了一个分委员会来专门研究一种用于开放系统互连的体系结构（Open Systems Interconnection，OSI），“开放”这个词表示，只要遵循 OSI 标准，一个系统可以和位于世界上任何地方的也遵循 OSI 标准的其他任何系统进行连接。这个分委员提出了开放系统互连，即 OSI 参考模型，它定义了连接异种计算机的标准框架。

OSI 参考模型分为 7 层，分别是物理层（Physical Layer）、数据链路层（Data Link Layer）、网络层（Network Layer）、传输层（Transport Layer）、会话层（Session Layer）、表示层（Presentation Layer）和应用层（Application Layer）。

各层的主要功能及其相应的数据单位如下：

1．物理层

大家知道，要传递信息就要利用一些物理媒体，如双绞线、同轴电缆等，但具体的物理媒体并不在 OSI 的 7 层之内，有人把物理媒体当做第 0 层，物理层的任务就是为它的上一层提供一个物理连接，以及它们的机械、电气、功能和过程特性。如规定使用电缆和接头的类型、传送信号的电压等。在这一层，数据还没有被组织，仅作为原始的位流或电气电压处理，单位是比特。

2．数据链路层

数据链路层负责在两个相邻结点间的线路上，无差错地传送以帧为单位的数据。每一帧包括一定数量的数据和一些必要的控制信息。和物理层相似，数据链路层要负责建立、维持和释放数据链路的连接。在传送数据时，如果接收点检测到所传数据中有差错，就要通知发方重发送这一帧。

3．网络层

在计算机网络中，进行通信的两个计算机之间可能会经过很多个数据链路，也可能要经过很多通信子网。网络层的任务就是选择合适的网间路由和交换结点，以确保数据及时传送。网络层将数据链路层提供的帧组成数据包，包中封装有网络层包头，其中含有逻辑地址信息、源站点和目的站点地址的网络地址。

4．传输层

该层的任务是根据通信子网的特性最佳地利用网络资源，并以可靠和经济的方式，为两个端系统（也就是源站和目的站）的会话层之间，提供建立、维护和取消传输连接的功能，负责可靠地传输数据。在这一层，信息的传送单位是报文。

5．会话层

会话层也称为会晤层或对话层，在会话层及以上的高层次中，数据传送的单位不再另外命名，统称为报文。会话层不参与具体的传输，它提供包括访问验证和会话管理在内的建立和维护应用之间通信的机制。如服务器验证用户登录便是由会话层完成的。

6. 表示层

表示层主要解决拥护信息的语法表示问题。它将要交换的数据从适合于某一用户的抽象语法，转换为适合于 OSI 系统内部使用的传送语法，即提供格式化的表示和转换数据服务。数据的压缩和解压缩、加密和解密等工作都由表示层负责。

7. 应用层

应用层确定进程之间通信的性质，以满足用户需要，并提供网络与用户应用软件之间的接口服务。

通过 OSI 层，信息可以从一台计算机的软件应用程序传输到另一台的应用程序上。例如，计算机 A 上的应用程序要将信息发送到计算机 B 的应用程序，则计算机 A 中的应用程序需要将信息先发送到其应用层（第七层），然后此层将信息发送到表示层（第六层），表示层将数据转送到会话层（第五层），如此继续，直至物理层（第一层）。在物理层，数据被放置在物理网络媒介中并被发送至计算机 B。计算机 B 的物理层接收来自物理媒介的数据，然后将信息向上发送至数据链路层（第二层），数据链路层再转送给网络层（第三层），依次继续直到信息到达计算机 B 的应用层。最后，计算机 B 的应用层再将信息传送给应用程序接收端，从而完成通信过程，如图 5-14 所示。

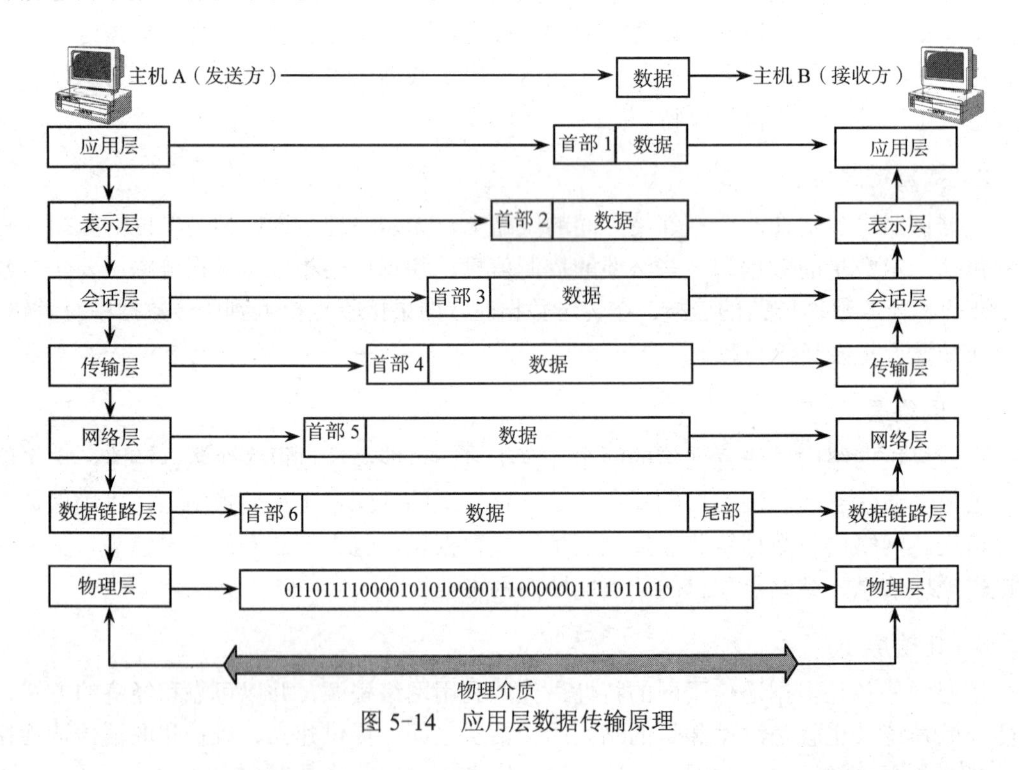

图 5-14　应用层数据传输原理

5.3　物联网的网络管理

物联网的网络管理与通信网络和计算机网络管理类似，都是有效地利用和组织各种网络资源，并对网络故障进行报告和处理。

5.3.1　网络管理技术

1. 网络管理的主要任务

网络管理的主要任务是规划、分析、监督、设计、控制和扩充网络资源的使用及网络的各种活动，使网络中的各种资源能得到有效地利用和组织，并且在网络出现故障时能及时做出报告和处理，协调、保持网络的运行等。网络管理包括 5 个基本功能，它们相对独立，同时也存在着联系。

2. 网络管理的基本功能

1）故障管理

故障管理的主要功能是对被管设备和路径结点进行监控，以及时发现网络中的故障，对故障进行定位、诊断并提供排除故障的方案。故障管理是网络管理的核心，因为一旦网络失效直接和间接损失都很大。只有及时快速地对故障进行诊断并且排除故障才能保证网络的正常运行，才能提供好的服务质量。早期的故障管理差不多完全是靠人工的方式进行故障诊断，不仅效率很低，而且由于故障诊断的复杂性要想快速准确地对故障进行诊断也非常困难，最终甚至导致网络的瘫痪。因此，故障管理的发展方向是智能化故障管理。

2）配置管理

配置管理的主要功能是收集网络资源配置信息，监控和管理整个网络的配置状态，并且对网络资源进行重新配置。配置管理使网络管理人员可以生成、查询和修改网络运行参数和配置状态，以保持网络的正常工作，例如网络拓扑结构的规划、设备内各插板的配置、路径的建立与拆除，以及通过插入、修改和删除操作来修改网络资源和配置（重构网络资源）等。通过系统管理的配置管理，能够统一管理所有的网络资源，完成网络设备的在线配置、应用软件的安装和升级。

3）性能管理

性能管理的主要功能是连续地收集网络和系统运行的相关数据，监视网络和系统的运行状况和效率，可以用图形方式直观地显示网络运行的状态。性能管理保存这些性能数据，并根据它们对网络运行效率进行分析，对网络进行调整并优化网络性能。

4）安全管理

网络安全管理包括两个方面，即网络的安全管理和安全的网络管理。因此，网络安全管理分为两部分，一是网络管理系统自身的安全；二是被管网络对象的安全。网络安全管理的首要功能是保护网络资源与网络设备不被非法访问，包括路由器等网络互连设备和主机、服务器等系统和网络服务自身的安全，以及它们之间数据通信的安全。同时也要对网络资源中重要信息的访问权限进行控制，包括验证网络用户的访问权限和优先级，只有授权的合法用户才可以访问受限的网络资源等。

5）计费管理

计费管理的功能根据网络管理部门制定的计费策略，根据各个用户对网络资源的使用情况进行收费，这样也可以分担网络的运行成本。

在一般情况下，这 5 个功能域基本上涵盖了网络管理的内容，目前的通信网络、计算机网络基本上都是按照这 5 个功能域进行管理的。

5.3.2 物联网网络管理的内容

图 5-15 所示为物联网网络管理的基本内容划分和功能域，无论对于物联网的接入部分，即传感器网络，还是对于物联网的主干网络部分，5 个功能域显然已经不能完全反映网络管理的实际情况了。这是因为，物联网的接入部分，即传感器网络有许多不同于通信网络和互连网络的地方。例如，物联网的接入结点数量极大，网络结构形式多样，结点的生效和失效频繁，核心结点的产生和调整往往会改变物联网的拓扑结构；另外，物联网的主干网络在各种形式的网络结构中，也有许多新的特点。这些不同导致传统的 5 个功能域已经不能完全反映传感器网络和物联网网络的性能、工作情况了，因为物联网和传感器网络的许多新问题，不仅以上的功能域不能完成管理的任务，甚至连物联网和传感器网络的覆盖都有许多新的情况需要加以解决。对于这些问题，可以从物联网和传感器网络的特点加以分析。根据物联网网络管理的需要，物联网网络管理的内容，除普通的因特网和电信网络网络管理的 5 个方面以外，还应该包括以下几个方面：传感器网络中结点的生存、工作管理（包括电源工作情况等）；传感网的自组织特性和信息传输；传感网的拓扑变化及其管理；自组织网络的多跳和分级管理；自组织网络的业务管理等。

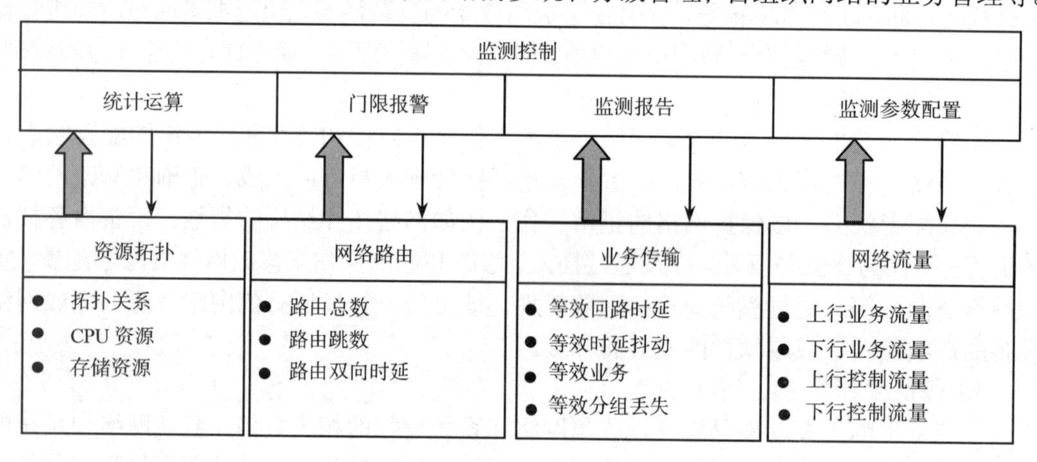

图 5-15 物联网网络管理的基本内容划分和功能域

小结

本章主要介绍了物联网的通信技术和网络管理，包括感知层的通信技术、网络层的通信技术及物联网网络管理的基本功能。

习题

1. 短距离无线通信技术有哪些？
2. 网络管理的主要任务是什么？
3. 网络管理的基本功能有哪些？
4. 物联网的网络管理功能除了网络管理的基本功能外还有哪些？

第6章 物联网组网技术

本章学习重点

1. 物联网工程需求分析
2. 物联网项目及质量管理
3. 物联网数据链路层互连技术

物联网组网技术包括如何设计物联网以满足工程需求、物联网数据链路层互连技术以及物联网与因特网的互连技术。

6.1　物联网设计与项目管理基础

物联网设计是指如何设计物联网以满足工程需求，这就需要对物联网工程进行需求分析、项目管理及质量管理。

6.1.1　物联网工程需求分析

需求分析提供了物联网设计应该达到的目标，需求分析有助于设计者更好地理解网络应该具有的性能，例如：

（1）更好地评价现有网络；

（2）更客观地做出决策；

（3）提供网络移植功能；

（4）给所有用户提供合适的资源。

需求分析阶段应该尽量明确地定义用户的需求。详细的需求描述会使最终的网络更有可能满足用户的需求。明确的需求描述帮助防止“蠕动需求”，即需求渐渐增加以至于不可辨认。

需求收集过程必须同时考虑组织现在和将来的需要。

6.1.2　物联网项目管理基础

1．项目管理的定义

项目管理就是以项目为对象的系统管理方法，通过一个临时性的专门的柔性组织，对项目进行高效率的计划、组织、指导和控制，以实现项目全过程的动态管理及项目目标的综合协调和优化。项目管理贯穿于项目的整个生命周期，对项目的整个过程进行管理。它是一种运用既规律又经济的方法对项目进行高效率的计划、组织、指导和控制的手段，并在时间、费用和技术效果上达到预定目标。项目管理的特点与一般作业管理不同。作业管理只对效率和质量进行考核，并注重与经验进行比较，而项目管理结构须以任务（活动）定义为基础来建立，以便进行时间、费用和人力的预算控制，并对技术、风险进行管理（注：列为项目管理的一般是技术上比较复杂，工作量比较繁重，不确定性因素很多的任务或项目）。

2．项目管理的特点

项目管理有以下特点：

（1）项目管理的对象是项目或被当做项目来管理的“运作”；

（2）项目管理贯穿系统工程；

（3）项目管理组织的特殊性（临时性、柔性等）；

（4）项目管理是基于团队管理的个人负责制；

（5）项目管理的方式是目标管理；

（6）项目管理要创造利于项目顺利进行的环境；

（7）项目管理工具、方法和手段的先进性、开放性。

6.1.3　物联网项目质量管理基础

质量管理是指确定质量方针、目标和职责，并在质量体系中通过诸如质量策划、质量保证、质量控制和质量改进使其实施的全部管理职能的所有活动。而项目质量管理是就某个项目进行的质量管理，即监视、测量与项目有关的过程，并与所确定的质量标准进行比对，以保证产品或服务满足顾客的需要。质量管理的实现是一个连续的过程，在质量方面控制和指挥活动，通常包括制定质量方针和质量目标，以及质量策划、质量控制、质量保证和质量改进等方面的工作。

1．质量方针

质量方针是最高管理者正式发布的该组织的质量宗旨和方向。

2．质量目标

质量目标是组织在质量方面所追求的目的。

3．质量策划

质量策划是根据质量方针的规定，并结合具体情况确定相应的作业过程和相关资源，以达到质量目标的要求。现代质量管理的一项基本原则是质量在计划中确定，而并非在检验中确定，由此可见质量策划的重要性。根据项目管理的范围和对象不同，质量策划一般包括 3 个方面：一是产品策划，即对质量特性进行识别、分类和比较，并建立其目标、质量要求和约束条件；二是管理和作业策划，即为实施质量体系进行准备，包括组织和安排；三是编制质量计划和做出质量改进的规定。在进行项目质量策划时应当首先遵循现代质量管理最基本的原则，即质量形成于质量策划中，而非检验中的原则。这就是说，增加检验不是确保项目质量的最佳途径，雇佣更多的检验人员并不是控制项目质量最佳途径的首选方案。

4．质量控制

确保产品的质量能够满足顾客、法律法规等方面所提出的质量要求。质量控制目的在于保证产品的质量和满足顾客的要求。

5．质量保证

使提供的质量要求得到信任，主要是加强质量管理、完善质量管理体系、完善质量控制，以便准备好客观证据，并根据对方的要求有计划、有步骤地开展提供证据的活动。

6．质量改进

质量改进主要是增强满足质量要求的能力。质量改进是不断通过采取纠正和预防措施来增强组织的质量管理水平，提高产品、体系或过程满足质量要求的能力，对现有的质量水平在控制的基础上加以提高，使质量达到一个新水平、新高度。

6.2 物联网数据链路层互连技术

物联网数据链路层互连技术包括以太网技术、无线局域网技术及无线传感网技术，接下来分别进行介绍。

6.2.1 以太网

1. 以太网的基本概念

以太网最初是由 Xerox 公司研制而成的，并在 1980 年由 DEC 公司和 Xerox 公司共同规范成型。后来它作为 IEEE 802.3 标准为电气与电子工程师协会（IEEE）所采纳。以太网的基本特征是采用一种载波监听多路访问/冲突检测（Carrier Sense Multiple Access/ Collision Detection，CSMA/CD）的共享访问方案，即多个工作站连接在一条总线上，所有的工作站都不断向总线发出监听信号，但在同一时刻只能有一个工作站在总线上进行传输，而其他工作站必须等待其传输结束后再开始自己的传输。冲突检测方法保证了只有一个工作站在电缆上传输。早期以太网的传输速率为 10 Mbit/s。

为提高以太网的工作速率，电气和电子工程师协会（IEEE）相关组织起草了 IEEE 802.3u（100Base-T）标准规范，1995 年 7 月获得批准，从而将以太网速率提升到 100 Mbit/s，并且维持原来 CSMA/CD 以太网传输协议。1998 年，将光纤通道和 IEEE 802.3 协议栈结合成千兆以太网协议栈草案，形成了将快速以太网速率提高一个量级的 1000 Base-X 千兆以太网。由于技术不断更新，特别是近年来，千兆以太网的实用化以及与光纤技术的有机结合，使以太网帧信号不仅可实现长距离（达 100 km）传输，而且用简单方法便可实现“干线直接到桌面”。

2. 以太网的体系架构

在以太网中，数据链路层被分割为两个子层，因为在传统的数据链路控制中缺少对包含多个源地址和多个目的地址的链路进行访问管理所需的逻辑控制，另外也使局域网体系结构能适应多种通信介质。换句话说，在逻辑链路控制（LLC）不变的条件下，只须改变媒体访问控制（MAC）便可适应不同的媒体和访问方法，MAC 子层与介质材料无关。物理层又分为两个接口，即媒体相关接口（MDI）和连接单元接口（AUI）。其中，媒体相关接口随媒体改变，但不影响 LLC 和 MAC 的工作；以太网的分层结构从网络分层来看，以太网的每一个新的标准都兼容以前的标准，而且不改变上层协议。其分层结构如图 6-1 所示。

6.2.2 无线局域网

5.2.2 节对无线局域网进行了详细论述，此处不再赘述。

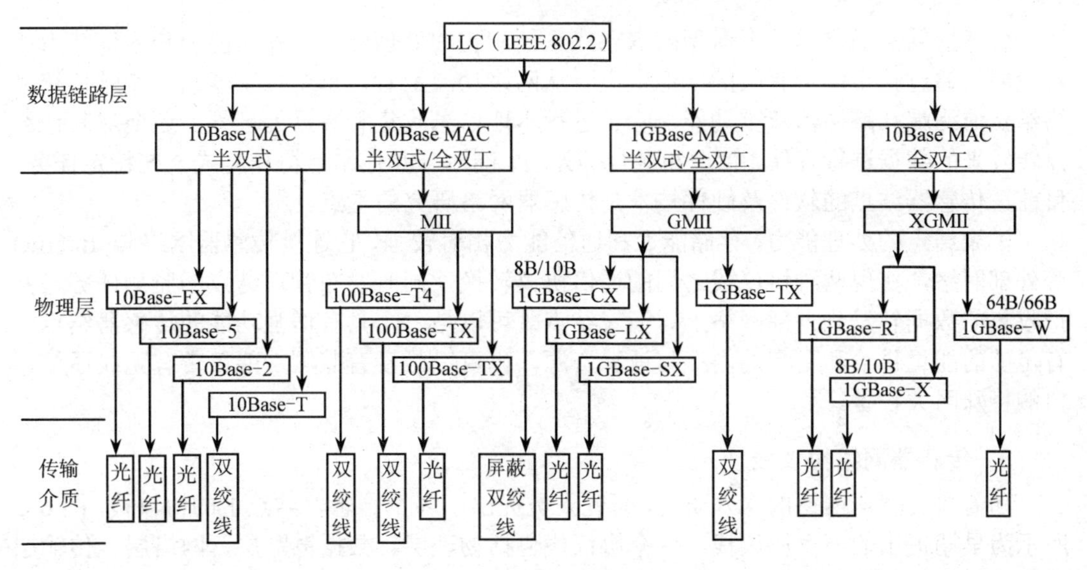

图 6-1　以太网体系结构

6.2.3　无线传感网

1．无线传感网的基本概念

无线传感器网络（Wireless Sensor Network，WSN）是由部署在监测区域内大量的廉价微型传感器结点组成，通过无线通信方式形成的一个多跳的自组织网络系统，其目的是协作地感知、采集和处理网络覆盖区域中被感知对象的信息，并发送给观察者。传感器、感知对象和观察者构成了无线传感器网络的 3 个要素。

2．无线传感网的体系结构

传感器网络结构如图 6-2 所示，传感器网络系统通常包括传感器结点（Sensor Node）、汇聚结点（Sink Node）和管理结点。大量传感器结点随机部署在监测区域（Sensor Field）内部或附近，能够通过自组织方式构成网络。传感器结点监测的数据沿着其他传感器结点逐跳地进行传输，在传输过程中监测数据可能被多个结点处理，经过多跳后路由到汇聚结点，最后通过因特网或卫星到达管理结点。用户通过管理结点对传感器网络进行配置和管理，发布监测任务以及收集监测数据。

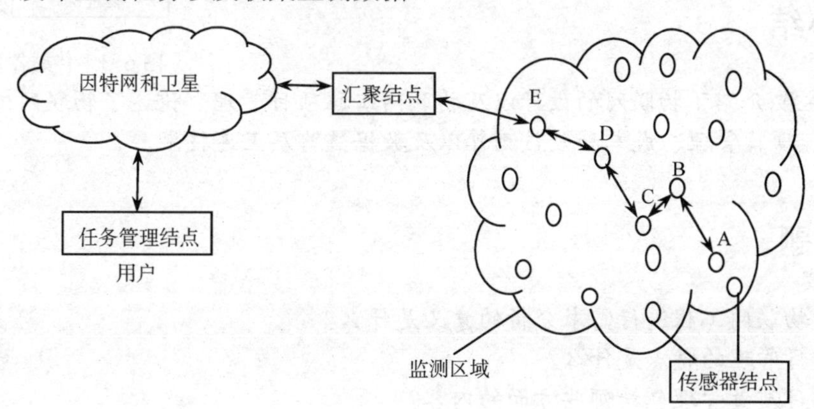

图 6-2　传感器网络体系结构

传感器结点通常是一个微型的嵌入式系统，它的处理能力、存储能力和通信能力相对较弱，通过携带能量有限的电池供电。从网络功能上看，每个传感器结点兼顾传统网络结点的终端和路由器双重功能，除了进行本地信息收集和数据处理外，还要对其他结点转发来的数据进行存储、管理和融合等处理，同时与其他结点协作完成一些特定任务。目前，传感器结点的软件及硬件技术是传感器网络研究的重点。

汇聚结点的处理能力、存储能力和通信能力相对较强，它连接传感器网络与 Internet 等外部网络，实现两种协议栈之间的通信协议转换，同时发布管理结点的监测任务，并把收集的数据转发到外部网络上。汇聚结点既可以是一个具有增强功能的传感器结点，有足够的能量供给和更多的内存与计算资源，也可以是没有监测功能仅带有无线通信接口的特殊网关设备。

3．传感器网络协议栈

随着对传感器网络的深入研究，研究人员提出了多个传感器结点上的协议栈。图 6-3 所示为早期提出的一个协议栈，这个协议栈包括物理层、数据链路层、网络层、传输层和应用层，与因特网协议栈的五层协议相对应。另外，协议栈还包括能量管理平台、移动管理平台和任务管理平台。这些管理平台使得传感器结点能够按照能源高效的方式协同工作，在结点移动的传感器网络中转发数据，并支持多任务和资源共享。

各层协议和平台的功能如下：

（1）物理层提供简单但健壮的信号调制和无线收发技术。

（2）数据链路层负责数据成帧、帧检测、媒体访问和差错控制。

（3）网络层主要负责路由生成与路由选择。

（4）传输层负责数据流的传输控制，是保证通信服务质量的重要部分。

（5）应用层包括一系列基于监测任务的应用层软件。

（6）能量管理平台管理传感器结点如何使用能源，在各个协议层都需要考虑节省能量。

（7）移动管理平台检测并注册传感器结点的移动，维护到汇聚结点的路由，使得传感器结点能够动态跟踪其邻居的位置。

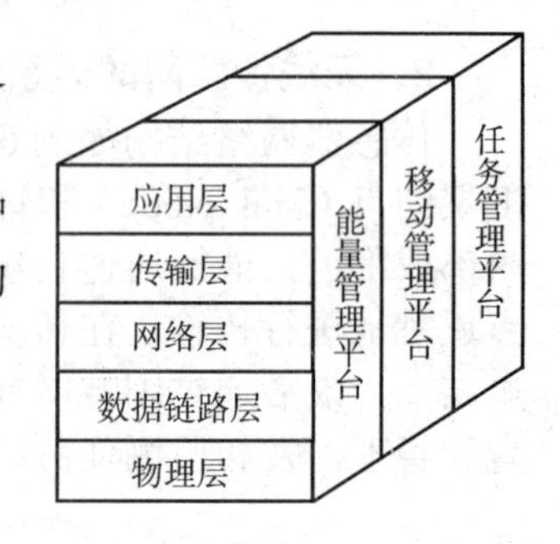

图 6-3　传感器网络协议栈

小结

本章主要介绍了物联网的设计以及物联网工程项目管理。论述了物联网工程需求分析、设计、项目管理、成本和效益测算以及数据链路层互连技术。

习题

1. 对物联网工程进行需求分析的意义是什么？
2. 项目管理的特点是什么？
3. 项目质量管理包括哪些方面的内容？

第7章 物联网智能与中间件技术

本章学习重点

1. 数据融合的基本原理、算法及应用场景
2. 物联网的数据管理技术
3. 云计算基本原理及典型云计算系统
4. 中间件及物联网中间件技术概论

物联网是将无处不在的末端设备及设施，包括具备“内在智能”的传感器、移动终端、工业系统、楼控系统、家庭智能设施、视频监控系统等，和“外在智能”的“智能化物件或物品”（或称为“智能尘埃”），如贴上RFID的各种资产、携带无线终端的个人与车辆等，通过各种无线或有线的长距离或短距离通信网络实现互连互通、应用大集成以及基于云计算的SaaS营运等模式；在内网（Intranet）、专网（Extranet）、因特网（Internet）环境下，采用适当的信息安全保障手段，提供安全可控的实时在线监测、定位溯源、报警联动、调度指挥、应急救援、预警预案、远程监制、安全防范、决策支持等管理和服务功能，实现对“万物”的“高效、节能、安全、环保”的“管、控、营”一体化，把新一代IT技术充分运用到各行各业。在这样一张巨大的应用中，物联终端各式各样的网络体系结构、产生的大量实时数据等需要运用各种技术和手段，本章将通过介绍物联网数据融合及管理技术、物联网数据管理相关技术、云计算及云计算相关产品和中间件技术来保障物联网广泛应用和用户的深度体验。

7.1　物联网数据融合及管理

数据融合最早出现在20世纪70年代，并随后经过大量的研究和应用发展成为一门专门的技术。它是模仿自身信息处理能力的结果，类似人类和其他动物对复杂问题的综合处理能力。目前，随着物联网的逐步应用，数据融合技术必将成为数据处理发展和应用方向。本节通过介绍数据融合的概念、基本原理、关键技术及应用场景等方面的基础知识，使读者对其有一个直观的认识和理解。

7.1.1　数据融合的概念

数据融合概念是针对多传感器系统提出的。在多传感器系统中，由于信息表现形式的多样化，数量的巨大性，数据关系的复杂性，以及要求数据处理的实时性、准确性和可靠性，都已大大超出了人脑的信息综合处理能力，在这种情况下，多传感器数据融合技术应运而生。多传感器数据融合（Multi-Sensor Data Fusion，MSDF）简称数据融合，也被称为多传感器信息融合（Multi-Sensor Information Fusion，MSIF）。由美国国防部在20世纪70年代最早提出，之后美、英、法、日、俄等国也做了大量的研究。近40年来数据融合技术得到了巨大的发展，同时伴随着电子技术、信号检测与处理技术、计算机技术、网络通信技术及控制技术的飞速发展，数据融合已被应用在多个领域，在科学技术中的地位也日渐突出。

数据融合定义简洁的表达为：数据融合是利用计算机技术对时序获得的若干感知数据，在一定准则下加以分析、综合，以完成所需决策和评估任务而进行的数据处理。从上面的表达可以看出，数据融合包含3个层次的含义：

（1）数据的全空间。即数据包括确定的和模糊的、全空间的和子空间的、同步的和异步的、数字的和非数字的，它是复杂的、多维多源的，覆盖全频段。

（2）数据融合不同于组合。组合指的是外部特征，融合指的是内部特征，它是系统动态过程中的一种数据综合加工处理。

（3）数据的互补过程。数据表达方式的互补、结构的互补、功能的互补、不同层次的互补，是数据融合的核心，只有互补数据相融合才可以使系统发生质的飞跃。

7.1.2　数据融合的基本原理及处理过程

1．数据融合的基本原理

数据融合是人类和其他生物系统中普遍存在的一种基本功能。人类本能地具有将身体上的各种功能器官（眼、耳、鼻、四肢）所探测的信息（景物、声音、气味和触觉）与经验知识进行综合处理，以便对其周围的环境和正在发生的事件做出估计。由于人类的感觉器官具有不同的度量特征，因而可以测出不同空间范围内发生的各种物理现象。这一处理过程是复杂的，也是自适应的，它将各种信息（图像、声音、气味和物理形状或描述）转化成对环境有价值的解释。多传感器数据融合实际上是对人脑综合处理复杂问题的一种功能模拟。在多传感器系统中，各种传感器提供的数据可能具有不同的特征：时变的或者非时变的、实时的或者非实时的、快变的或者缓变的、模糊的或者确定的、精确的或者不完整的、可靠的或者不可靠的、相互支持的或者互补的，也可能是相互矛盾的或冲突的。多传感器数据融合的基本原理就像人脑综合处理信息的过程一样，它充分地利用多个传感器资源，通过对各种传感器及其观测数据的合理支配与使用，将各种传感器在空间和时间上的互补与冗余信息依据某种优化准则组合起来，产生对观测环境的一致性解释和描述。

2．数据融合的目标

数据融合的目标是基于各传感器分离的观测数据，通过对数据进行优化组合导出更加可靠、更加准确和更加精确的数据，并根据这些数据做出最可靠的决策。其最终目的是利用多个传感器共同或联合操作的优势，来提升整个传感器系统的性能。数据融合可以获得单个传感器所不能得到的信息，其融合结果相对于单传感器不仅是量的变化而且可能发生质的飞跃。单传感器信号处理或低层次的多传感器数据处理都是对人脑信息处理过程的一种低水平模仿，而多传感器信息融合系统则是通过有效地利用多传感器资源，来最大限度地获取被探测目标和环境的信息量。多传感器数据融合方法与经典信号处理方法之间存在着本质差别，其关键在于数据融合所处理的多传感器数据具有更复杂的形式，而且通常在不同的信息层次上出现。

按照信息抽象的层次，融合可分为 5 级，即检测级融合、位置级融合、属性（目标识别）级融合、态势评估和威胁估计。

1）检测级融合

检测级融合是直接在多传感器分布检测系统中检测或判决信号层上进行的融合。它最初仅应用在军事指挥、控制和通信中，现在其应用已拓展到气象预报、医疗诊断和组织管理决策等众多领域。

2）位置级融合

位置级融合是直接在传感器的观测报告或测量点迹上进行的融合，包括时间和空间上的融合，是跟踪级的融合。

3）属性（目标识别）级融合

目标识别也称属性分类或身份估计。身份估计的非军事运用包括复杂系统设备故障的识别和隔离，使用传感器数据监视生产过程，以及借助医学监视器对人的健康状况进行半自动监视等。目标识别（属性）层的数据融合结构主要有 3 类，即决策级融合、特征级融合和数据级融合。

（1）决策级融合（见图 7-1）：在决策级融合方法中，每个传感器都完成变换以便获得独立的身份估计，然后再对来自每个传感器的属性分类进行融合。用于融合身份估计的技术包括表决法、Bayes 推理、Dempster-Shafer 法、推广的证据处理理论、模糊集法及其他各种特定方法。决策级融合具有很高的灵活性，系统对信息传输带宽要求较低，能有效地反映环境或目标各个侧面的不同类型信息。当一个或几个传感器出现错误时，通过适当的融合，系统能获得正确的结果，所以其具有容错性、通信量小、抗干扰能力强、对传感器依赖性小等特点。传感器可以是同质的，也可以是异质的。

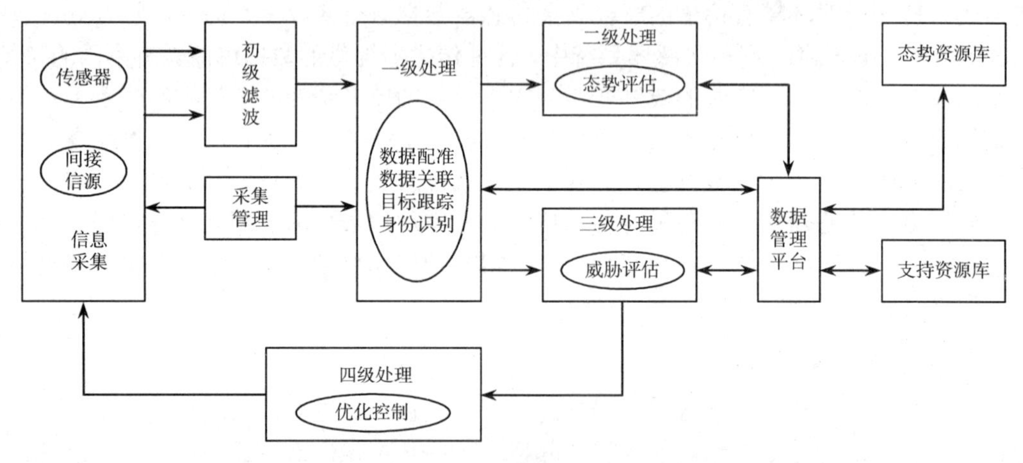

图 7-1　决策级融合模式

（2）特征级融合（见图 7-2）：在特征级融合方法中，每个传感器观测一个目标并完成特征提取以获得来自每个传感器的特征向量。然后融合这些特征向量并基于获得的联合特征向量来产生身份估计。在这种方法中，必须使用关联处理把特征向量分成有意义的群组。由于特征向量很可能是具有巨大差别的量，因而位置级的融合信息在这一关联过程中通常是有用的。

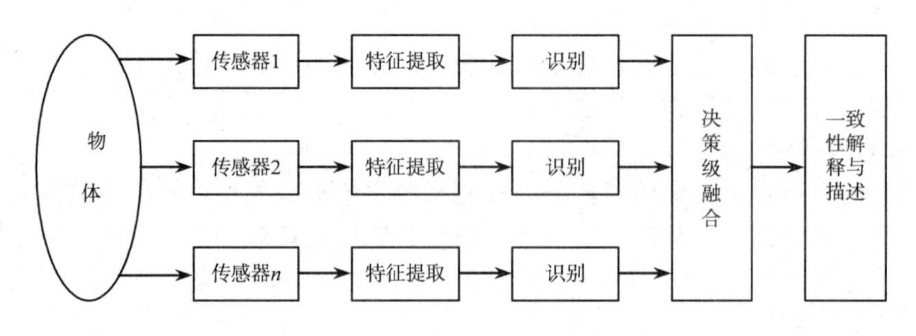

图 7-2　特征级融合模式

（3）数据级融合：在数据级融合方法中，对来自同等量级的传感器原始数据直接进行融合，然后基于融合的传感器数据进行特征提取和身份估计。为了实现这种数据级的信息融合，所有传感器必须是同类型的（例如若干个红外传感器）或是相同量级的（如红外和可见光图像传感器）。通过对原始数据进行关联，来确定已融合的数据是否与同一目标或实体有关。有了融合的传感器数据之后就可以完成像单传感器一样的识别处理过程。对于图像传感器，数据级融合一般涉及图像画面元素级的融合，因而数据级融合也称为像素级融合。像素级融合主要用于多源图像复合、图像分析和理解、同类雷达波形的直接合成等（见图 7-3）。

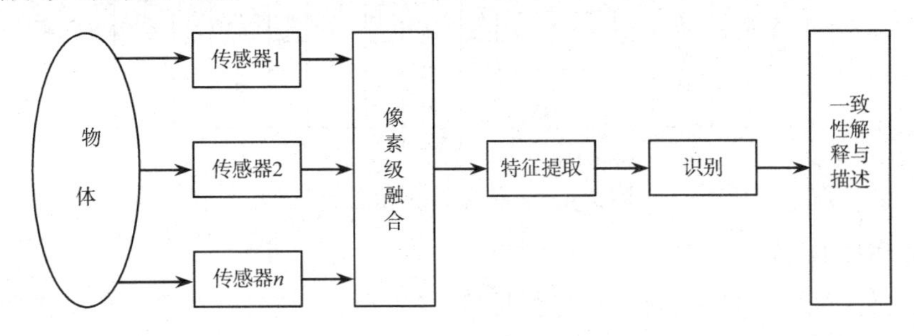

图 7-3　像素级融合模式

4）态势评估

态势评估（Situation Assessment，SA）是对战场上战斗力量分配情况的评价过程。它通过综合敌我双方及地理、气象环境等因素，将所观测到的战斗力量分布与活动和战场周围环境、敌方作战意图及敌动机性能有机地联系起来，分析并确定事件发生的深层原因，得到关于敌方兵力结构、使用特点的估计，最终形成战场综合态势图。

5）威胁估计

威胁估计是一个多层视图的处理过程，该处理用我方兵力有效对抗敌方的能力来说明致命性与风险估计。威胁估计也包括对我方薄弱环节的估计，以及通过对技术、军事条令数据库的搜索来确定敌方意图。

3. 数据融合的处理过程

数据融合过程主要包括多传感器、数据预处理、数据融合中心和结果输出等环节，其过程如图 7-4 所示。由于被测对象中包含具有不同特征的非电量，如压力、温度、色彩和清晰度等，因此首先要将它们转换成电信号，然后经过 A/D 转换将它们转换为能由计算机处理的数字量。数字化后的电信号由于环境等随机因素的影响，不可避免地会存在一些干扰和噪声。通过预处理滤除数据采集过程中的干扰和噪声，以便得到有用信号。预处理信号后的有用信号经过特征提取，并按一定的规则对特征量进行数据融合计算，最后输出融合结果。

1）信号获取

多传感器信号的获取方法有很多，可根据具体情况采取不同的传感器获取被测对象的信号。图形景物信息的获取一般可利用电视摄像系统或电荷耦合器件，将外界的图形景物信息进入电视摄像系统或电荷耦合器件变化的光通量转换成变化的电信号，在经过 A/D 转换后进入计算机系统。工程信号的获取一般采用工程上专用的传感器，将非电量信号或电信号转换成 A/D 转换器或计算机 I/O 口能接收的电信号，在计算机上进行处理。

2）信号的预处理

在信号获取过程中，一方面由于各种客观因素的影响，在检测到的信号中常常混有噪声。另一方面，经过 A/D 转换后的离散时间信号除含有原来的噪声外，又增加了 A/D 转换器的量化噪声，因此，在对多传感器信号融合处理前，有必要对传感器输出信号进行预处理，以尽可能地去除这些噪声，提高信号的信噪比。

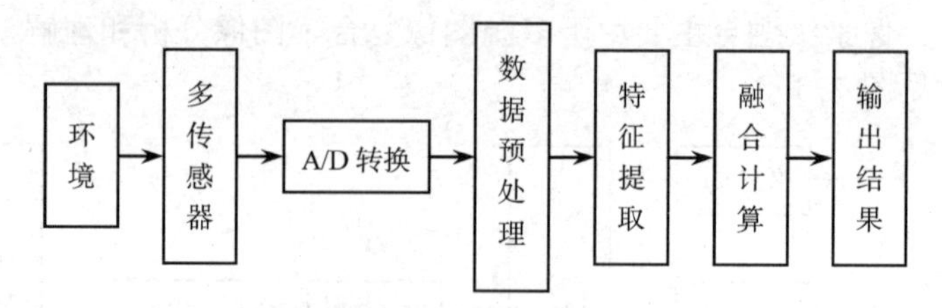

图 7-4　多传感器数据融合过程

3）特征提取

对来自传感器的原始信息进行特征提取，特征可以是被测对象的各种物理量。

4）融合计算

数据融合的方法有很多，主要有数据相关技术、估计理论和识别技术等。数据融合大部分是根据具体问题及其特定对象来建立融合处理过程。例如，有些应用将数据融合计划为检测层、位置层、属性层、态势评估和威胁估计；有的根据输入/输出数据的特征提出基于输入/输出特征的融合层次化描述。数据融合的处理过程目前还没有统一标准。

7.1.3　数据融合技术与算法

1. 数据融合技术

数据融合技术，包括对各种信息源给出的有用信息的采集、传输、综合、过滤、相关及合成，以便辅助人们进行态势或环境判定、规划、探测、验证、诊断。目前常用的数据融合技术传输结构有两种，一种为直接传输模型（见图 7-5），另一种是多跳传输模型（见图 7-6）。

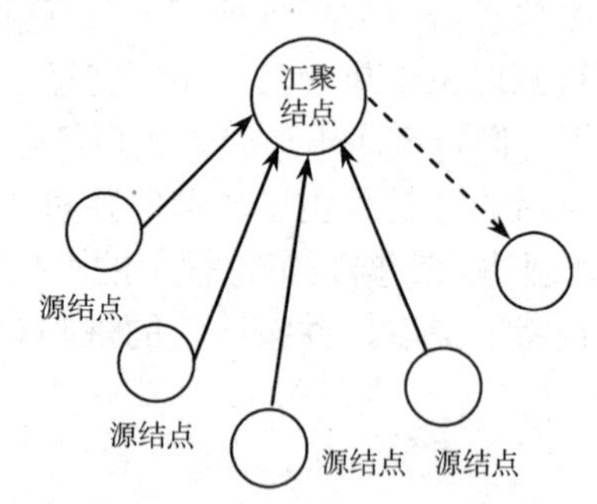

图 7-5　直接传输模型

2. 数据融合算法

目前已有大量的多传感器数据融合算法，基本上可概括为两大类：一是随机类方法，包括加权平均法、卡尔曼滤波法、贝叶斯估计法、D-S 证据推理等；二是人工智能类方法，包括模糊逻辑、神经网络等。不同的方法适用于不同的应用背景。目前，神经网络和人工智能等新概念、新技术在数据融合中发挥着越来越重要的作用。

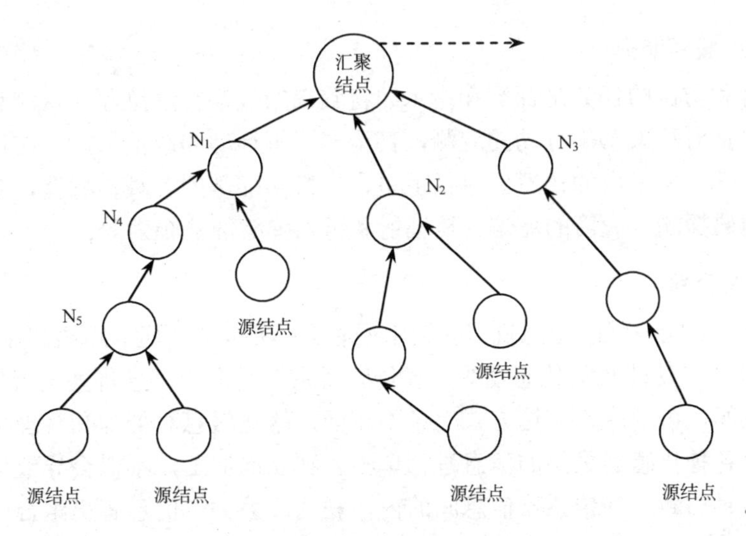

图 7-6　多跳传输模型

7.1.4　数据融合应用场景

数据融合作为一门交叉学科，其理论基础依然是数学方面，在不同领域和不同应用上方法也不尽相同，而所有的基础都可以看成对于不确定性问题研究的扩展。多传感器数据融合最初是从军事领域发展起来的，最早的应用可以追溯到第二次世界大战期间，当时是在高炮系统上加装了光学测距系统，以综合利用雷达和光学传感器给出的两种信息，从而提高系统的测距精度和抗干扰能力。到目前为止，随着科学技术的不断发展，以及各种先进武器与新型传感器的不断问世，多传感器数据融合从理论上和实践上都得到了长足的发展，在军事和非军事领域得到了广泛应用。

1．海上监视

一个临海的国家，领土和领海是其神圣不可侵犯的地方。对领海的防御，实际上就是对一个国家前沿阵地的防御，因此，每个主权国家都非常重视对领海的防御。海上防御，首先是海上监视，主要对海上目标进行探测、跟踪和目标识别，以及对海上事件和敌人作战行动进行监视。海上监视对象包括空中、水面和水下目标，如空中的各类飞机、水面上的各种舰船及水下的各类潜艇等。这些平台上可能装有各种类型的传感器，最常见的是潜艇上的声纳、飞机和舰船上的雷达及γ射线探测仪等。当然，人们也可从目标的识别结果来判断这些平台所携带的武器和电子装备。

2．空-空和地-空防御

空-空和地-空防御系统是专门对进入所管辖空域的各类目标进行探测、跟踪和目标识别的系统。其监视对象主要是进入所管辖领域的各类飞机、反飞机武器和传感器平台等。希望要以较高的探测概率发现目标，要对所发现的目标进行连续跟踪，不仅能够识别出大、中、小飞机，而且最好能够识别出目标的种类。监视范围大约从几千米到几百千米，所采用的传感器主要有雷达（RADAR）、红外（IR）、激光（LASER）、无线电子支援测量系统（ESM）、敌我识别（IFF）传感器、光电（EO）传感器等。

3．战略预警和防御

战略预警和防御的任务是探测和指示即将到来的战略行动迹象，探测和跟踪弹道导弹及弹头。包括对敌人军事行动的观测，甚至非军事行动的政治活动。防御和监视范围为全球各个角落，所采用的传感器包括卫星、飞机和陆基的各种传感器，主要捕获世界各地的各种电磁探测、火箭的尾焰、核辐射和再入弹头的热辐射等。

4．机器人控制

目前，一个功能较强的智能机器人通常配有立体视觉、听觉、距离和接近觉传感器、力/力矩传感器、多功能触觉传感器等。多传感器系统采得的信息将大大增加，而这些信息在时间、空间、可信度、表达方式上各不相同，这些信息对处理和管理工作提出了新的要求。若对各种传感器采集的信息进行单独、独立地加工，不仅会导致信息处理工作量的增加，而且切断了各传感器信息间的内在联系，丢失了信息有机组合可能蕴含的有关环境特征，从而造成信息资源的浪费。从另一方面来看，由于传感器感知的是同一环境下不同（或相同）侧面的有关信息，所以这些信息的相关是必然的，由此，多传感器系统要求采用与之相应的信息综合处理技术，以协调各传感器间的工作。以往，在对机器人的智能领域的研究中，人们把更多的精力集中到研究和开发机器人的各种外部传感器上。尽管在现有的智能机器人和自主式系统中，大多数使用了多个不同类型的传感器，但并没有把这些传感器作为一个整体加以分析，更像是一个多传感器的拼合系统。

5．医疗诊断

无论是中医的“望、闻、问、切”，还是西医的“视、触、叩、听”，都说明医疗诊断是多种信息的融合。近年来，随着大量高新技术的发展和应用，各种医疗设备获得的医学图像可以非常直观地展示人体内部的形态结构或有关生理参数的空间分布，成为近代医学中不可缺少的诊断手段。由于各种医学设备的成像原理不同，得到的图像所体现的信息也不同，而把配准后的不同图像进行融合，可得到单独任何一幅图像无法获得的信息。如 CT 图像和 MRI 图像的融合，CT 对密度差异较大的组织效果好，MRI 可很好地识别软组织，所以 CT 与 MRI 医学图像融合具有广泛的临床应用价值。

6．遥感

遥感应用主要是对地面目标或实体进行监视、识别与定位。其中包括对自然资源（如水力资源、森林资源和矿产资源等）进行调查与定位，对自然灾害、原油泄漏、核泄漏、森林火灾和自然环境变化等进行监测。例如一个农业资源监视系统，不仅可以对农作物的生产情况、种植面积、是否发生病虫害等进行监测和了解，还可以对农作物进行估产。一个气象卫星上的遥感传感器要全天候地对天气与气候变化进行监测、预测，还要实时获得气象云图。遥感使用的传感器主要有合成孔径雷达，主要是一些利用多光谱传感器的图像系统。在利用多源图像进行融合时，要利用像素级配准。最典型的两个例子，如 NASA（美国国家航空航天局）使用的用于监视地面情况的地球资源卫星及考察行星和太阳系的宇宙探测器“哈勃（Hubble）航空望远镜”。

7. 煤矿安全生产

煤矿的安全生产是指通过改善劳动环境，减少生产中的不安全因素，防止伤亡事故的发生，从而确保煤矿生产的顺利进行。为保证煤矿生产的安全、高效，我国煤矿行业需要对生产中的各个环节进行自动化的监测与监控，预警系统则满足这一需求，因此可被应用到煤矿安全生产与管理当中。预警是对不利于人们的意外事件进行合理评估，了解该类事件引发的危机及影响，以便做应变的准备及预案，更进一步则是了解、描述该类事件的发生发展规律，从而控制或利用该类事件。预警系统是能够监测、诊断、预控安全事故的管理系统。一种科学合理的预警方法有助于煤矿企业了解瓦斯事故的状况和特点，掌握事故的发生原因、规律及发展趋势，在事故发生前进行预警，可防止事故发生或及时采取有效措施减少事故损失。

目前，我国在煤矿方面对瓦斯预警的理论和技术研究等还不够深入，大多采用传统的理论方法，或借用其他行业的现有技术；另一方面，煤矿井下的工作环境较恶劣，监测系统长期处于不间断的工作状态，各种干扰都会对传感器的可靠性和稳定性产生影响，从而使预警系统的稳定性和准确性降低。为了减少单一传感器带来的误报或错报，数据融合算法用于瓦斯预警技术中，通过监测多种传感器数据信息来降低单一传感器所产生的影响，提高预警系统的可靠性和稳定性，以使工作人员可以适时、合理地采取措施，预防事故的发生。

7.2　物联网数据管理技术

数据管理是指通过对数据的采集、审核、调整、存储、传输、发布等过程进行合理有效的计划、组织、协调和监督，以保证数据的质量与时效，提高数据利用效率的一种职能活动。在物联网的应用场景中，分布式动态实时数据管理是以数据中心为特征的重要技术之一，该技术通过部署或者指定一些结点作为代理结点，代理结点根据感知要求收集数据。在整个物联网体系中，数据管理实现对客观事物物理世界的实时、动态的感知与管理。本节对相关的知识进行介绍，并对数据管理技术研究和发展现状做一讲解。

7.2.1　数据管理系统

1. 物联网数据管理系统的特点

数据管理主要包括对感知数据的获取、存储、查询、挖掘和操作，目的是把物联网上数据的逻辑视图和网络的物理实现分离开来，使用户和应用程序只须关心查询的逻辑结构，而无须关心物联网的实现细节。

物联网有以下条件：

（1）与物联网支撑环境直接关联；

（2）数据须在物联网内处理；

（3）能够处理感知数据的误差；

（4）查询策略须适应最小化能量消耗与网络拓扑结构的变化。

2．传感网数据管理系统结构

目前，针对传感网的数据管理系统结构主要有集中式结构、半分布式结构、分布式结构和层次式结构4种类型。

1）集中式结构

在集中式结构中，结点首先将感知数据按事先指定的方式传送到中心点，统一由中心点处理。这种方法简单，但中心点会成为系统性能的瓶颈，而且容错性较差。

2）半分布式结构

利用结点自身具有的计算机和存储能力，对原始数据进行一定的处理，然后传送到中心点。

3）分布式结构

每个结点独立处理数据查询命令。显然，分布式结构是建立在所有感知结点都具有较强的通信、存储与计算能力基础之上的。

4）层次式结构

在层次式结构中，每一层管理每一层的数据，层内结点相互支撑，层间采用双栈双通道进行冗余设计。

3．典型的传感网数据管理系统

目前，针对传感网的大多数数据管理系统研究集中在半分布式结构。典型的研究成果有美国加州大学伯克利分校（UC Berkeley）的Fjord系统和康奈尔（Cornell）大学的Cougar系统。

1）Fjord系统

Fjord系统是Telegraph项目的一部分，它是一种自适应的数据流系统，主要由自适应处理引擎和传感器代理两部分构成。它基于流数据计算模型处理查询，并考虑了根据计算环境的变化动态调整查询执行计划的问题。

2）Cougar系统

Cougar系统的特点是尽可能将查询处理在传感网内部进行，只有与查询相关的数据才能从传感网中提取出来，以减少通信开销。Cougar系统的感知结点不仅需要处理本地的数据，同时还要与邻近的结点进行通信，协作完成查询处理的某些任务。

7.2.2　数据模型及存储查询

目前，关于物联网数据模型、存储、查询技术的研究成果很少，比较有代表性的是针对传感网数据管理的Cougar系统和TinyDB系统。

7.2.3　数据融合及管理技术研究与发展

数据融合及管理技术有以下问题需要研究：

（1）确立数据融合理论标准和系统结构标准。

（2）改进融合算法，提高系统性能。

（3）确定数据融合时机。由于物联网中的感知结点具有随机性部署的特点，且感知结点能量、计算及存储空间等有限，不可能维护动态变化的全局信息，因而需要汇聚结点选择恰当的时机，尽可能多的对数据进行汇聚融合。

（4）传感器资源管理优化。针对具体应用问题，建立数据融合中的数据库和知识库，研究高速并行推理机制，是数据融合及管理技术工程化及实际应用中的关键技术。

（5）建立系统设计的工程指导方针，研究数据融合及管理系统的工程实现。数据融合及管理系统是一个具有不确定性的复杂系统，如何提高现有理论、技术、设备，保证融合系统及管理的精确性、实时性及低成本也是未来研究的重点。

（6）建立测试平台，研究系统性能评估方法。如何建立评价机制，对数据融合及管理系统进行综合分析和评价，以衡量融合算法的性能，也是亟待解决的问题。

7.3　云计算

云计算（Cloud Computing）是一种基于因特网的计算方式，通过这种方式，共享的软/硬件资源和信息可以按需提供给计算机和其他设备。云计算是继 1980 年大型计算机到客户端-服务器的大转变之后的又一种巨变，其描述了一种基于因特网的新的 IT 服务增加、使用和交付模式，涉及通过因特网来提供动态易扩展，而且经常是虚拟化的资源。云其实是网络、因特网的一种比喻说法。可以认为云计算包括以下几个层次的服务：基础设施即服务（IaaS）、平台即服务（PaaS）和软件即服务（SaaS）。云计算服务通常提供通用的通过浏览器访问的在线商业应用，软件和数据可存储在数据中心。本节对其相关基础知识和典型的云计算系统进行介绍。

7.3.1　云计算概述

“云计算”目前已经成为 IT 领域以及学术界非常流行的词汇，那么到底什么才是云计算呢？云这个概念最早可以追溯到 1961 年，约翰 • 麦卡锡教授认为：计算机分时技术可能导致未来计算能力和特定应用通过一个设施类型的商业模式来出售。这种观点在当时非常流行，但是随后便淡出人们的视线，因为当时的技术还无法支持这样一种计算模式。然而这种观点目前又重新被重视，云计算这一概念已经正式出现在 IT 领域和学术界。

为了更好地了解云计算，先了解一下计算模式的发展历程。在计算机初诞生时，计算机价格昂贵，各部门组织购置计算机是不可能的事情，在这种环境下就出现了一种集中式处理的计算模式，各终端只提交作业并得到返回结果，没有处理能力，所有的任务全部提交到主服务器中进行处理，目前的云计算就与最初的这种概念类似。随着计算技术的发展，计算机价格下降，个人计算机开始流行，从而出现了 C/S 以及 B/S 构架模式，用户终端也拥有了计算能力来分担远程服务器的运行作业，也就是说终端的独立性提高了，同时性能也在提高。但是这种模式也存在问题，比如用户需要安装各种版本的客户端以及相关软件，软件升级麻烦，同时用户的数据越来越多，个人机器要么有闲置资源要么不能满足处理要求，在这种环境下，汇集用户的作业到中心端的服务器集群来处理，最终将处理结果返回给用户终端，用户的终端在云中就可以称为云端，云端没有必要是计算机，也可以是数码相机、PDA 或智能手机等，这就是云计算的雏形。

那么到底什么是云计算？目前业界还没有一个权威的定义，下面是一些公众比较认可的云计算定义。

维基百科中云计算的定义为：云计算将IT相关的能力以服务的方式提供给用户，允许用户在不了解提供服务的技术、没有相关知识及设备操作能力的情况下，通过Internet获取需要的服务。IBM认为云计算是一种计算风格，其基础是用公共或者似有网络实现服务及处理能力的交付。云计算的重点是用户体验，而核心是将计算服务的交付与底层技术相分离，在用户界面外，云背后的技术对用户来讲是不可见的，这使得云计算对于用户而言十分友好，云计算也是一种实现基础设施共享的方式，其中大的资源池在公共或者似有的网络中被连接在一起提供ITR服务。Google的CEO埃里克・斯密特博士认为：云计算与传统的以PC为中心的计算不同，它把计算和数据分布在大量的分布式计算机上，这使得计算能力和存储能力获得了很强的可扩展性，方便用户以多种方式接入网络获得应用和服务。云计算就是要以公开的标准和服务为基础，以因特网为中心，提供安全、快速和便捷的数据存储和网络计算服务，让因特网这片云成为每一个网民的数据中心和计算中心。相比于Google的云计算，微软对于云计算的态度不是很明确，微软认为应该是一种“云+端”的云端计算模式，微软强调的是端在云中的重要性，只有端的计算能力强，才能给用户带来更多的精彩应用。

然而在学术界，网格之父Lan Foster认为：云计算是一种大规模分布式计算模式，在这种模式下，一些抽象的、虚拟化的、可动态扩展和被管理的计算能力，以及平台和服务器汇聚成资源池，通过因特网交付给外部用户使用。

与云计算相关的还有一个“效用计算”的概念，效用计算的目的是把服务器以及存储系统打包为用户使用，按照用户实际使用的资源量对用户进行计算，类似于水电等服务方式。效用计算可以认为是云计算的初期或者前身。效用计算的实例就是IBM，IBM将主机资源按照时间租给不同的用户使用，按照使用付费。

中国云计算网将云计算定义为：云计算是分布式计算（Distributed Computing）、并行计算（Parallel Computing）和网格计算（Grid Computing）的发展，或者说，是这些科学概念的商业实现。Vaquero LM等人在综合多个云计算的定义之后，给“云”下了如下定义：云是一个包含大量可用虚拟资源（例如硬件、开发平台及I/O服务）的资源池。这些虚拟资源可以根据不同的负载动态地重新配置，以达到更优化的资源利用率。这种资源池通常由基础设施提供商按照服务等级协议（Service Level Agreement，SLA）采用用时付费（Pay-Per-Use，PPU）的模式开发管理。

7.3.2　云计算系统组成及其技术

云计算具有超大规模、可扩展性、易用性、资源池、快速响应、按时计费、可靠性等特点，目前的云计算系统众多，各种云计算系统具有自己的特点，但是一般的云计算系统组成如图7-7所示。

从图7-7可以看出，云计算系统组成中包括6层，最底层是硬件资源，包括CPU、网络、存储等资源；然后经过虚拟化层进行虚拟化，形成一个统一的资源池，统一的资源池可以实现资源的有效利用和动态分配，有利于计算的负载均衡；在虚拟化层之上是分布式文件系统，可以满足云计算对海量信息存储的需要；在分布式文件系统之上是分布式计算层，云计算的一个重要特点就是用户作业的分布式计算，利用分布式计算可以提高云计算的响应时间；接着是云操作系统层，这里实现了用户和云的接口；最上层是云应用层，包括存储服务，比如亚马逊的 S3 简单存储服务，以及 SaaS（软件即服务），著名的 SaaS 例子就是 CRM（Customer Relationship Management）和 Google Apps。在云计算系统中往往还有云平台安全管理层，由于用户的作业是全部在云中计算的，因此云安全是非常重要的，除此之外，还需要系统监控和管理，一个云系统就是一个数量很大的服务器集群，因此需要一个监控系统来随时监控系统可能出现的问题。

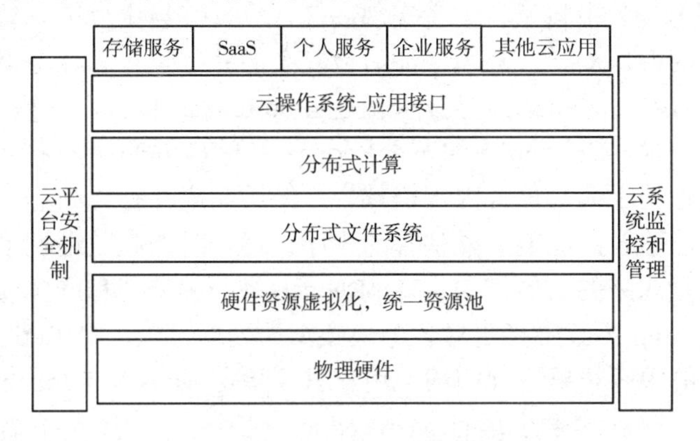

图 7-7　云计算系统组成图

从云计算系统组成图中可以看出，云中的相关技术包括：

1. 虚拟化技术

虚拟化技术是云计算的关键理论技术，虚拟化技术用于提高硬件利用率、安全性、可维护性，通过虚拟化技术可以将底层物理机器集群虚拟化成为一个统一的资源池，从而通过虚拟机的形式出租计算资源，例如亚马逊的弹性云计算，就是以虚拟机的方式出租服务器并按时计费。从主流技术方面，基本上可以将虚拟化产品分为 5 类，即 CPU 虚拟化、网络虚拟化、服务器虚拟化、存储虚拟化和应用虚拟化，目前的主流虚拟技术包括 VMware 以及 XEN，还有近期比较关注的 KVM 技术。

2. 分布式存储技术

云计算为了保证高可用、高可靠和经济性，需要采用分布式存储的方式来存储海量数据，需要采用冗余存储的方式来保证存储数据的可靠性，即为同一份数据存储多个副本。另外，云计算系统需要同时满足大量用户的需求，并行地为大量用户提供服务。因此，云计算的数据存储技术必须具有高吞吐率和高传输率的特点。目前，在云计算领域比较流行的技术是 Google 云计算系统中的 GFS 技术，GFS 是一个管理大型分布式数据密集型计算的可扩展的分布式文件系统，它使用廉价的商用硬件搭建系统向大量用户提供容错的高性能服务。

GFS 系统由一个 Master 和大量块服务器构成。Master 存放文件系统的所有元数据，包括名字空间、存取控制、文件分块信息、文件块的位置信息等。GFS 中的文件切分为 64MB 的块进行存储。在 GFS 文件系统中，采用冗余存储的方式来保证数据的可靠性。每份数据在系统中保存 3 个以上的备份。为了保证数据的一致性，对于数据的所有修改需要在备份上进行，并用版本号的方式来确保所有备份处于一致的状态。

除了 GFS 外，还有很有名的开源云存储系统，就是 Hadoop 的 HDFS，HDFS 其实是 GFS 的开源实现，目前已经实现商用的还有亚马逊的 S3 系统。

3. 分布式与并行计算技术

云计算具有并行的特征，用户的作业是提交到云中并行分布式地执行的，并行计算的代表技术是 MPI（Message Passing Interface），MPI 已经成为高性能计算的一种公认标准，MPI 标准的制定是为了自然科学者实现高速计算，其自由度大、编程实现复杂，而云计算要求有简单的编程模型，必须保证后台复杂的并行执行和任务调度向用户和编程人员透明。目前最有名的分布式计算技术就是 MapReduce 技术，它是 Google 云计算系统使用的并行计算技术，Hadoop 中的 MapReduce 就是 Google 并行计算的开源实现。

该编程模式仅适用于编写任务内部松耦合、能够高度并行化的程序。如何改进该编程模式，使程序员能够轻松地编写紧耦合的程序，运行时能高效地调度和执行任务，是 MapReduce 编程模型未来的发展方向。MapReduce 是一种处理和产生大规模数据集的编程模型，程序员在 Map 函数中指定对各分块数据的处理过程，在 Reduce 函数中指定如何对分块数据处理的中间结果进行归约，用户只须指定 Map 和 Reduce 函数来编写分布式的并行程序即可。当在集群上运行 MapReduce 程序时，程序员不需要关心如何将输入的数据分块、分配和调度，同时系统还将处理集群内结点失败以及结点间通信的管理等。

4. 相关技术

与云计算类似的技术还有网格计算、簇计算，网格计算是分布式计算的一种，由一群松散耦合的计算机组成一个超级虚拟计算机，常用来执行大型任务。相比云计算，簇计算着重在高效能，串连个别 CPU 的计算能力，而并非着重在提供服务上。虽然云计算的底层有部分是由簇计算所构成，像是负载平衡或备援技术。

7.3.3 典型云计算系统简介

1. Google 云计算系统和 Hadoop 系统

Google 公司有一套专属的云计算平台，该平台先是为 Google 最重要的搜索应用提供服务，现在已经扩展到其他应用程序。Google 的云计算基础架构模式包括 4 个相互独立又紧密结合的系统：Google File System——分布式文件系统、针对 Google 应用程序的特点提出的 MapReduce 编程模式、分布式的锁机制 Chubby 以及 Google 开发的模型简化的大规模分布式数据库 BigTable。

Google File System（GFS）除了可伸缩性、可靠性及可用性以外，还受到 Google 应用负载和技术环境的影响。体现在以下 4 个方面：

（1）充分考虑到大量结点的失效问题，需要通过软件将容错以及自动恢复功能集成在系统中。

（2）构造特殊的文件系统参数，文件通常大小以 GB 计，并包含大量小文件。

（3）充分考虑应用的特性，增加文件追加操作，优化顺序读/写速度。

（4）文件系统的某些具体操作不再透明，需要应用程序协助完成。

Google 构造 MapReduce 编程规范用于简化分布式系统的编程。应用程序编写人员须将精力放在应用程序本身，关于集群的处理问题，包括可靠性和可扩展性，则交由平台来处理。MapReduce 通过“Map（映射）”和“Reduce（化简）”两个简单的概念来构成运算基本单元，用户只须提供自己的 Map 函数以及 Reduce 函数即可并行处理海量数据。

同时由于一部分 Google 应用程序需要处理大量的格式化以及半格式化数据，Google 构建了弱一致性要求的大规模数据库系统 BigTable。BigTable 的应用包括 Search History、Maps、Orkut、RSS 阅读器等。

而 Hadoop 是 Google 云计算系统的开源实现，Hadoop 中的 HDFS 是 GFS 的开源实现，Hadoop 也实现了 MapReduce 模型，还包括 BigTable 的开源实现 HBase，以及 Chubby 的开源实现 Zookeeper。

2．IBM“蓝云”计算平台

IBM 的“蓝云”计算平台是一套软/硬件平台，将 Internet 上使用的技术扩展到企业平台上，使得数据中心使用类似于因特网的计算环境。“蓝云”大量使用了 IBM 先进的大规模计算技术，结合了 IBM 自身的软/硬件系统以及服务技术，支持开放标准与开放源代码软件。“蓝云”基于 IBM Almaden 研究中心的云基础架构，采用了 Xen 和 PowerVM 虚拟化软件，Linux 操作系统映像以及 Hadoop 软件（Google File System 以及 MapReduce 的开源实现）。IBM 已经正式推出了基于 x86 芯片服务器系统的“蓝云”产品，“蓝云”基本构架如图 7-8 所示。

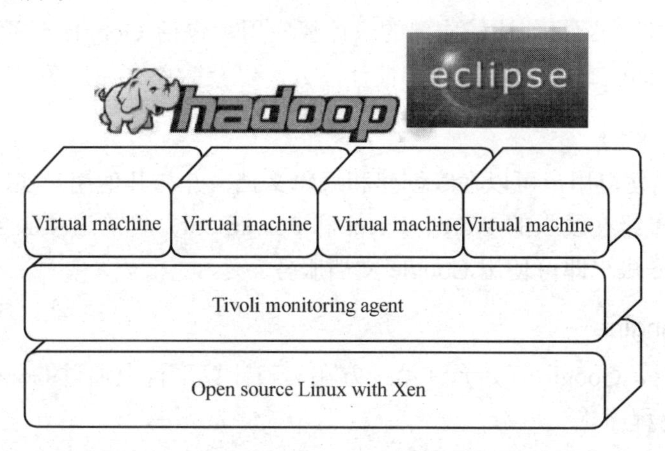

图 7-8　IBM“蓝云”基本构架示意图

从图 7-8 可以看出，“蓝云”的硬件平台环境与一般的 x86 服务器集群类似，使用刀片的方式增加了计算密度。“蓝云”软件平台的特点主要体现在虚拟机以及对于大规模数据处理软件 Apache Hadoop 的使用上。Hadoop 是开源版本的 Google File System 软件和 MapReduce 编程规范。虚拟化的方式在“蓝云”中有两个级别，一个是在硬件级别上实现虚拟化，另一个是通过开源软件实现虚拟化。硬件级别的虚拟化可以使用 IBM p 系列的服务器，获得硬件的逻辑分区（Logic Partition）。逻辑分区的 CPU 资源能够通过 IBM Enterprise Workload Manager 来管理。通过这样的方式加上在实际使用过程中的资源分配策略，能够使相应的资源合理地分配到各个逻辑分区。p 系列系统的逻辑分区的最小粒度是 1/10 颗中央处理器（CPU）。Xen 则是软件级别上的虚拟化，能够在 Linux 基础上运行另外一个操作系统。

3. Amazon 弹性计算云

Amazon（亚马逊）将其云计算平台称为弹性计算云（Elastic Compute Cloud，EC2），是最早提供远程云计算平台服务的公司。Amazon 将自己的弹性计算云建立在公司内部的大规模集群计算的平台上，而用户可以通过弹性计算云的网络界面去操作在云计算平台上运行的各个实例（Instance）。用户使用实例的付费方式由用户的使用状况决定，即用户只须为自己所使用的计算平台实例付费，运行结束后计费也随之结束。这里所说的实例是由用户控制的完整的虚拟机运行实例。通过这种方式，用户不必自己去建立云计算平台，节省了设备与维护费用。

Amazon 的弹性计算云由名为 Amazon 网络服务（Amazon Web Service）的现有平台发展而来。2006 年 3 月，Amazon 发布了简单存储服务（Simple Storage Service，S3），用户使用 SOAP 协议存放和获取自己的数据对象。在 2007 年 7 月，Amazon 公司推出了简单队列服务（Simple Queue Service，SQS），这项服务能够使托管虚拟主机之间发送的消息，支持分布式程序之间的数据传递，而无须考虑消息丢失的问题。

7.3.4 云计算应用示例

本节主要举例介绍目前比较成熟的云计算应用，包括 Google 计算云提供的 Google 文档、App Eangine，还有亚马逊的弹性计算云，以及简单存储服务 S3。

1. Google 文档

Google 文档使得用户可以在线创建和编辑文档，并与其他用户实时协作，它可以看做 Google 版轻量级在线版的 Word、Excel 和 Powerpont。目前这项服务是免费的，用户只须注册 Google 账户即可使用 Google 文档服务。

2. App Eangine

2008 年 4 月，Google 开始允许第三方在其云计算平台上通过 Google App Engine 运行大型网络应用程序。

Google App Engine 可以让用户在 Google 的基础构架上运行自定义的网络应用程序，同时 App Engine 也易于创建和维护，并可以根据用户访问量和数据存储需求的增长方式进行扩展。使用 App Engine，维护服务器的工作全部由 Google 承担，用户只需要上传应用承修便可立即为因特网用户提供服务。

3. 弹性计算云

亚马逊的弹性计算云提供了简单的网络服务接口，允许用户以最小的代价获得和配置计算能力。用户可以完全控制和定制自己的计算资源，根据计算需求变更，向上或者向下对计算能力机型快速扩展，开发者也可以使用简单的工具构建应用。

EC2 提供的是真实的虚拟计算环境，用户可以在多种操作系统上使用服务端口启动实例，也可用自定义的应用环境加载、管理网络访问许可。

EC2 是按照虚拟计算实例的配置大小以及时间计费的。

4．简单存储服务

简单存储服务（S3）是针对网络的存储服务，专门为开发人员简便升级网络集散而设计的。S3 提供了一项简单的网络服务端口，可以实时地存储和检索网络上的任意数据，开发人员可以使用 Aamzon 运营全球网络站点的基础设施，获得高可靠、可扩展、快速、廉价的数据存储服务。

S3 提供的存储服务廉价且安全，可以保证访问随时可用，使得开发人员可以专注于数据创新，而不是如何存储。

7.4　物联网的中间件

中间件技术是伴随网络发展起来的一种面向对象的技术，以前的计算机系统多是单机系统，多个用户是通过联机终端来访问的，没有网络的概念。网络出现后，产生了 Client/Server（C/S）的计算服务模式，多个客户端可以共享数据库服务器和打印服务器等。随着网络的更进一步发展，许多软件需要在不同厂家的网络产品、硬件平台、网络协议异构环境下运行，应用的规模也从局域网发展到广域网。在这种情况下，Client/Server 模式的局限性就暴露出来了，于是中间件应运而生。中间件是位于操作系统和应用软件之间的通用服务，它的主要作用是用来屏蔽网络硬件平台的差异性和操作系统与网络协议的异构性，使应用软件能够比较平滑地运行于不同平台上。同时中间件在负载平衡、连接管理和调度方面起了很大的作用，使企业级应用的性能得到大幅提升，满足了关键业务的需求。随着物联网应用的深入，在一个巨大、异构的物联网中，中间件显得尤其重要，本节对物联网中间件的基础知识做一简单介绍。

7.4.1　中间件概述

因特网数据中心（Internet Data Center，IDC）给出的定义：中间件是一类连接软件组件和应用的计算机软件，它包括一组服务，以便于运行在一台或多台机器上的多个软件通过网络进行交互。该技术所提供的互操作性，推动了一致分布式体系架构的演进。该架构通常用于支持分布式应用程序并简化其复杂度，它包括 Web 服务器、事务监控器和消息队列软件。

中间件是伴随着网络应用的发展而逐渐成长起来的技术体系，最初的中间件发展驱动力是需要有一个公共的标准的应用开发平台来屏蔽不同操作系统之间的环境和 API 差异，也就是所谓的操作系统与应用程序之间，“中间”的这一层称为中间件。但随着网络应用的需求，解决不同系统之间的网络通信、安全、事务的性能、传输的可靠性、语义的解析、数据和应用的整合这些问题，变成中间件的更重要的驱动因素。因此，相继出现了解决网络应用的交易中间件、消息中间件、集成中间件等各种功能性的中间件技术和产品。现在，中间件已经成为网络应用系统开发、集成、部署、运行和管理必不可少的工具。由于中间件技术涉及网络应用的各个层面，涵盖从基础通信、数据访问到应用集成等众多环节，因此，中间件技术呈现出多样化的发展特点。

传统中间件在支持相对封闭、静态、稳定、易控的企业网络环境中的企业计算和信息资源共享方面取得了巨大成功，但在新时期以开放、动态、多变的因特网（Internet）为代表的网络技术冲击下，还是显露出了它的固有局限性，如功能较为单一化，产品和技术之间存在着较大的异构性，跨因特网的集成和协同工作能力不足，僵化的基础设施缺乏随需应变能力等，在因特网计算带来的巨大挑战面前显得力不从心，因此，时代要求新的技术变革。中间件技术的发展方向，将聚焦于消除信息孤岛，推动无边界信息流，支撑开放、动态、多变的因特网环境中的复杂应用系统，实现对分布于因特网之上的各种自治信息资源（计算资源、数据资源、服务资源、软件资源）的简单、标准、快速、灵活、可信、高效能及低成本的集成、协同和综合利用，提高组织的 IT 基础设施的业务敏捷性，降低总体运维成本，促进 IT 与业务之间的匹配。中间件技术正在呈现出业务化、服务化、一体化、虚拟化等诸多新的重要发展趋势。

7.4.2　物联网与中间件

物联网产业发展的关键在于把现有的智能物件和子系统连接起来，实现应用的大集成（Grand Integration）和“管控营一体化”，为实现“高效、节能、安全、环保”的社会服务，软件（包括嵌入式软件）和中间件将作为核心和灵魂起到至关重要的作用。这并不是说发展传感器等末端不重要，而是在大集成工程中，系统变得更加智能化和网络化，反过来会对末端设备和传感器提出更高的要求，如此循环螺旋上升会推动整个产业链的发展。因此，要占领物联网制高点，软件和中间件的作用至关重要，应该得到国家层面的高度重视。

除操作系统、数据库和直接面向用户的客户端软件以外，凡是能批量生产、高度复用的软件都算是中间件。中间件有很多种类，如通用中间件、嵌入式中间件、数字电视中间件、RFID 中间件和 M2M 物联网中间件等。IBM、Oracle、微软等软件巨头都是引领潮流的中间件生产商；SAP 等大型（ERP）应用软件厂商的产品也是基于中间件架构的；国内的用友、金蝶等软件厂商也有中间件部门或分公司。在操作系统和数据库市场格局早已确定的情况下，中间件，尤其是面向行业的业务基础中间件，也许是各国软件产业发展的唯一机会。物联网产业的发展为物联网中间件的发展提供了新的机遇，图 7-9 展示了欧盟 Hydra 物联网中间件计划的技术架构。

物联网中间件处于物联网的集成服务器端和感知层、传输层的嵌入式设备中。服务器端中间件称为物联网业务基础中间件，一般基于传统的中间件（应用服务器、ESB/MQ 等）构建，加入设备连接和图形化组态展示等模块（如同方的 ezM2M 物联网业务中间件）；嵌入式中间件是一些支持不同通信协议的模块和运行环境。中间件的特点是它固化了很多通用功能，但在具体应用中大多需要二次开发来实现个性化的行业业务需求，因此所有物联网中间件都要提供快速开发（RAD）工具。

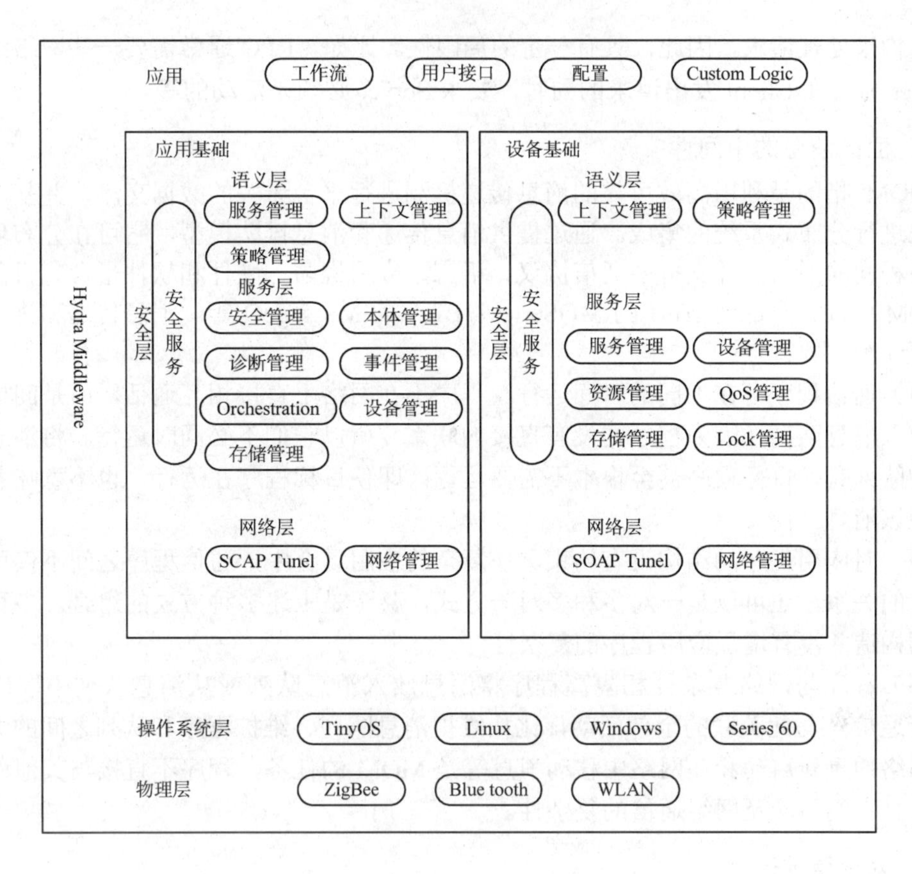

图 7-9　欧盟 Hydra 物联网中间件计划的技术架构

7.4.3　中间件的分类

基于目的和实现机制的不同，IDC 分为：远程过程调用（Remote Procedure Call，RPC）、面向消息的中间件（Message-Oriented Middleware，MOM）、对象请求代理（Object Request Broker，ORB）、事务处理监控（Transaction Processing Monitor，TPM）。

1．远程过程调用

远程过程调用是一种广泛使用的分布式应用程序处理方法。应用程序使用 RPC 来"远程"执行一个位于不同地址空间的过程，并且从效果上看和执行本地调用相同。事实上，一个 RPC 应用分为两个部分：Server 和 Client。Server 提供一个或多个远程过程；Client 向 Server 发出远程调用。Server 和 Client 可以位于同一台计算机，也可以位于不同的计算机，甚至运行在不同的操作系统之上。它们通过网络进行通信。相应的 Stub 和运行支持提供数据转换和通信服务，从而屏蔽不同的操作系统和网络协议。在这里 RPC 通信是同步的。采用线程可以进行异步调用。在 RPC 模型中，Client 和 Server 只要具备了相应的 RPC 接口，并且具有 RPC 运行支持，就可以完成相应的互操作，而不必限制于特定的 Server。因此，RPC 为 Client/Server 分布式计算提供了有力的支持。同时，远程过程调用 RPC 所提供的是基于过程的服务访问，Client 与 Server 进行直接连接，没有中间机构来处理请求，因此，具有一定的局限性。比如，RPC 通常需要一些网络细节以定位 Server；在 Client 发出请求的同时，要求 Server 必须是活动的等。

2. 面向消息的中间件

MOM 指的是利用高效可靠的消息传递机制进行平台无关的数据交流，并基于数据通信来进行分布式系统的集成。通过提供消息传递和消息排队模型，它可在分布环境下扩展进程间的通信，并支持多通信协议、语言、应用程序、硬件和软件平台。目前流行的 MOM 中间件产品有 IBM 的 MQSeries、BEA 的 MessageQ 等。消息传递和排队技术有以下 3 个主要特点：

（1）通信程序可在不同的时间运行。程序不在网络上直接相互通话，而是间接地将消息放入消息队列，因为程序间没有直接的联系，所以它们不必同时运行。将消息放入适当的队列时，目标程序甚至根本不需要运行；即使目标程序在运行，也不意味着要立即处理该消息。

（2）对应用程序的结构没有约束。在复杂的应用场合中，通信程序之间不仅可以是一对一的关系，还可以是一对多和多对一方式，甚至是上述多种方式的组合。多种通信方式的构造并没有增加应用程序的复杂性。

（3）程序与网络复杂性相隔离程序将消息放入消息队列或从消息队列中取出消息来进行通信。与此关联的全部活动，比如维护消息队列、维护程序和队列之间的关系、处理网络的重新启动和在网络中移动消息等是 MOM 的任务，程序不直接与其他程序通话，并且它们不涉及网络通信的复杂性。

3. 对象请求代理

随着对象技术与分布式计算技术的发展，两者相互结合形成了分布对象计算，并发展为当今软件技术的主流方向。1990 年底，对象管理集团 OMG 首次推出对象管理结构 OMA（Object Management Architecture），对象请求代理是这个模型的核心组件。它的作用在于提供一个通信框架，透明地在异构的分布计算环境中传递对象请求。CORBA 规范包括了 ORB 的所有标准接口。1991 年推出的 CORBA 1.1 定义了接口描述语言 OMG IDL 和支持 Client/Server 对象在具体的 ORB 上进行互操作的 API。CORBA 2.0 规范描述的是不同厂商提供的 ORB 之间的互操作。对象请求代理（ORB）是对象总线，它在 CORBA 规范中处于核心地位，定义异构环境下对象透明地发送请求和接收响应的基本机制，是建立对象之间 Client/Server 关系的中间件。ORB 使得对象可以透明地向其他对象发出请求或接受其他对象的响应，这些对象可以位于本地也可以位于远程机器。ORB 拦截请求调用，并负责找到可以实现请求的对象、传送参数、调用相应的方法、返回结果等。Client 对象并不知道同 Server 对象通信、激活或存储 Server 对象的机制，也不必知道 Server 对象位于何处，是用何种语言实现的，使用什么操作系统或其他不属于对象接口的系统成分。

值得指出的是，Client 和 Server 角色只是用来协调对象之间的相互作用，根据相应的场合，ORB 上的对象可以是 Client，也可以是 Server，甚至两者兼有。当对象发出一个请求时，它处于 Client 角色；当在接收请求时，它处于 Server 角色。大部分的对象既扮演着 Client 角色又扮演着 Server 角色。另外，由于 ORB 负责对象请求的传送和 Server

的管理，Client 和 Server 之间并不直接连接，因此，与 RPC 所支持的单纯的 Client/Server 结构相比，ORB 可以支持更加复杂的结构。

4．事务处理监控

事务处理监控（Transaction Processing Monitor）最早出现在大型机上，为其提供支持大规模事务处理的可靠运行环境。随着分布计算技术的发展，分布应用系统对大规模的事务处理提出了需求，比如商业活动中大量的关键事务处理。事务处理监控介于 Client 和 Server 之间，进行事务管理与协调、负载平衡、失败恢复等，以提高系统的整体性能。它可以看做事务处理应用程序的"操作系统"。从总体上来说，事务处理监控有以下功能：

1）进程管理

包括启动 Server 进程、为其分配任务、监控其执行并对负载进行平衡。

2）事务管理

即保证在其监控下的事务处理的原子性、一致性、独立性和持久性。

3）通讯管理

为 Client 和 Server 之间提供了多种通信机制，包括请求响应、会话、排队、订阅发布和广播等。

事务处理监控能够为大量的 Client 提供服务，比如飞机订票系统。如果 Server 为每一个 Client 都分配其所需要的资源，那么 Server 将不堪重负。但实际上，在同一时刻并不是所有的 Client 都需要请求服务，而一旦某个 Client 请求了服务，它希望得到快速的响应。事务处理监控在操作系统之上提供一组服务，对 Client 请求进行管理并为其分配相应的服务进程，使 Server 在有限的系统资源下能够高效地为大规模的客户提供服务。

小结

物联网不仅仅提供了传感器的连接，其本身也具有智能处理的能力，能够对物体实施智能控制。物联网将传感器和智能处理相结合，利用云计算、模式识别等各种智能技术，扩充其应用领域，从传感器获得的海量信息中分析、加工和处理出有意义的数据，以适应不同用户的不同需求，发现新的应用领域和应用模式。

习题

1. 简述数据融合的基本原理。
2. 简述物联网数据管理的基本技术。
3. 简述云计算或者云服务的定义。
4. 简述简要列举几种目前因特网上常用的云计算平台。
5. 简述中间件的定义及分类。
6. 物联网中的中间件技术一般指哪些？

第8章 物联网应用

本章学习重点

1．物联网的基本应用

2．列出本章介绍的一些物联网应用，并且举例说出自身范围内接触的物联网应用案例

物联网，具体来说，就是把感应器嵌入和装备到电网、铁路、桥梁、隧道、公路、建筑、供水系统、大坝、油气管道等物体中，然后将“物联网”与现有的因特网整合起来，实现人类社会与物理系统的整合，即信息物理融合系统（Cyber-Physical System，CPS）。在这个整合的网络当中，存在能力超级强大的中心计算机群，能够对整合网络内的人员、机器、设备和基础设施进行实时的管理和控制，在此基础上，人类可以以更加精细和动态的方式管理生产和生活，达到“智慧”状态，从而提高资源利用率和生产力水平，改善人与自然间的关系。本章介绍物联网在人类生产、生活中的各种应用，如在农业、工业、食品安全、社会治安、智能建筑、智能交通及商务医疗中的应用，来帮助读者进一步认识物联网，感受物联网的魅力，虽然物联网尚须发展完善，但已经实现的部分应用还是让我们看到了物联网的巨大潜力。

8.1　物联网在精准农业领域的应用

精准农业又称“精细农业”、“精确农业”等，是 Precision Agriculture 和 Precision Farming 的直译。人类从古至今，经历了原始农业到传统农业、现代农业，再到可持续农业的发展过程。农业的发展历程是伴随着科学技术的进步而不断变化的，20 世纪 90 年代以来，随着全球定位系统（GPS）、地理信息系统（GIS）、遥感系统（RS）、信息获取系统（IGS）、决策支持系统（DSS）、智能控制系统（ICS）等技术研究的迅速发展，集地理信息系统、全球定位系统、遥感技术、变量控制技术、农业机械技术、决策支持系统等于一体的“精准农业”系统工程已经在一些发达国家被广泛应用并发展迅猛。

8.1.1　精准农业概述

精准农业是一个综合性的农业体系，是当今世界农业发展的新潮流，它依托农业传统技术和科技进步，以生产高品质、高科技含量、高附加值的农产品为目标，以特色化布局、标准化生产、产业化经营为主要抓手，实现高质量、高效益、高水平的农业生产全过程。它的基础是高投入和高科技，核心是高标准化和高质量，特点是精和特，最终目标是高竞争力、高价格和高收益。在生产方式上，要求精耕细作，以最少的投入和资源消耗获取最大的产出效益；在生产形态上，要求高质量、高附加值、高商品率，满足市场对农产品及其加工品的质量要求；在生产过程中，要求应用现代科学技术，生产、加工、包装、流通等各环节实行标准化。精准农业是现代农业的重要实现形式，农业精准化过程，是农业各种生产要素优化配置的过程，是农业增长方式转变的过程，是提升农业经营素质和效益的过程，是一个综合性的农业体系。它具有 4 个基本特征：一是高品质、高科技含量、高附加值，具有地方特色的产品特征；二是高竞争力、高价格、高收益的市场特征；三是生产、储运、销售集约化的产业经营特征；四是环保、节约、可持续的产业发展特征。

精准农业的内涵是：以市场发展为导向，以农产品高品质、高科技含量、高附加值、高竞争力、高价格、高收益为目标，满足社会消费多样化、优质化需求，引导土地、资金、技术、劳动力等生产要素优化配置；提高农民组织化程度，促使生产过程和产品质量标准化，促进产品向市场化、绿色化、优质化、名牌化、国际化提升，提高国际竞争力；加速经营产业化、服务社会化，促进农产品加工业发展、农业结构优化升级，实现资源优势向质量优势和效益优势转变，增长方式向质量型、高效型转变；促进农业设施装备水平提高，拓展农产品市场，促进农产品消费，促进优质优价机制的形成，实现农产品增值、农业增效、农民增收的现代农业生产经营体系。

8.1.2　精准农业组成部分

1．全球定位系统

精准农业广泛采用了全球定位系统（GPS），用于信息获取和实施的准确定位。为了提高精度，广泛采用了 DGPS（Differential Global Positioning System，差分校正全球定位系统）技术。它的特点是定位精度高，根据不同的目的可自由选择不同精度的 GPS。

2．地理信息系统

精准农业离不开地理信息系统（Geographical Information System，GIS）的技术支持，它是构成农作物精准管理空间信息数据库的有力工具，田间信息通过 GIS 予以表达和处理，是精准农业实施的重点。

3．遥感系统

遥感（Remote Sensing，RS）技术是精准农业田间信息获取的关键技术，它为精准农业提供农田小区内作物生长环境、生长状况和空间变异等信息。

4．作物生产管理专家决策系统

它的核心内容是用于提供作物生长过程模拟、投入产出分析与模拟的模型库；提供作物生产管理的数据资源的数据库；提供作物生产管理知识、经验的集合知识库；提供基于数据、模型、知识库的推理程序；提供人机交互界面程序等。

5．田间肥力、墒情、苗情、杂草、病虫害监测及信息采集处理技术设备

如田间信息适时采集传感器与数据处理方法。

6．带 GPS 的智能化农业机械装备技术

如带产量传感器及小区产量生成图的收获机械，自动控制精密播种、施肥、洒药机械等。

8.1.3　物联网在精准农业领域的应用案例

物联网的“物物相连”应用到农业上，可以通过自动记录农作物的生长环境、收获时间、物流条件、保存温度等数据，保障食品安全。比如，给猪戴“耳环”、给牛戴“项链”、在水稻田里装个监视器……从此，猪肉、牛肉、大米等这些食品就有了自己的“生存日记”，将来消费者购买或吃到这些有“身份”的米和肉时，如有任何疑问，都可进行

质量追溯，以保证真正吃上放心食品。

【例 1】美国 TASC/WSI 公司的“精准农业遥感”

该公司由 3 个分公司组成：信息获取 20 人，信息处理 25 人，信息分析 75 人。目前利用小型机载 Kodak DC460CCD 相机加上 GPS 和 IMU 像移补偿装置进行全色、彩色和红外摄影。CCD 相机为 3K×2K 尺寸，f=28 mm，像素为 9 μm。每次飞行 3.5 h，达到 3×10^6 m^2 面积，经 48 h 加工后将成品用 CD-ROM 形式向农民提供（几何精度为 0.2 m～1.0 m）。农业技术员和土壤员通过实地抽样调查得到征兆图，供采取对策和行动使用，成本估计为 0.005 美分/m^2，已在美国 5 个以农业为主的州推广使用。

【例 2】美国 GER 公司的 GEROS 计划

这是一个美籍华人公司提出的农业监测小卫星计划，计划由 6 颗小卫星组成，每颗卫星扫描带宽为 120 km，重访周期为 3 天左右，主要装有可见光、短波红外两种遥感器，从第三颗卫星起，再加装一台热红外扫描仪，以获取地表温度等信息，用于农作物长势、病虫害、水旱灾监测，为“精准农业”服务，收费估计为 0.001 5 美元/m^2。

【例 3】大型拖拉机上配置 GPS 进行耕作

如英国夏托斯农场在联合收割机上装的 GPS 和产量测定仪，每隔 1.2 s，GPS 测量记录一次。这样，在收割完成的同时，就可以产生当季度准确的产量分布图。

【例 4】美国的“绿色之星”精准农业技术

“绿色之星”是美国约翰·迪尔公司研制开发的精准农业技术，它适合在大规模农业经营和机械化操作条件下使用。目前，该公司已有成套技术设备在市场销售。

“绿色之星”精准农业技术包括：全球定位系统（GPS），实施数据采集及田间耕作、播种、施肥、喷撒农药和收获等作业的准确定位；地理信息系统（G1S），包括数据输入、数据库管理、数据分析及输出系统；传感器技术，实施数据采集及田间作业参数监测；监视器及计算机自动控制技术；智能化控制农业机械。

1. 全球定位系统

全球定位系统由卫星、地面监控站和用户设备等组成。

（1）全球地面卫星共有 24 颗（其中有 21 颗工作卫星和 3 颗备用卫星），分布在地球周围，分别运行在 6 个不同的轨道上，每个轨道上有 4 颗，每颗卫星每天有 5 h 在地平线上。同时位于地平线上的卫星数目随时间、地点而异，最少有 4 颗，最多有 11 颗。因此，能保证地面在任何时间、地点均可同时受到至少 4 颗卫星的监视。卫星信号的传播和接收不受天气影响。全球卫星定位是全球性、全天候的连续定时定位，并免费提供服务。

（2）GPS 地面监控站共 5 个地面站组成，包括主控站、信息注入站和监测站。监控站可通过双频 GPS 接收机、原子钟、双环数据传感器、计算机等设备自动采集数据，为主控站提供各种观测数据。主控站的功能是处理数据和管理数据；利用监控站观测的数据推算各个卫星的星历、卫星钟差和大气延迟修正参数；提供全球定位系统的时间基础，并将这些数据传送到注入站；调整偏离轨道的卫星，使其沿预定轨道运行；启用备用卫星代替失效卫星。注入站将主控站推算和编制的卫星星历、时钟差和其他控制指令等注入相应的卫星储存系统，并保证信息的精确性。

2．地理信息系统

地理信息系统是采集、储存、管理、分析和描述具有区域性、多维性数据的空间信息系统。利用可移动的 GIS 取样器、田间数据采集装置、计算机处理系统将土地边界、土壤类型、地形地貌、排灌系统、历史土壤测试结果、化肥和农药的使用情况以及历年产量结果做成各自的层图管理起来。通过历年产量分析，可以观察田间产量的变异情况，找出低产区域，然后通过产量图及其他相关因素层图的比较分析，找出影响产量的主要限制因素。在此基础上，制定出地块的优化管理系统，用于指导当年的播种、施肥、除草、防治病虫害、中耕和灌溉等措施。同时，当前的各项管理措施又做成新的 GIS 层图储存起来，为下一季作物的管理提供参考。GIS 做成的操作系统以数据卡的形式输出，将数据卡插入农业机械上的监视器插口内，可使农机自动控制变量，实现田间变量作业。

3．传感器技术

依据变量投入地图，应用传感器进行田间定位操作。实时传感器在开始时进行土地特征或产量测定，由变量投入控制系统自动按土地特征或产量需求控制投入化肥、农药等物料。传感器必须不间断地监测数据参数，监测数据的方式必须和定位系统同步使用，实施定位监测或定位投入控制。传感器也可以单独应用于田间数据采集。常用的传感器有：土壤和作物数据采集传感器（土壤有机物含量、土壤水分含量、作物与杂草比率、土壤养分含量等数据）、压力传感器、流量传感器、转数和速度传感器。

4．监视器及计算机自动控制技术

监视器应用于联合收割机和拖拉机作业运行中监视、显示和记录农机性能及运行参数，计算、显示工作效率及投入量，并以数据卡形式输出或输入。计算机主要用于数据输入、数据分析、编辑及显示，构成分析模型、预测模型、决策模型和经济分析模型，将土壤资源、农用物资投入及作物栽培的有关数据合成，输出田间处方电子图。“绿色之星”农业技术的一切控制都来源于高精度的电子图，将产量数据、土壤成分和田地条件、农艺要求数据构成综合数据卡，与全球定位系统结合起来，用来控制农业机械设备，实施定位变量投入。

5．智能化控制农业机械

智能化控制的农业机械包括装有全球卫星定位天线接收机、产量传感器及监视器的联合收割机和拖拉机，带有自动控制装置的播种机、施肥机、施药机及其他与拖拉机配套的农机具，相关示图如图 8-1～图 8-3 所示。

图 8-1　综合气象自动监测系统

图 8-2　聪明的“温室娃娃”

图 8-3　现代化温室大棚

8.2　物联网在食品管理领域的应用

食品安全关系到广大人民群众的身体健康和生命安全，关系到经济的健康发展和社会稳定，关系到政府和国家的形象。国务院发出《进一步加强食品安全工作的决定》，指出“要建立统一规范的食品质量安全标准体系，建立食品质量安全例行监测制度和食品质量安全追溯制度”。食品质量安全溯源系统是一套利用自动识别和 IT 技术，帮助食品企业监控和记录食品种植（养殖）、加工、包装、检测、运输等关键环节的信息，并把这些信息通过因特网、终端查询机、电话、短信等途径实时地呈现给消费者的综合性管理和服务平台。

8.2.1　食品管理概述

目前，有关国际组织和学者关于“可追溯性”、“农产品可追溯系统”、“溯源”和“农产品溯源系统”的定义尚未形成一致意见。国际标准化组织、欧盟委员会、食品法典委员会等组织或个人，从不同角度对这几个概念做出了不同的解释。

1987 年的 ISO 8402:1994 中，“可追溯性”被定义为：通过记录的标识追溯某个实体的历史、用途或位置的能力。该定义不仅适用于商业制成品，也适用于农产品，但该定义的范围过于宽广，不适用于农产品供应过程的具体环境。国际标准 ISO 9001:2000 中，“可追溯性”被定义为：追溯目标对象的历史、应用或位置的能力。在 ISO 22005:2007 中，“可追溯性”被定义为：跟踪饲料或食品生产、加工和分销在特定阶段的流动情况的能力。

在欧盟委员会 2002 年 178 号法令（EC 178:2002）中，“可追溯性”被定义为：食品、饲料、用于食品生产的动物、食品或饲料中可能会使用的物质，在全部生产、加工和销售过程中发现并追寻其痕迹的能力。该定义对供应链中各个阶段的主体作了规定，以保证可以确认以上各种原料的来源与方向。欧盟委员会认为“农产品可追溯系统”是追踪农产品（包括食品、饲料等）进入市场各个阶段（从生产到流通的全过程）的系统，有助于质量控制和在必要时召回产品。

食品法典委员会（Codex Alimentarius Commission，CAC）对“可追溯性”的定义是能够追溯食品在生产、加工和流通过程中任何指定阶段的能力，对“食品可追溯系统”的定义为食品供应各个阶段信息流的连续性保障体系（方炎等，2005）。该定义强调对产品供应过程中的任何指定阶段都能够追溯的能力。

美国则简单地称之为“记录保存”，也称为“跟踪与追溯”。

2007 年，由中国物品编码中心编制的《产品溯源通用规范》（草案）中，对于“溯源”的定义如下：从供应链下游至上游识别一个特定的产品或一批产品的来源，即通过记录标识的方法回溯某个实体来历、用途和位置的过程（中国物品编码中心，2007）。从该定义的阐述中，编者认为，上述关于“可追溯性”的定义与本文中有关“溯源”的定义并无实质性区别。二者都包括从供应链上游到下游的跟踪（Tracing，Top-down Traceability）及其从下游到上游的追溯（Tracing，Bottom-up Traceability）。跟踪即从供应链上游到下游跟随一个特定的单元或一批产品运行路径的能力。这一点对于召回对人类健康有威胁的产品很重要。在本书中指的是蔬菜、水果（肉类）等农产品供应链中从种植（养殖）到 POS 销售的全过程。追溯即从供应链下游至上游识别一个特定的单元或一批产品来源的能力。追溯主要用于发现质量问题产生的原因、某些产品特性的准确性或检查产品流动的路径。

8.2.2　物联网在食品管理领域的应用案例

【例 5】猪肉生产加工信息追溯系统

对于不同食品的类型来说，其追溯系统方案是有差别的，比如对于鸡蛋食品追溯系统来说，该供应链上只要经过养鸡场、运输两个环节就到达销售环节，而对于较复杂的食品，如猪肉来说，其要经历生猪养殖场、屠宰场、运输才能到达销售环节，并且存在一个生猪整体要在屠宰场上被分成许多块猪肉、分散在不同地方、增大追溯难度的问题。由于猪肉食品信息安全追溯系统在食品追溯系统中比较具有代表性，下面以猪肉食品为例来设计重庆市科技攻关计划项目“猪肉生产加工信息追溯系统”。

猪肉生产加工信息追溯系统的作用在于通过该平台，使得猪肉产品供应链上的各个成员都可以对猪肉产品进行跟踪和溯源。例如，如果发现某块猪肉成品出现了问题，可以追溯到问题成品的包装环节、屠宰加工的场所，或某一个具体的养殖农户，甚至养殖生猪的圈栏。这样就可以阻断这些地方的货源流入市场，然后进行有效的治理。另一方面，通过智能化质量监控和预警系统平台的建设，来加强猪肉生产加工的管理，及时在猪肉产品出现问题之前对其进行预警，即“防患于未然”，尽可能地避免在猪肉“生产—屠宰加工—运输—销售”这一环节当中出现卫生安全性问题。

因此，根据上述要求和猪肉食品供应链的特点，猪肉生产加工信息追溯系统体系结构如图 8-4 所示。在图 8-4 中，通过不同环节和功能上的划分，整个系统被分为生猪养殖生产环节追溯系统、猪肉屠宰环节追溯系统、猪肉生产加工信息追溯中心数据库、猪肉生产全过程检测追溯系统、猪肉安全质量监控预警系统和信息共享平台几个子系统。

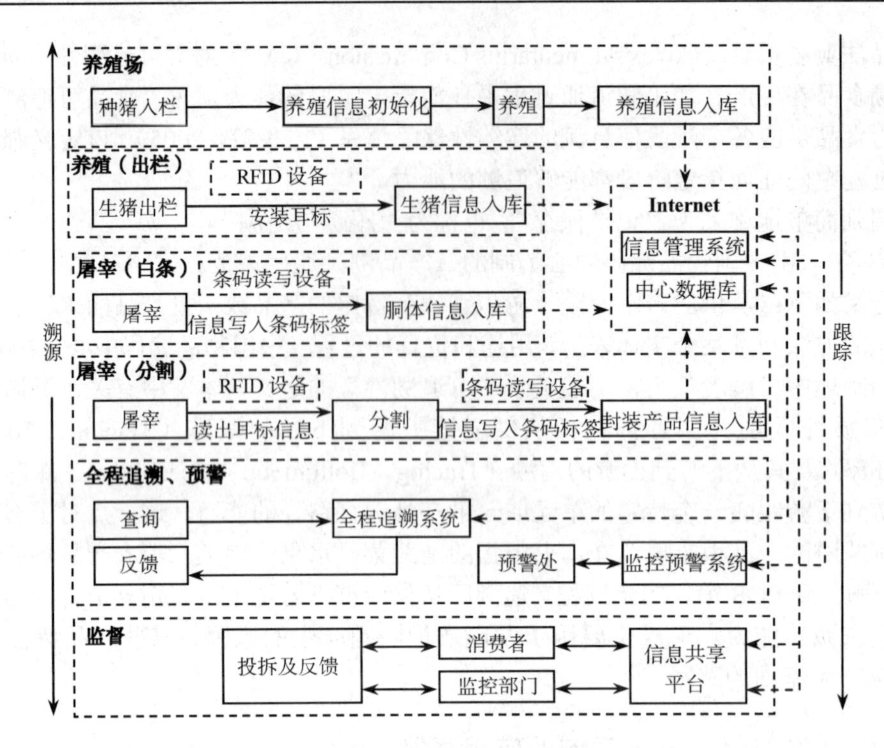

图 8-4　猪肉生产加工信息追溯系统体系结构

8.3　物联网在社会治安管理中的应用

物联网与泛在计算技术的普及，为整合社会治安防范与管理资源、促进相关部门协调联动、建立多功能多方位的安全感知体系，更加智能化、主动化地保护人民生命和财产安全提供了一系列新的技术手段和应用模式。

8.3.1　治安管理概述

治安管理是公安机关依照国家法律和法规，依靠群众，运用行政手段，维护社会治安秩序，保障社会生活正常进行的管理活动。治安管理是国家行政管理的重要组成部分，是公安工作的重要方面。

8.3.2　物联网在社会治安管理中的应用案例

【例 6】物联网在社区安防中的应用

社区安防的物联网化就是采用 RFID、传感器、智能图像分析、网络传输等信息技术，建设具有人口车辆动态实时管理功能的社区周界防护系统、智能对讲门禁、社区车辆出入口管理系统、社区智能视频分析系统、家庭安防综合应用系统等，并实现社区安防信息与公安信息平台的对接。

此系统主要由周围红外报警系统、小区智能视频监控、小区信息发布系统、车辆出入管理系统等模块组成。家居智能化管理由灯光及家电智能控制、远程控制与监控、无线可视对讲、室内安防预警系统等模块组成。该方案具有自动感知威胁和主动威胁告警功能，借助于业主、社区物业、警方的快速响应，可以减少事故的损失。物联网时代的社区安防应连接照明设备、警报器、网络摄像头、移动电话和因特网，为家和社区提供全天候的保护。如果警报器激活，智能家居控制系统将开启照明设备和警报器，侦测任何可能的入侵者，并将信息发送到业主的手机上。业主可以通过手机或计算机查看情况，以确保一切无恙。如果是虚假警报，只须重置警报器，即可放心地投入工作。在外出时，可以在触控屏上启动预编程的“外出”模式将安保系统激活，设定一定的场景，吓退潜在的入侵者。还可以通过手机或笔记本式计算机掌控家里的情况，给社区居民带来从未体验过的安全感。

社区安防系统的组成框架图如图 8-5 所示。

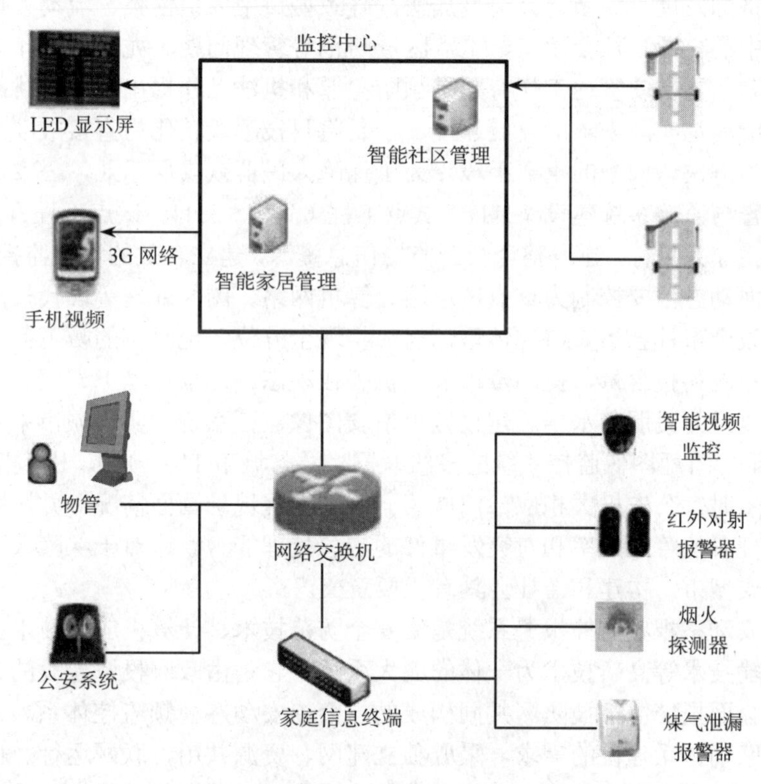

图 8-5　系统组成框架图

对于社区，在小区的中控室设置管理中心，配置管理服务器、操作计算机和管理中心机，将管理中心作为整个社区的管理平台，实现可视对讲、安防告警、信息服务、3G 视频电话、灯光及家电智能控制、远程控制、远程监控、手机 RFID 停车场刷卡、门禁、社区小额支付等智能化功能，同时可兼容后续分期开发的片区，可实现小区只建一个中心即可管理所有业主的智能化系统。在小区业主出行入口，各配置一台围墙机，实现访客身份确认控制功能；在高层住宅区，每个单元大堂配置一台 3G 单元门口机，实现访客与住户可视对讲及开锁，有效控制进入本单元人员的身份；小区所有住户，每户室内配置一台3G家庭信息机主机，3G家庭信息机主机作为室内智能化平台，可实现可视对讲、3G可视电话、安防告警、信息服务、灯光及家电智能控制、视频监控、留影留言等功能。住户可根据需求配置安防探测器、家电智能控制设备及相应的模块。

对于业主室内安全，采用一台主机与后台监控中心连接的方式。每台主机可连接多种报警设备，如使用智能视频技术，可以对室内的所有物品进行实时监控，通过机器视觉技术防止重要物品丢失、免除老人小孩安全隐患等；使用红外探测联动，可检测非法入侵行为；使用传感器，可探测火灾、煤气泄漏。对于主机的任一通道的报警行为，采用网络方式，直接联动后台监控中心，监控中心收到报警信息后，根据报警类型及时分类处理，反馈给业主、物管和派出所等；通过3G网络，住户可远程监控家里的所有事物，安全事件也会及时汇报到用户手机。

【例7】城市社会治安动态视频监控报警系统

随着经济的发展，城镇建设速度加快，导致城市中人口密集、流动人口增加，引发了城市建设中的交通、社会治安、重点区域防范等管理问题。尤其是近年来，面对城市反恐的新课题，为公安管理工作特别是预防犯罪和执法工作提出了新的挑战。而公安警力增加远不能满足实际需求的发展速度，于是将科技手段转化为直接战斗力的城市治安图像监控成为解决该问题的重要手段。为了保障人民群众安居乐业，公安部决定在全国开展城市报警与监控系统建设“3111”试点工程（简称“3111”试点工程），以积极预防、控制和打击犯罪为目标，建设整合社会监控信息资源，建立有效的城市监控体系和机制，以全市社会面动态治安控制为重点，运用计算机网络、图像处理等现代技术，依法有组织地整体建设全市社会治安监控体系，努力实现全方位、全时空的防范监控，大幅提升治安防控体系的科技含量，提高全市公安机关在动态、复杂环境下驾驭、控制社会治安局势的能力以及为民服务水平。建设城市治安图像监控系统，实现城市中各派出所、公安分局、市局、省厅图像监控系统的多级联网，并与城市110、119、122指挥中心联动，保证事件发生时，公安机关相应部门能第一时间把握现场画面情况，并协助上级指挥现场，提高管理者的管理效率和对突发事件的应急处理能力。这对于保障人民生命财产安全，建设平安城市，构建和谐社会具有重要意义。

社会治安动态视频监控报警系统是集安全防范技术、计算机应用技术、网络通信技术、视频传输技术等高新技术为一体的庞大系统。它是由政府投资建设的公共安全视频监控网和社会面报警监控技防网共同构成的社会治安动态视频监控体系。系统建设将结合城市应急联动体系建设的需求，采取独立建网、资源共用、联网运行、信息共享的建设方式和自下而上、突出重点、分步实施的建设步骤，城市应急指挥系统、视频监控系统、卡口系统、警用GPS等将整合到一起，基于GIS，实现各系统之间功能的协调、联动，系统整体结构如图8-6所示。

【例8】中软冠群平安城市解决方案

1．背景

平安城市建设项目是关系到国家长治久安、社会稳定的一项重要工程，是一个特大型、综合性非常强的管理系统工程，涉及城市管理的方方面面。它是利用高新技术手段搞好城市综合治理、提高公安机关的整体快速反应能力、提高政府救援服务和处置各种紧急突发事件的能力的重要措施。平安城市建设能够改变目前城市综合治理的原始管理模式，为城市的综合治理及科技强警开辟一条新途径，将提高城市管理的现代化水平和社会经济效益。

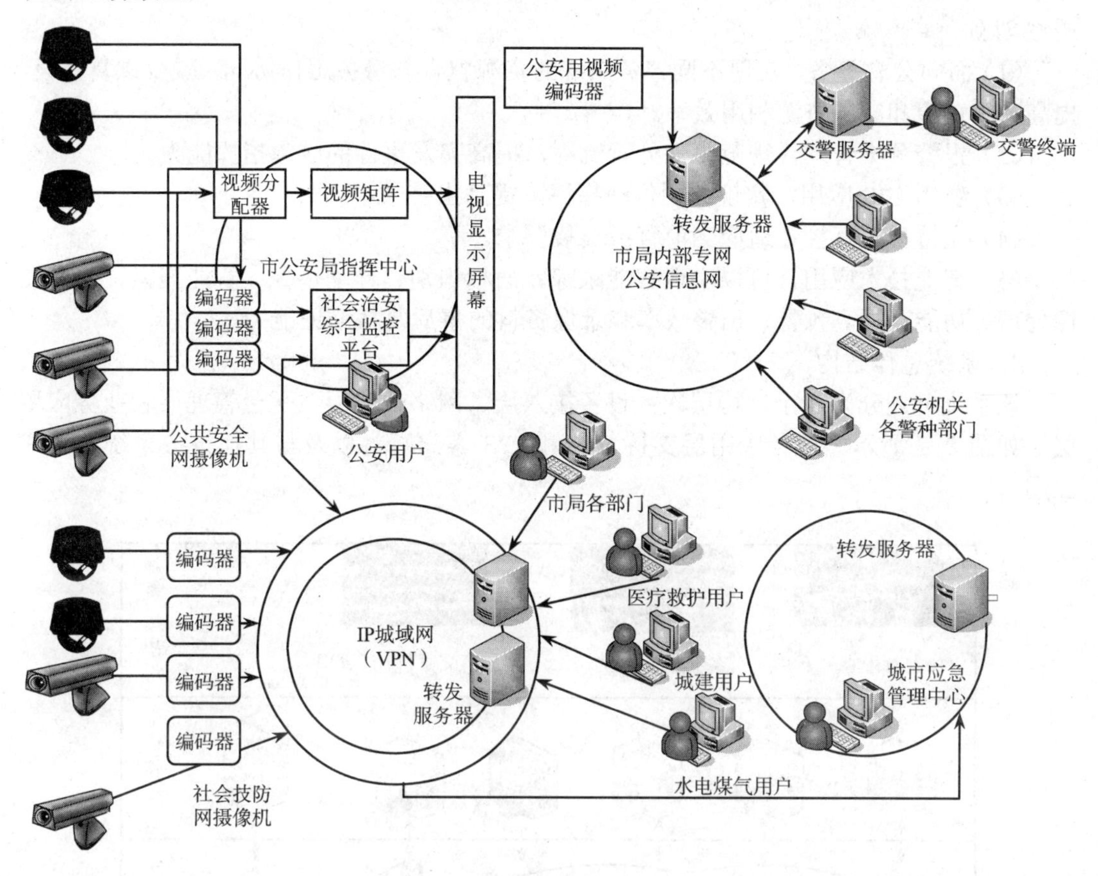

图 8-6　社会治安系统整体结构

平安城市建设主要应用于城市综合治理，不仅满足城市治安管理、交通管理、应急指挥等需求，也可为灾难事故预警、安全生产监控、重大活动组织管理、天气实时报告、消防管理等诸多行业的经营管理和科学决策提供图像、数据资源信息服务。从应用层面看，该系统主要包括城市治安监控系统、交通指挥系统、联网报警系统、城市监控报警运营服务中心及重点行业安保系统等多个子系统。

2．建设思路

平安城市建设基于平安城市综合管理信息公共服务平台，包括城市内视频监控系统、数字化城市管理系统、道路交通等多个系统，利用市区级数据交换平台实现资源共享。系统前端数据通过视频监控系统采集并传输到市、区监督指挥调度中央，实现整体监控、指挥调度。监督指挥调度中心管理平台由数据库服务器、存储服务器、管理服务器、报警服务器、调度控制服务器、流媒体服务器、Web 服务器、显示服务器和其他应用服务器组成。

3．方案特点

中软冠群平安城市解决方案，将城市治安监控、接报警、电子警察、治安卡口、

GIS、GPS 等各警务系统集中管理和应急联动，采用智能化技术提高预警和出警能力，从过去单一的事后取证向事前预警和事中控制转变，推进了警务管理工作的实质性创新。

（1）面向公安警务，实现不同警务系统的资源整合与警务工作协同，减少重复建设、提高系统资源和警务资源利用效率。

（2）报警预案管理，规范事件处置流程，提高突发事件的应急指挥能力。

（3）警用 GIS 应用，实现挂图作战指挥，提高出警效率。

（4）支持模数互控，适应当前警务实战要求。

（5）智能技术应用，可以实现智能跟踪、面相识别、异动报警、智能搜索、模糊图像处理等功能，提高预警、出警效率和录像资料的事后复核质证能力。

4．系统总体结构

该系统可划分为 4 个结构层次：设备接入层、网络传输层、平台管理层和业务应用层，如图 8-7 所示。业务应用层支持 B/S 和 C/S 客户端，以及与其他警务系统的集成应用。

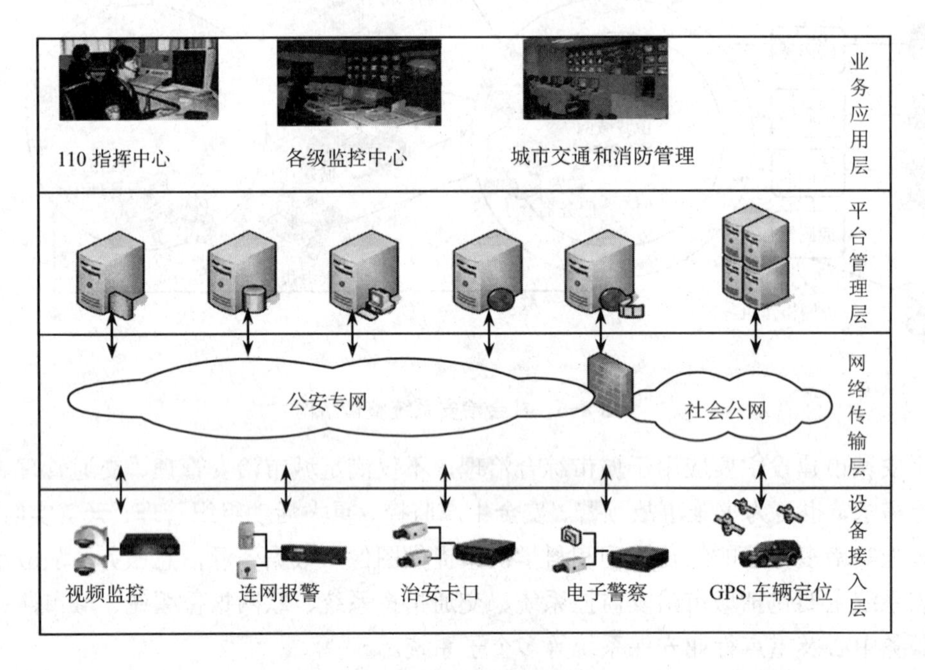

图 8-7　系统总体结构

8.4　物联网在智能楼宇领域的应用

智能楼宇的核心是 5A 系统，智能楼宇就是通过综合布线系统将此 5 个系统进行有机的综合，集结构、系统、服务、管理及它们之间的最优化组合，使建筑物具有安全、便利、高效、节能的特点。智能楼宇是一个交叉性的学科，涉及计算机技术、自动控制、通信技术、建筑技术等，并且有越来越多的新技术在智能楼宇中应用。

8.4.1　智能楼宇概述

所谓智能楼宇，就是让一栋本来死板的建筑具有一种人性化的体现。通过楼宇自控系统（这里指通常所说的小 BA 系统或狭义 BA 系统），采用先进的计算机控制技术，以丰富灵活的控制、管理软件和节能程序，使建筑物机电或建筑群内的设备有条不紊、综合协调、科学地运行，从而有效地保证建筑物内有舒适的工作环境，达到节省维护管理工作量和运行费用的目的。

8.4.2　物联网在智能楼宇领域的应用案例

物联网能实时采集任何需要监控、连接、互动的楼宇智能化实体或过程，采集其声、光、热、电、力学、化学、生物、位置等各种需要的信息，通过各种可能的网络接入，实现物与物、物与人的泛在链接，实现对物品和过程的智能化感知、识别和管理，在楼宇智能化技术中具有广阔的前景。本文介绍了物联网技术的概况、在楼宇智能化系统中的发展和未来，并分析了目前存在且需要解决的一些问题。

【例 9】中兴通讯智能楼宇综合解决方案

1．智能楼宇建设需求分析

随着网络技术发展的日新月异，人们对工作和生活楼宇的安全、舒适、便利、节能和环保等方面提出了更高需求，网络化、智能化楼宇概念逐步为越来越多的人接受。楼宇是否具备安保、办公、通信等自动化，成为人们选择办公场所和衡量居住环境是否方便的一个重要因素。在智能化楼宇中，人们可以快速交换信息数据，还可以通过网络控制灯光、调节空调系统，同时，还可以利用智能化基础网络平台，构建基于网络的视频监控系统、智能停车系统，以保障楼宇内的安全。

2．中兴通讯智能楼宇信息化解决方案

1）中兴通讯智能楼宇网络方案

（1）中小型楼宇网络设计（见图 8-8）。低层楼宇整体的数据信息点数较少，而且各楼层距离底层机房的距离较近，因此核心设备一般不需要采用很高档次的设备，另外楼层不是很高，对核心交换机光纤接口的数量要求较少。

中兴通讯对于低楼层的网络设计，采用双层网络结构，即核心层和接入层。

出口采用中兴通讯的 U350 防火墙安全产品，在网络边界处提供了实时的保护。基于专业内容处理器芯片，ZXSEC US 能够在不影响网络性能的情况下检测病毒、蠕虫及其他基于内容的安全威胁，包括 Web 过滤这样的实时应用。系统还集成了防火墙、VPN、入侵检测和防护（IPS）、内容过滤和流量控制功能，提供了具有高性价比、强大的企业安全解决方案。

核心网络采用两台中兴通讯 5928-FI 全千兆以太网交换机，互为备份，5928-FI 交换机采用高速 ASIC 交换芯片实现 L2～L7 数据线速转发，提供完备的以太网协议族支撑和高效的 QoS 优先级机制，具备灵活多样的管理手段，支持完整的三层路由协议。提供高密度的千兆以太网端口是低楼层核心设备的理想产品。

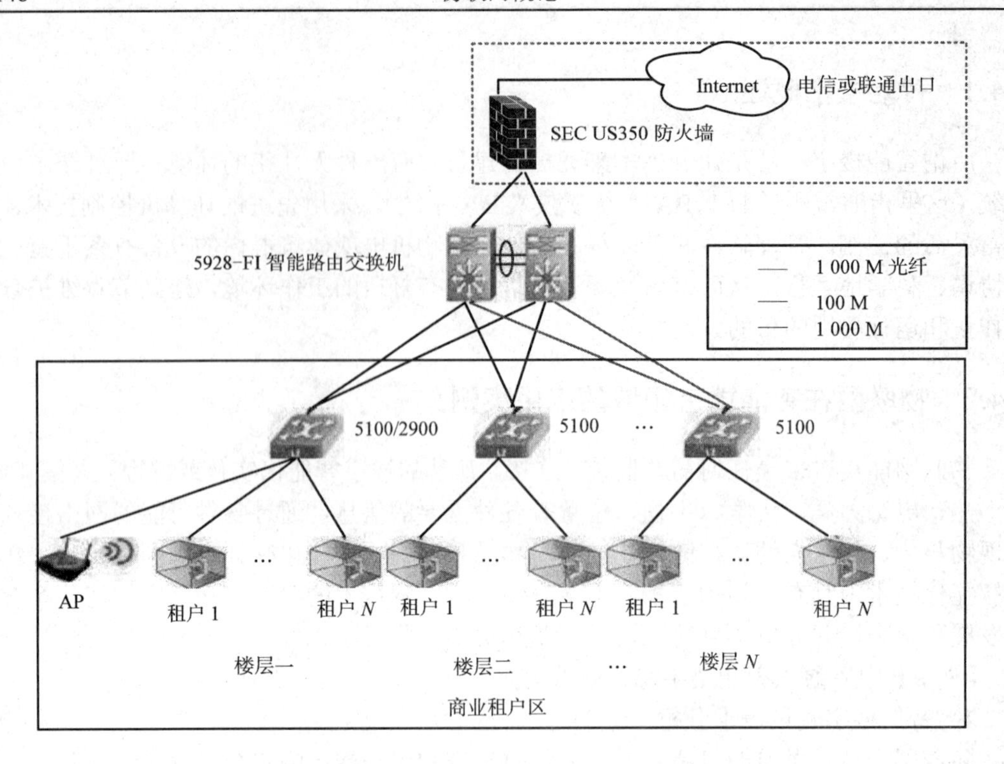

图 8-8　中小型楼宇网络设计

从大楼的弱电间到每楼层商业租户的接入层，建议采用中兴通讯的千兆智能以太网交换机 5100 系列产品，全部千兆接口，有效保证了网络的高速交换。当楼层较高，连线超过 100 m 的时候，可以采用光纤接入，极高地保证了网络的质量。

对于各租户办公室的内部网络，实现千兆外联。

对于带宽要求不高的租户，可用中兴的 2900 系列交换机，实现百兆接入。

（2）大型楼宇网络设计（见图 8-9）。大型高层楼宇的用户很多，不同用户对网络的要求各有差异，中兴通讯从以往的楼宇信息化建设经验中针对不同的用户需求，在不同的楼层采用了差异化的网络设计。

出口路由器根据用户规模采用智能集成多业务路由器 ZSR28/38 产品，采用模块化结构，智能集成数据、QoS、VPN 等多种业务功能，具有灵活的可扩展性，支持 TCP 拦截，支持 DDOS、IP Spoofing、SYN Flood、ICMP Flood、UDP Flood、ARP 等攻击的防护，电源等关键部位“1+1”备份，大大提高了网络的安全性和维护成本。

整体网络同样采用双层结构，核心层采用中兴通讯的交换机名牌 8902/8905 万兆 MPLS 路由交换机，互为备份，中心通讯的 8900 系列交换机具备 10GE、GE、FE、POS、PON 等各种丰富的接口模块，并全面支持 IPv4、IPv6、MPLS、NAT、组播、QoS、带宽控制等业务功能。同时，中兴通讯的 8900 系列交换机可以内置防火墙单板，为楼宇财务、物业管理等子系统提供电信级高带宽、高可靠、多业务的保证。

并且，8900 系列交换机全面支持二、三层 MPLS VPN，二层 MPLS VPN 支持 Martini 协议（VPWS）和 VPLS。VPLS 在公用网络中，提供点到多点的 L2VPN 业务，同时它结合了以太网和 MPLS VPN 的优点，使得构建跨广域网的以太网或 VLAN 成为可能。

通过 VPLS，地域上隔离的站点能通过 MAN/WAIN 相连，并且各个站点间的连接效果像在一个 LAN 中一样，极大地方便了楼层租户需要远程连接总部或者分布的需要。

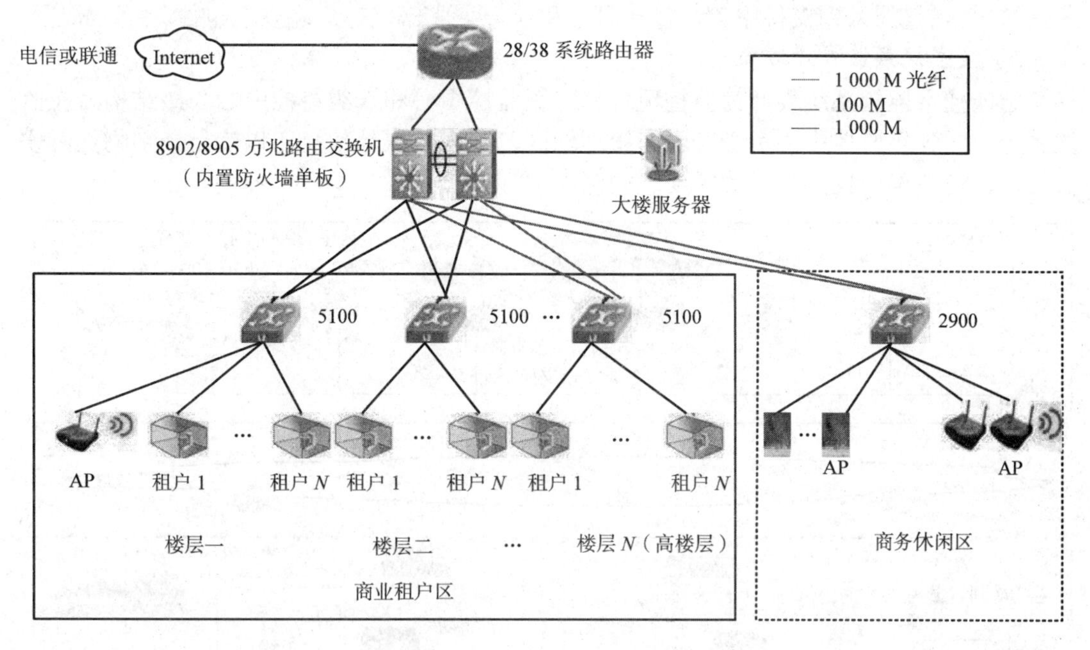

图 8-9　大型楼宇网络设计

对于普通用户，接入层可以借鉴低楼层的用户网络设计，采用 5124 系列交换机相连，实现千兆到办公室的带宽。对于一些对带宽要求不高的用户，也可以采用 2900 系列交换机实现百兆接入。

另外，中兴通讯还针对大厦楼层中一些有特殊要求的用户提供了一种带监控接口的组网方案。汇聚层和接入层分别采用中兴通讯特有的 59E 和 39E 系列交换机，它们不仅具有双电源保护，而且可以直接和门禁等监控系统相连，实现高安全性的网络和物理保护。

2）宙斯盾统一安全防护子方案

根据对智能楼宇网络安全现状及用户需求的分析，我们推荐中兴通讯的网络安全解决方案。

中兴通讯的 ZXSEC US 安全平台通过动态威胁防御技术、高级启发式异常扫描引擎提供了无与伦比的功能和检测能力。中兴通讯的 ZXSEC US 提供了以下功能和好处：

（1）集成关键安全组件的状态检测防火墙，可实时更新病毒和攻击特征的网关防病毒；

（2）IDS 和 IPS 预置了 1 400 个以上的攻击特征，并提供了用户定制特征的机制；

（3）VPN，目前支持 PPTP、L2TP 和 IPSec，SSL VPN 也将很快推出；

（4）反垃圾邮件，具备多种用户自定义的阻挡机制，包括黑白名单和实时黑名单（RBL）等；

（5）Web 内容过滤，具有用户可定义的过滤器和全自动的 USService 过滤服务；

（6）带宽管理，防止带宽滥用；

（7）用户认证，防止非授权的网络访问；

（8）动态威胁防御，提供先进的威胁关联技术；

（9）ASIC 加速，提供比基于 PC 工控机的安全方案高出 4～6 倍的性能；

（10）加固的操作系统，不含第三方组件，保证了物理上的安全；

（11）完整的系列支持服务，包括日志和报告生成器、客户端安全组件。

3）楼宇视频监控子方案

智能楼宇监控系统设计为监控现场、二级监控中心和一级监控中心 3 级结构。在监控系统中，各级监控中心负责查看、管理辖区范围内的媒体信息，以满足楼宇物业、安保部门、管理部门权限管理的需要，如图 8-10 所示。

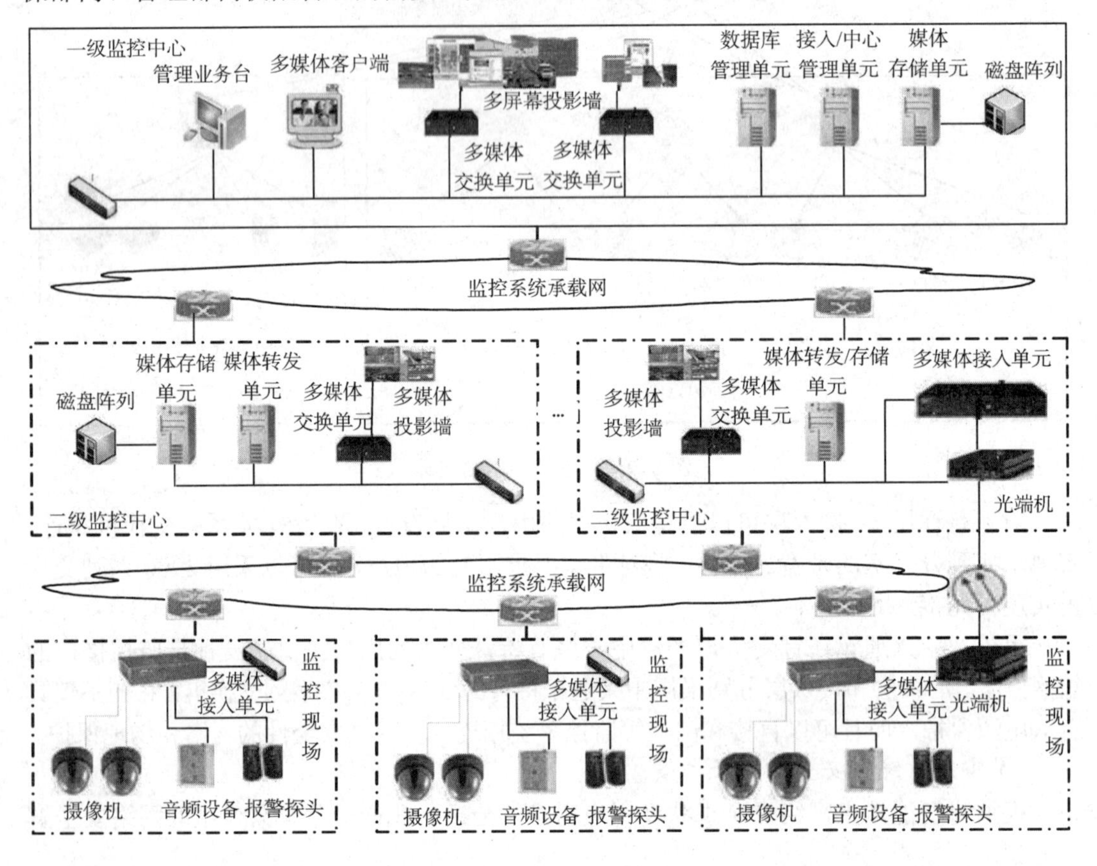

图 8-10　智能楼宇监控系统

本系统设计充分考虑了监控信息的实时性和媒体效果，在现场监控点、二级监控中心和一级监控中心之间通过监控系统承载网（支持有线或者无线，模拟或者数字等多种传输方式）进行 ZTE ViewEye 系统信息交互，实现媒体流和信令流数据的传输。

在楼宇监控现场，安装摄像机、拾音器、传感器等设备，采集现场模拟视频信号、模拟声音信号和环境告警信息，在多媒体接入单元进行编码压缩，转换为数字信号，存储在多媒体接入单元的硬盘上（部分型号多媒体接入单元具备存储功能），并且通过监控系统承载网，监控信息传输至二级监控中心。

在二级监控中心，具有权限的值班人员可以实时浏览辖区内的媒体信息，控制管理辖区内的系统资源。同时，二级监控中心作为 ZTE ViewEye 系统的媒体管理平台，就近存储和分发辖区范围内的媒体信息，有效地降低监控系统承载网的压力。

一级监控中心具备监控业务功能，同时具有系统管理功能，实现 ZTE ViewEye 系统的集中、统一管理。对于重要的媒体信息，除了在监控现场、二级监控中心存储外，还可以存储在一级监控中心磁盘阵列上，实现分散存储，从而降低网络压力和信息存储风险。

对于安保人员查看现场的实时媒体信息，通过监控系统承载网，经过编码压缩的数字媒体信息上传至二级监控中心的媒体转发单元，媒体转发单元将媒体信息分发给各级监控中心。在多个用户同时请求同一路媒体信息时，媒体转发单元将该路媒体信息复制成多路，发给不同的请求用户，监控现场只上传 1 路媒体信息，有效地解决了监控现场网络接入带宽瓶颈的问题。

4）智能停车场方案

楼宇智能化还需要建设智能化停车场，直接通过系统办理停车月卡或者按照停车次数进行收费，方便楼宇停车场的管理。

采用智能化停车场不仅可以有效地解决乱停、乱放造成的交通混乱，还可以有效地促进交通设施的正规化建设，同时有效地抑制车辆在停车场被盗的现象，减少车主对车辆安全的忧虑。另外在技术方面，现在新上的停车场已有 50%使用了 RFID 技术，有效地促进了在此类应用中的技术成熟度，其高技术性匹配于现有其他智能化系统，具有很好的开放性，易于与其他智能化系统组合成更为强大的综合系统，顺应各种综合方式的高级管理趋势，能够与信息系统有效的整合，提高了管理水平。从这个角度来说，智能化的停车场是未来发展的必然趋势，有着广阔的应用场景。

3．中兴通讯智能楼宇综合方案特点

中兴通讯的智能楼宇综合方案是从用户角度出发而设计的一套差异化的楼宇信息化方案，下面介绍其特点：

（1）高带宽高性能：承载网核心设备 8900 或者 5928-FI 交换机结合 5100 接入交换机实现千兆到办公室的高速带宽，高楼层用户实现光纤到层，极大地方便了楼层用户的工作和休闲需求。

（2）电信级可靠性：采用双核心，互为备份，各系统的主控单元、电源等关键模块均可以进行“1:1”、“1+1”方式的备份；全面支持 VRRP、ZESR、STP、RSTP、MSTP、LACP 多种网络可靠性保护技术和各种快速故障倒换技术，极大地增强了系统的安全性。

（3）安全性：根据楼层用户需要，支持 VLAN ID 与 MAC 地址、端口号、IP 地址捆绑功能，安全隔离各办公地点的网络，主机路由不互访，切实保障了各用户的信息安全。中兴通讯的 UTM 安全解决方案提供了更全面的安全性。ZXSEC US 集防火墙、防病毒、入侵防御、VPN、Web 内容过滤、反垃圾邮件等多项安全功能于一身，能够从网络层到应用层进行全方位的安全保护。

（4）差异化设计：利用中兴通讯拥有全系列产品的优势，结合不同楼层的用户需要设置了多种网络组合方案，对于特定安全的用户还可以量身订造带有监控接口的网络设备，以切实保护用户财产。同时，中兴通讯的 89 交换机支持 VPLS 的远程安全连接。

（5）Qos 保证：支持层次化 QoS，可实现对业务的精确控制，核心层和接入层全部支持组播，以确保酒店网络中 VOIP、视频点播等各种服务的质量。

（6）环保静音：中兴通讯的全系列交换机和路由器的生产过程均采用无铅化设计，从元器件的采购到生产焊接，从单板测试到整装发货，这一系列过程均支持无铅化，同时满足国际 ROHS 标准。中兴通讯 2900/2800 等系列中低端接入交换机，均采用无风扇设计，以低功耗的散热芯片取而代之。一方面无尘、易维护，另一方面零噪声、环保，保证一个良好的工作环境。

（7）强大的网管系统：中兴通讯的 NetNumen N31 统一网管系统基于新的 Internet 技术，按照自下而上规则设计了高度用户化、电信级、跨平台的数据网络管理平台，支持跨平台运行、支持 Web 管理，并适用于所有中兴数据网络产品。

8.5 物联网在感知城市领域的应用

感知城市是指通过物联网等信息与通信技术，构建一个高感度的城市基础环境，实现城市内及时、互动、整合的信息感知、传递和处理，以提高民众生活幸福感、企业经济竞争力、城市可持续发展。该发展理念包括 5 个方面的内容，即城市环境完备智能、城市经济活跃创新、城市服务高效灵活、城市市民现代幸福、城市治理精准高效。

8.5.1 感知城市概述

感知城市作为一种先进的城市发展理念，需要有效的推动落实手段。为配合中国城市发展的需要，推动落实温家宝总理提出的“感知中国”战略，赛迪顾问率先提出了感知城市发展理念，并启动感知城市评价体系、感知城市建设经验、感知城市规划设计等系列研究，以期为中国城市的现代化发展提供智慧支持。

8.5.2 物联网在感知城市领域的应用案例

“2010 年海峡两岸信息服务产业合作及交流会议”在南京召开，因此，又称“南京软博会”。据了解，为响应国家去年提出的“感知中国”战略，作为“南京软博会”的重要组成部分，此次会议以“感知城市与物联网”为主题，依托参与各方在中国大陆和中国台湾地区建设规划和实施成果，探讨科学合理的“感知城市与物联网”评价指标体系，谋划城市管理和创新发展战略，展示宜居、宜业城市的解决之道，为海峡两岸“感知城市”建设提供借鉴和合作的重要依据。目前，我国的感知城市建设正从信息技术推广应用阶段迈向信息资源和知识资源的智能利用阶段，会议高峰对话邀请了两岸企业就感知城市及物联网领域共同关注的问题进行了深入探讨。作为“感知城市”的核心组成部分，地理信息系统（GIS）的作用正受到业界的关注。作为大会唯一受邀的 GIS 技术及服务提供商，Esri 中国公司的副总裁兼首席咨询专家蔡晓兵在大会上发表了“GIS 的未来努力方向——地理设计及其未来”的演讲，详细介绍了 GIS 的发展与感知城市的密切关系。“GIS 能够提供的，远远不只是地图可视化和简单的查询和定位。GIS 更加强大和本质的部分，在于可以对相同空间范围内各种不同因素之间的内在关系进行发掘和分析。通过空间分析，可以帮助我们寻找到这些不同因素之间的内在联系，从而帮助我们更好地认识其规律和现象后面更深层的原因。”蔡晓兵说，“了解和掌握这些规律和深层的原因，对于决策者而言是十分重要的。它可以帮助决策者在更加全面、系统地把握信息的基础上进行科学的决策。”地理信息系统在“感知城市”中不仅仅是提供数据采集和展示，更是实现整个系统价值的关键。这一观点在大会上引起了广泛共鸣，使与会者认识到了地理信息系统的价值。

【例 10】浙大网新智慧城市解决方案

1.“智慧城市”理念

围绕城市可持续发展、城乡一体化发展、民生核心需求等关注点，将因特网+物联网等先进信息技术与城市管理运营理念进行有机结合，通过对城市海量信息数据进行实时收集、存储，构建智能化的城市 IT 基础架构，通过数据的互联互通、交换共享、协同的关联应用，为城市治理与运营提供更高效、更灵活的决策支持与行动工具，为城市公共应用服务提供更人性化、更便捷的创新应用与服务模式，让现代城市运作更安全、更高效、更便捷、更绿色。

2.“智慧城市”特征

1）智能：更深入的智能化

通过对城市海量信息资源的实时收集与存储，构建城市个人信息、法人信息、地理信息、统计信息四大城市基础数据库，以及城市基础设施监测信息、治安与道路实时监测信息等城市应用数据库，形成现代城市精细化管理运营不可或缺的信息基础。

2）互连：更全面的互连互通

通过城市高带宽的固定网络、无线网络、移动通信网络实时在线地连接起来，可以帮助用户从全局的角度分析并实时解决问题，使得工作、任务通过多方协作远程操作成为可能，从而彻底改变城市管理与运作的方式。

3）协同：更有效的交换共享

通过构建身份认证、目录交换、结算清分、信用评估等技术平台的体系性建设，促进分布在城市不同角落的海量数据的流转、交换、共享、比对，推动城市治理运营的良性循环，即主动发现问题—功能自协调—及时处理问题。

4）协同：更协作的关联应用

在互连互通网络、数据交换与共享基础上，以政府、城乡居民、企业的互动为核心构建公共管理与公共应用服务平台，为城市管理与运营提供更智能、更高效及时的决策支持系统、管理服务工具、创新应用模式。

3.“智慧城市”架构

在管理体制创新的有力保障下，智慧城市要实现城市信息系统之间的层次性，以及各种应用服务之间的关联性。实现这一目标我们将采取“利用后发优势，统筹规划，分步实施”的方法。“基础数据库+应用数据库”、四大平台、三大系统构成了智慧城市的完整架构，如图 8-11 和图 8-12 所示。

（1）“基础数据库+应用数据库”：个人信息、法人信息、地理空间信息、统计信息四大基础数据库，以及城市重大基础设施监测信息、治安与道路监测信息等应用数据库。

（2）四大平台：身份认证、目录交换、结算清分、信用评估。

（3）三大系统：城市公共环境监测与管理系统、城市公共管理服务系统、城市应用服务系统。

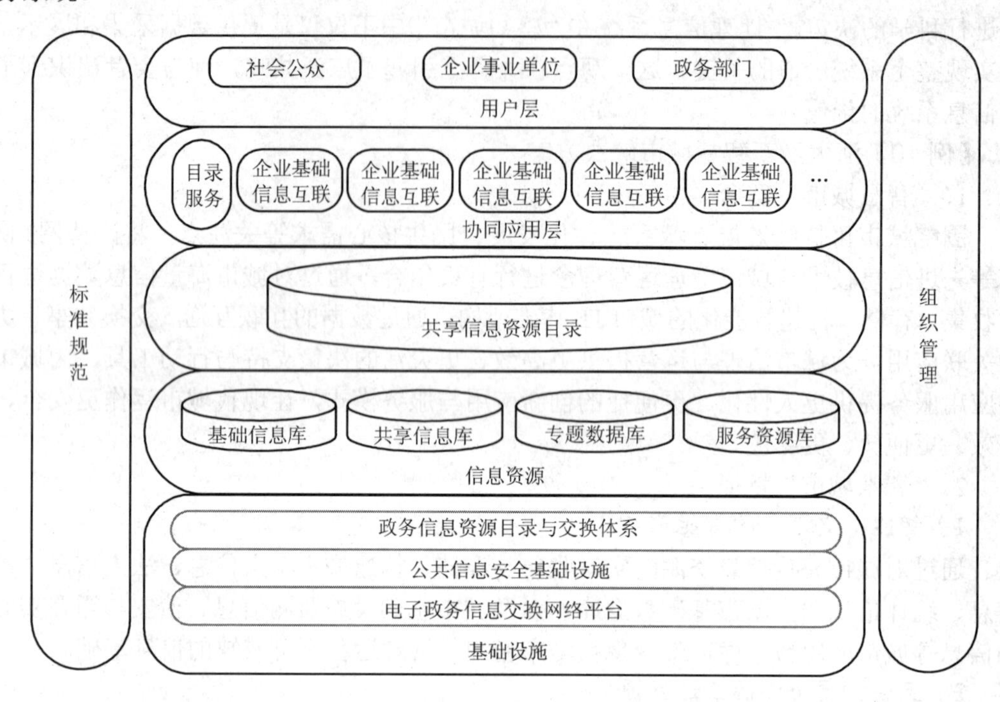

图 8-11 “智慧城市”架构

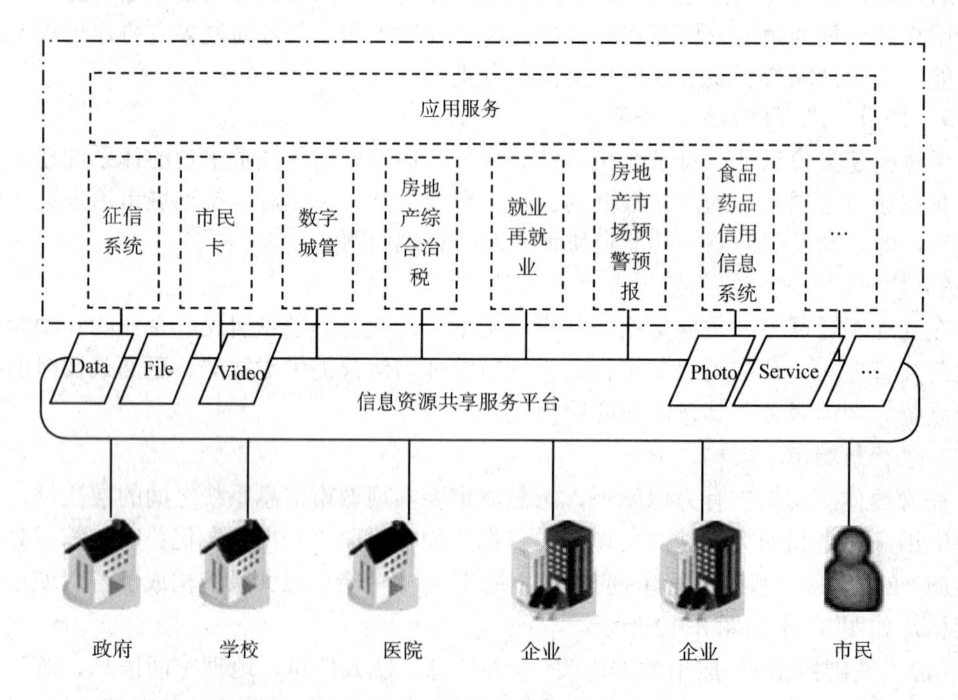

图 8-12 “智慧城市”应用服务架构

4．“智慧城市”模式

智慧城市的“智能+互联+协同”在建设上强调发挥共用、复用的协同效应，对原有城市信息化系统以“逻辑一体，物理分离”的理念积极实行整合、改造，新建项目则强调“交换共享，资源统筹”的原则，通过改变现有 EPC（工程总承包）为主的建设模式，积极推广 BOT（建设—运营—移交）、BT（建设－移交）、集中运营服务、运营租赁服务等模式，统筹用好现有资金与未来收益的结合；积极引入社会资源进行联营、项目置换等多种方式，尝试引入市场化方式推广服务外包、政务业务外包等模式，以减少政府财政支出，提高行政效率，争取市场运营、实现多赢，从而体现政府的投资收益。

【例 11】华为 E-CITY

有效地利用物联网、通信网、因特网的融合技术，构筑面向未来的绿色智能信息化城市；并通过 ICT 及 M2M 技术，为城市信息化系统提供多样化的交互和控制手段，进而构建城市生态发展综合体系。

1．智慧城市全景图（见图 8-13）

华为 E-CITY 以构建面向未来的绿色智能城市为理念，提供平安城市、应急指挥、智能交通、政府热线、无线城市、数字城管、数字景区、数字医疗等丰富的城市信息化解决方案。

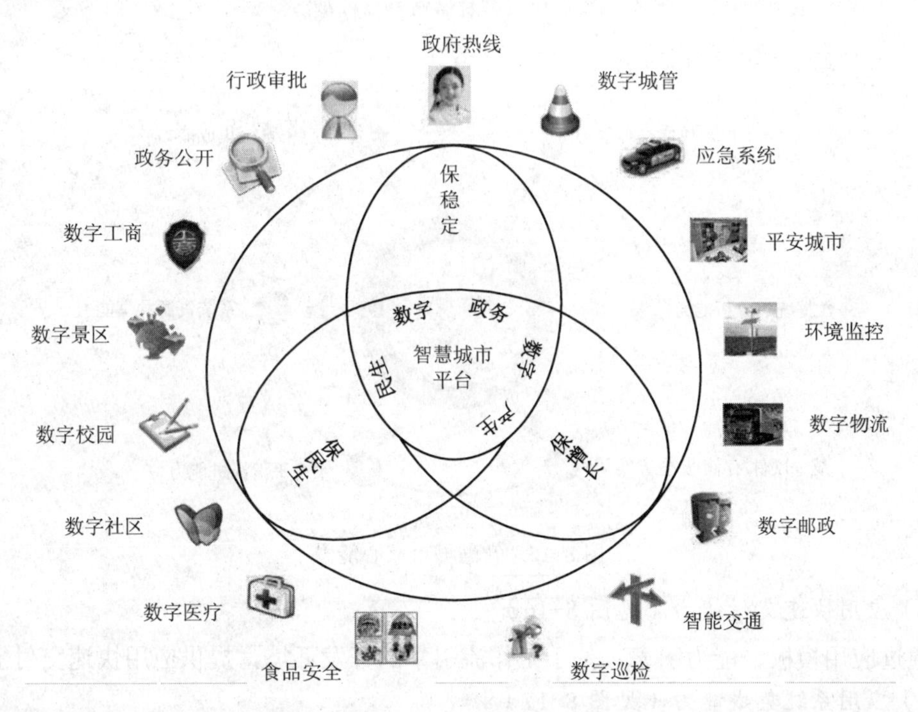

图 8-13 “智慧城市”全景图

2．智慧城市整体框架（见图 8-14）

智慧城市需要打造一个统一平台，设立城市数据中心，构建 3 个基础网络，通过分层建设，达到平台能力及应用的可成长、可扩充，创造面向未来的智慧城市系统框架。

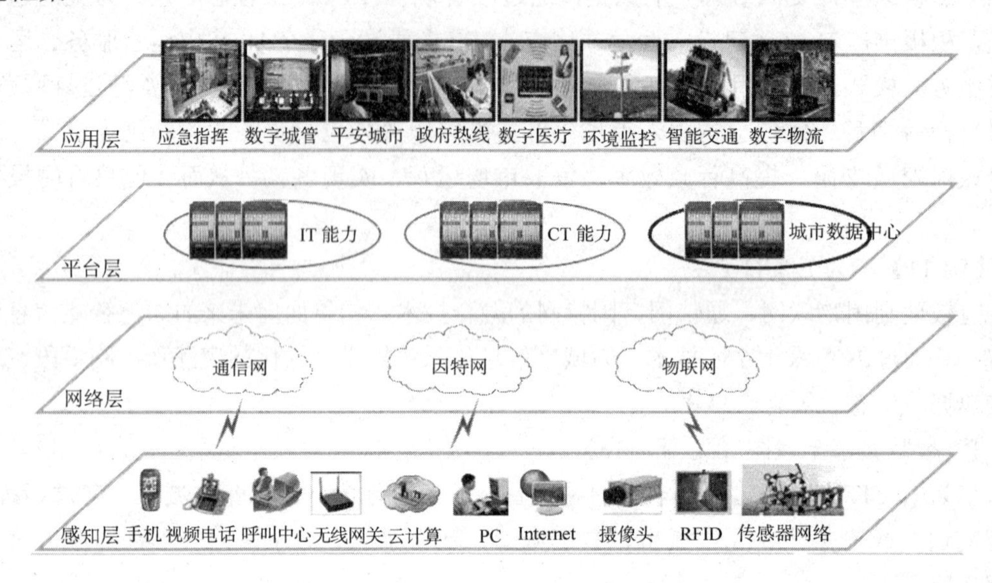

图 8-14　智慧城市整体框架

3．智慧城市平台核心能力（见图 8-15）

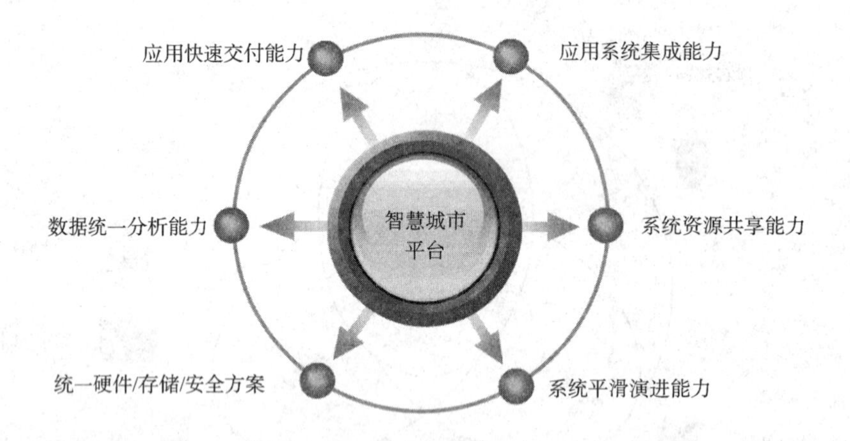

图 8-15　智慧城市核心能力

1）应用快速交付能力（见图 8-16）

通过应用模板、能力引擎，基于工作流引擎的开发环境，提供应用快速交付能力。

2）应用系统集成能力（见图 8-17）

定义标准接口，支持多层次集成，包括数据集成、能力集成和应用集成。

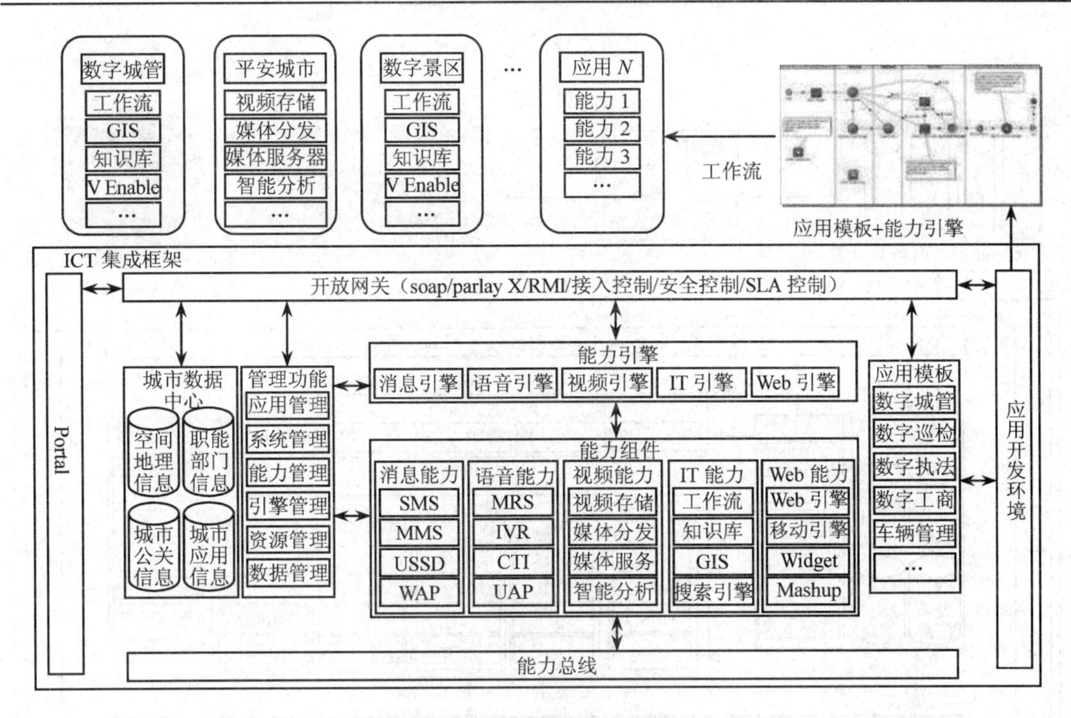

图 8-16　应用快速交付能力

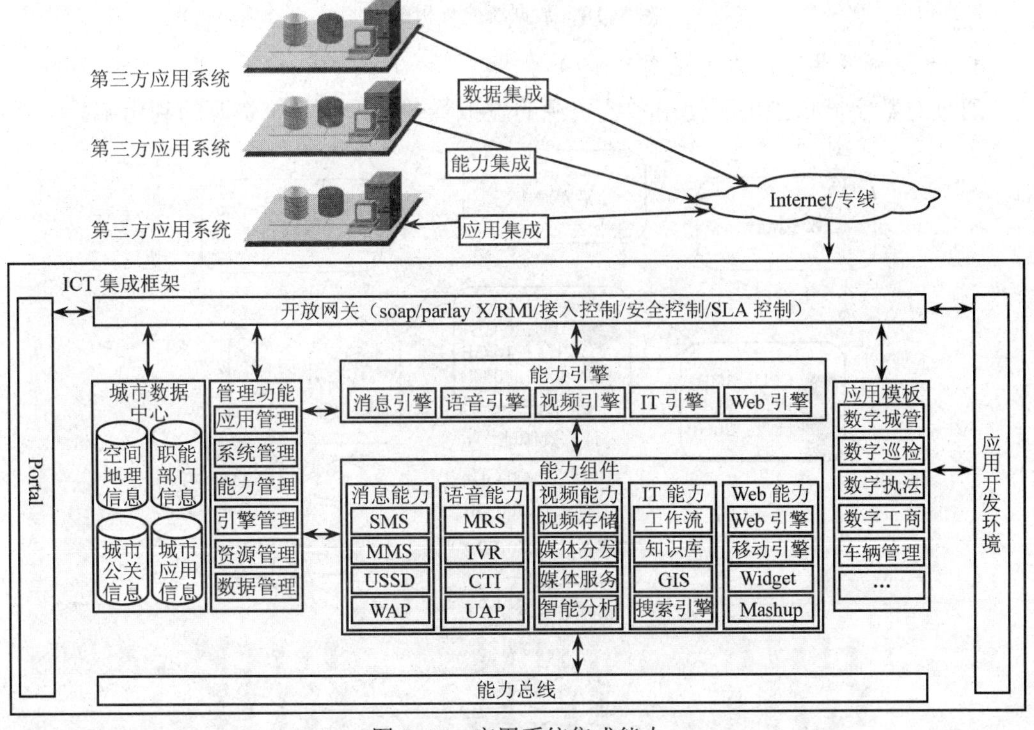

图 8-17　应用系统集成能力

3）数据统一分析能力（见图 8-18）

城市仪表盘为决策者提供了统一的城市数据分析视图。

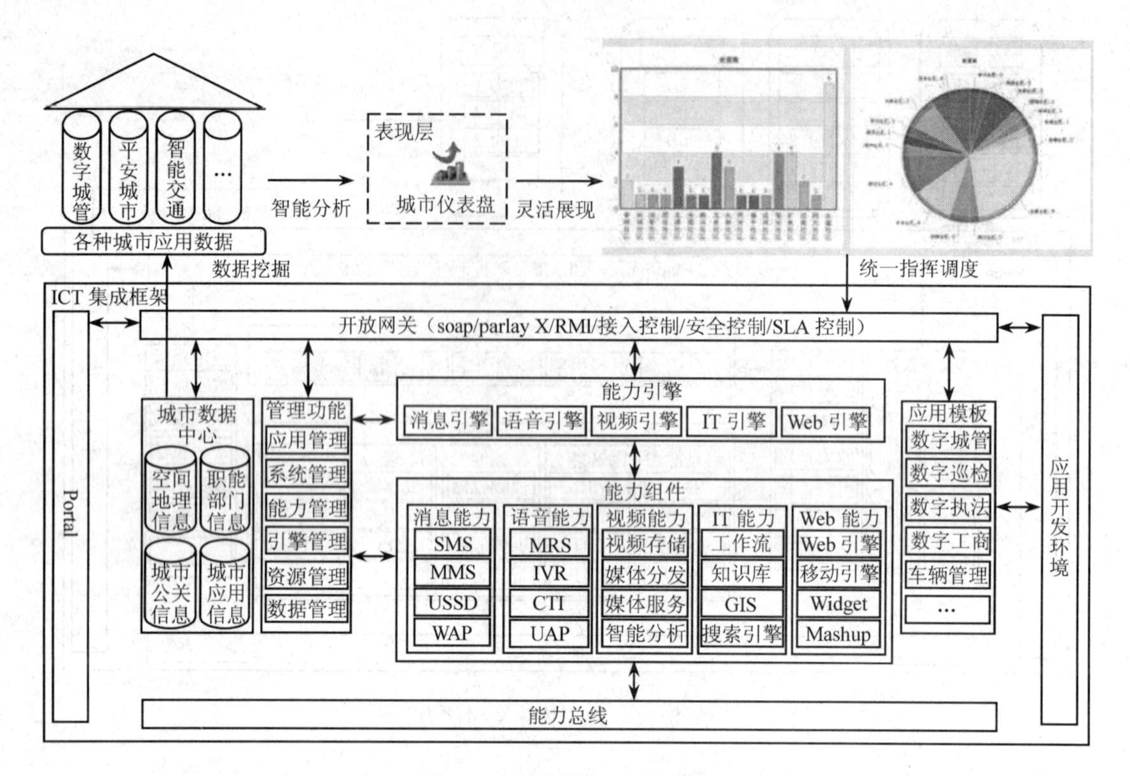

图 8-18　数据统一分析能力

4）系统资源共享能力（见图 8-19）

通过对数字城市应用所使用系统资源的虚拟管理，提高系统资源的利用率。

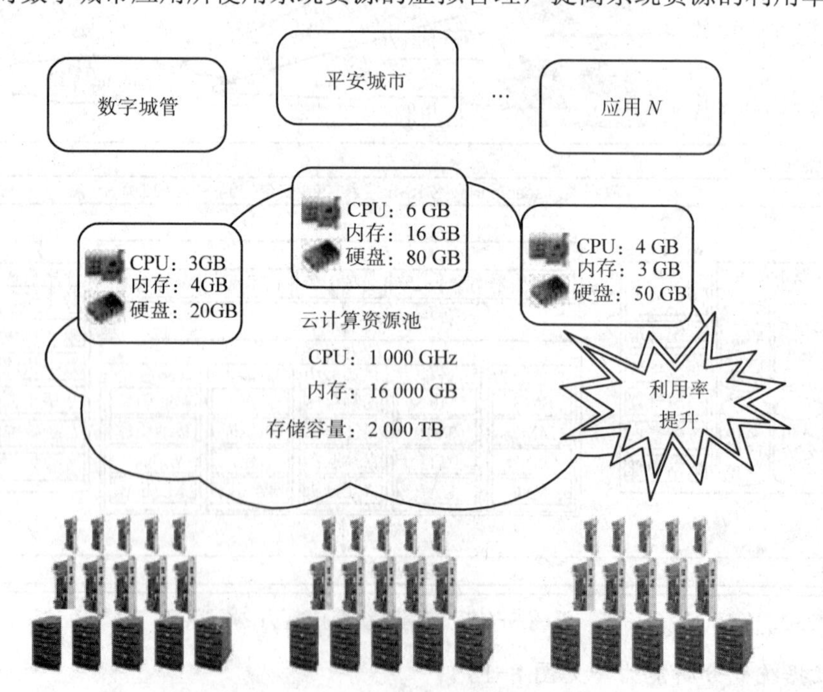

图 8-19　系统资源共享能力

5）统一的硬件平台（见图 8-20）

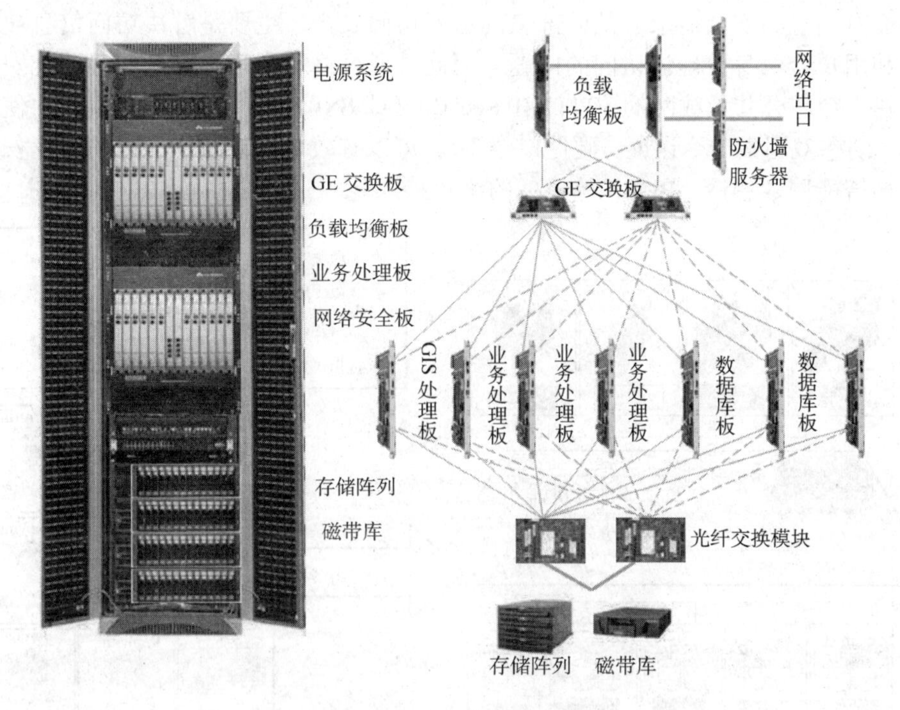

图 8-20　统一的硬件平台

统一的硬件平台具有以下优点：

（1）安全：集中安全控制；

（2）可用、可靠集群；

（3）可扩展：集中计算资源、集中存储资源、统一规划资源；

（4）易管理、易维护：集中管理模式、远程管理、远程监控；

（5）降低环境复杂度；

（6）降低整合难度；

（7）实用、环保。

6）统一的存储备份（见图 8-21）

存储整合是通过运用数据迁移等整合技术将各种存储系统改造为统一存储平台的过程。

7）网络安全方案（见图 8-22）

对业务系统网络的基础架构进行分析、优化，按结构化、模块化、层次化的设计思路进行结构调整优化，增加网络的可靠性、可扩展性、易管理性、冗余性。包括模块化及冗余等结构设计、VLAN 规划设计、IP 规划设计、路由规划设计和接入规划设计。

在业务系统边界建立统一的边界防护，对于内部边界，如终端接入网络的边界点以及业务中心接入承载网络的边界点等，加强接入和授权控制；对于外部边界，如业务中心到外部网络的边界，需要加强安全防护。通过对接入边界做统一规划设计，建立统一的外连模块和防护体系，实现外来访问的统一安全监控，集中部署安全措施。

业务系统需要有外部的维护接入和敏感客户及敏感信息的访问，在网络穿越和身份识别方面有明显的安全需求。从外部来的敏感访问安全，主要是解决访问信息被非法窃取泄密和用户合法身份确认访问的问题，因此，通过终端用户主机到业务系统安全边界之间，建立穿越公共承载网的 VPN（IP Sec VPN 或 SSL VPN 等），加上接入中使用强身份认证（动态双因素口令认证、硬件口令等），可以有效地保证敏感信息的远程安全访问问题，如智能网、彩铃、BOSS 等业务的维护接入。

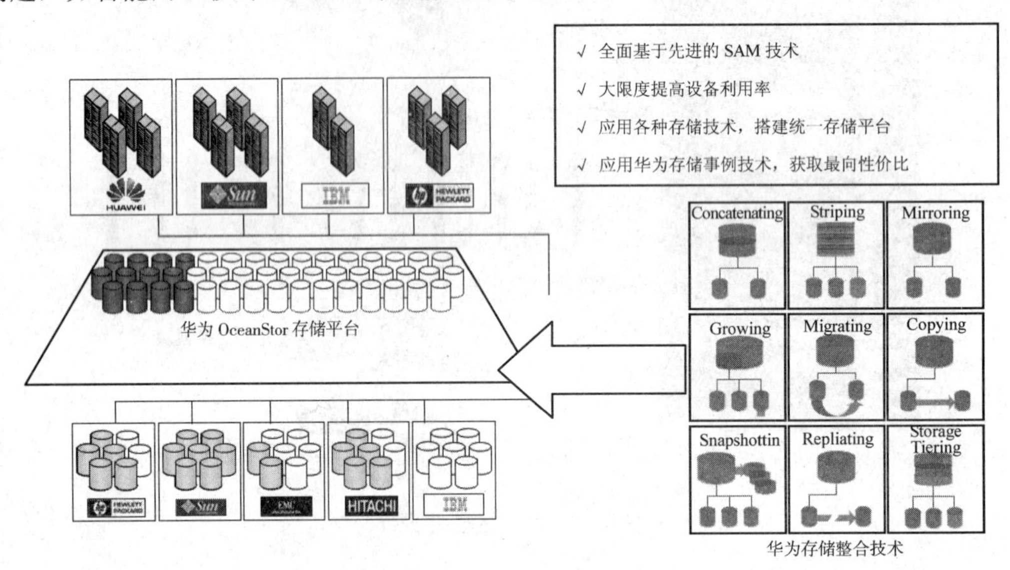

图 8-21　统一的存储备份

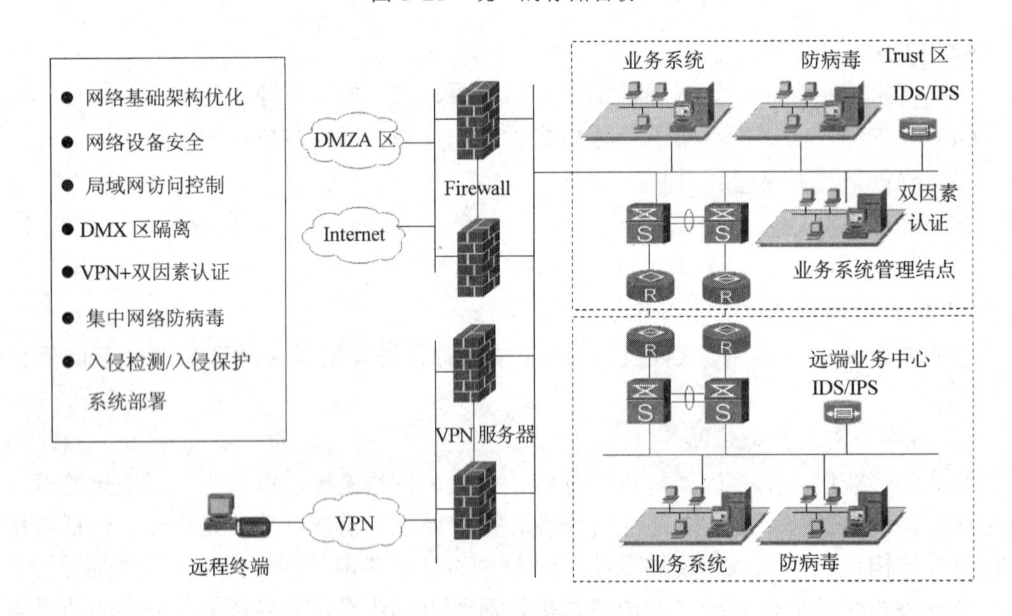

图 8-22　网络安全方案

8）系统平滑演进能力（见图 8-23）

智慧城市平台支持分期建设，系统可成长，可持续发展。

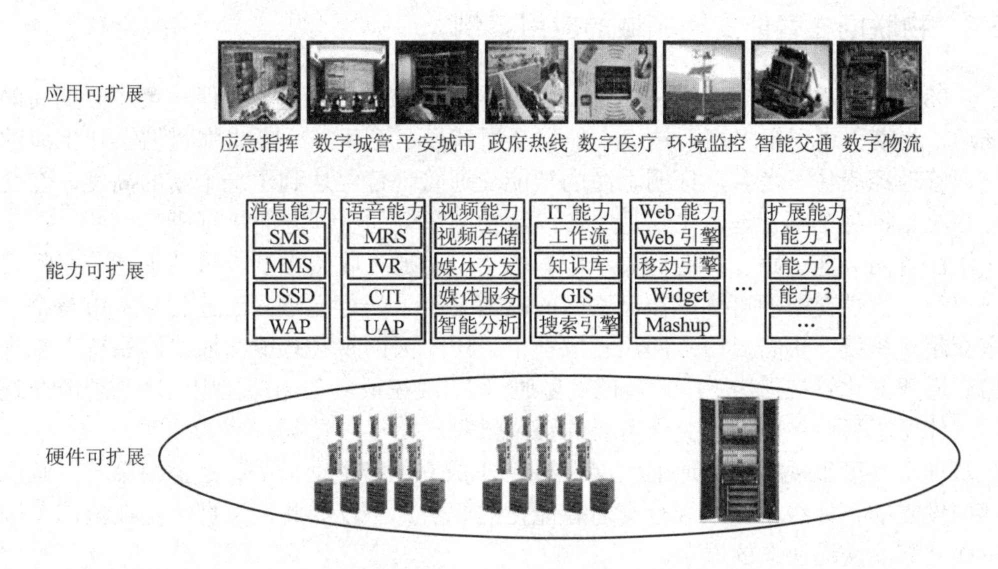

图 8-23　系统平滑演进能力

8.6　物联网在智能交通领域的应用

物联网在智能交通领域的应用即车联网，是指装载在车辆上的电子标签通过无线射频等识别技术，实现在信息网络平台上对所有车辆的属性信息和静、动态信息进行提取和有效利用，并根据不同的功能需求对所有车辆的运行状态进行有效的监管和提供综合服务。车联网将缓解城市交通堵塞、减少车辆尾气污染以及减少车辆安全隐患。应用“车联网”技术的车辆能与城市道路系统保持实时通信。这些功能可优化车主的行使路线，缩短旅途时间，让旅途更具可预测性。车主在驾驶汽车的同时还能保持与社交网络的无缝连接。车联网将彻底改变人类的出行模式，重新定义汽车的 DNA。实现车联网技术的未来城市交通将告别红绿灯、拥堵、交通事故、停车难等一系列问题，并实现自动驾驶。

8.6.1　智能交通概述

智能交通是一个基于现代电子信息技术，面向交通运输的服务系统。其突出特点是以信息的收集、处理、发布、交换、分析、利用为主线，为交通参与者提供多样性的服务。简单而言，就是利用高科技使传统的交通模式变得更加智能化，更加安全、节能、高效。

未来将是公路交通智能化的世纪，人们将要采用的智能交通系统，这是一种先进的一体化交通综合管理系统。在该系统中，车辆靠自己的智能在道路上自由行驶，公路靠自身的智能将交通流量调整至最佳状态，借助于这个系统，管理人员对道路、车辆的行踪将掌握得一清二楚。

8.6.2　物联网在智能交通领域的应用案例

2008 年北京奥运会，北京的智能交通取得了突破性进展，为了保障奥运会期间的道路畅通，北京引进了很多高新技术来加强交通疏导、管理；2010 上海世博会让上海的智能交通管理经受住了考验，证明上海的智能交通管理已经达到了一个新的高度，在交通诱导系统、特种车辆管理，尤其是爆炸危险物品车辆的管理方面卓有成效。

浙江省内高速公路上快速通关不停车的“一卡通”收费系统，只要手持一张收费卡在出口处一次性交费便可驾车在已联网的高速公路上畅行无阻；江苏省南京市首个“不停车查超载系统”也将启用；四川省成都市运用“天网视频智能交通检测系统”来提高道路交通智能化管控能力；广东省的“粤通卡”，现在很多车辆都在用。这些智能交通卡的运用体现了目前中国智能交通发展的繁荣景象。

深圳市高度重视智能交通的发展，2009 年成立的智能交通处，是全国第一个政府职能部门设立的正处级单位来履行交通智能化的职责。不仅如此，深圳也是在全国范围内较早成立智能交通协会的城市。

中兴智能交通（无锡）有限公司正式入驻无锡传感网国际创新园，这是中兴智能交通与无锡新区开展长期合作，建立国际一流的智能交通物联网产业园的重要开端，也是其着力发展并规划布局 ITS 物联网产业链的新起点。

作为智能交通领域通信专家及致力于 ITS 物联网的先锋企业，中兴智能在无线通信技术、射频识别（RFID）技术、传感技术、车牌识别技术、视频检测识别及编解码技术，以及智能公交调度与信号控制技术等多项技术上拥有自主研发创新成果，为其布局智能交通产业链提供了坚实的技术保障。而无锡新区是国内一流的物联网技术创新核心区，聚集了物联网各行业的高新技术企业、应用研发中心及众多科研院所，正在形成具有完善的自主创新体系、健全产业联盟的国际物联网创新产业园。中兴智能落户无锡传感网国际创新园之后，将充分融合自主创新技术与高新科技产业园区优势，联合政府及业内其他企业共同推进无锡新区 ITS 物联网产业链的形成与完善。

8.7　物联网在节能环保领域的应用

“感知环境，智慧环保”即结合物联网技术对水体水源、大气、噪声、放射源、废弃物等进行感知、处置与管理，建设一个集智能感知能力、智能处理能力和综合管理能力于一体的新一代网络化智能环保系统，达到“测得准、传得快、算得清、管得好”的总体目标，旨在推进污染减排、加强环境保护，实现环境与人、经济乃至整个社会的和谐发展。

8.7.1　节能环保概述

环保产业是指在国民经济结构中，以防治环境污染、改善生态环境、保护自然资源为目的所进行的技术产品开发、商业流通、资源利用、信息服务、工程承包等活动的总称。它在美国称为“环境产业”，在日本称为“生态产业”或“生态商务”。

环保产业是一个跨产业、跨领域、跨地域，与其他经济部门相互交叉、相互渗透的综合性新兴产业。因此，有专家提出应列为继“知识产业”之后的“第五产业”。

环保产业在国际上有狭义和广义两种理解。对环保产业的狭义理解是终端控制，即在环境污染控制与减排、污染清理及废物处理等方面提供产品和服务。广义的理解则包括生产中的清洁技术、节能技术，以及产品的回收、安全处置与再利用等，是对产品从“生”到“死”的绿色全程呵护。

8.7.2　物联网在节能环保领域的应用案例

物联网是经济发展的新引擎，是转型升级的助推器，应用物联网理念创新的污染源自动监控系统已成为现阶段巩固污染减排成果的有效手段。

应用物联网海量集成技术、细化污染源监控系统全方位架构、强化数字环境管理，将带来环境管理模式的重大转变，这对探索中国特色环保新道路、确保污染减排工作取得实效具有十分重要的意义。

山西是全国能源重化工基地，重型化产业结构和污染的历史欠账导致主要污染物排放总量居全国前列，为使山西省“十一五”期间投资 700 多亿元建成的污染治理设施充分发挥工程减排效益，从根本上解决企业污染治理设施“建而不用、偷排超排严重”的违法顽症，强化污染减排监管能力建设成为山西省委、省政府领导高度关注的环保热点工作之一。

从 2007 年起，山西省严格按照国家污染减排“三大体系”能力建设的有关规定和要求，先后投资 6.885 亿元，历时 3 年，全面建成投运了山西省重点污染源自动监控系统。在建设重点污染源排污口主要污染物自动监控设施的同时，应用物联网技术，同步建成环保治理设施过程监控设施，在全省 756 家重点排污企业建成了既监又控的污染源自动监控系统，现联网废气监控点 1 023 个、废水监控点 586 个、环保治理设施监控点 1 237 个、分级警告设备 2 071 台。自 2009 年 10 月 1 日正式运行以来，以服务污染减排为核心，以“增功能、保运行、促应用”为重点，结合山西省实际，全面提升了全省污染源自动监控系统监管水平。环境保护部于 2010 年第二季度公告山西省国控污染源自动监控系统验收率、联网率均超过 95%、数据有效性审核率超过 80%，主要指标名列全国前茅。

8.8　物联网在旅游业的应用

旅游业本身就是一个跨行业、跨区域的概念，旅游业主要指旅游景区、景点等与旅游资源直接相关的部分，而其他与旅游相关的还包括：餐饮业、酒店业、交通运输业、房地产等。由于旅游资源本身可能存在跨区域的特点，以及不同区域之间的互补性，跨区域旅游展现了旅游业新的魅力。近年来，中国跨区域的旅游合作已经出现探索性的尝试，例如“五岳联盟”、“京杭大运河”沿线旅游合作等，这些合作都突破了旅游资源在区域上的限制。这种跨区域的合作对信息技术的依赖也更强烈。物联网在旅游业的应用将会采用先进的科技和创新的业务模式，把旅游相关产业资源整合起来。整合正是大旅游发展的核心内容。

8.8.1 旅游服务概述

旅游服务是指旅游业服务人员通过各种设施、设备、方法、手段、途径和“热情好客”的种种表现形式，在为旅客提供满足其物质和精神需要的过程中，创造一种和谐的气氛，产生一种精神的心理效应，从而触动旅客情感，唤起旅客心理上的共鸣，使旅客在接受服务的过程中产生惬意、幸福之感，进而乐于交流，乐于消费的一种活动。

8.8.2 物联网在旅游业的应用案例

2010 年 6 月 18 日，第八届中国海峡项目成果交易会上，中国电信福建公司与武夷山市人民政府签订合作协议，双方计划到明年底，投资人民币 5 000 万元，分两期完成物联网武夷山示范区的建设，提升物联网在武夷山的旅游服务、城市管理和经贸发展中的应用水平，打造“智慧武夷”旅游度假城市。

全新建设的桂林旅游公共信息服务平台是一个基于桂林旅游区域性特点，充分利用现代信息技术（因特网、网格技术、云计算、3G、GIS、电子支付、RFID 智能卡、智能终端等），主要服务于政府、旅游企业和游客，实现旅游宣传和营销、电子交易、游客服务、行业管理和市场监控的现代化信息服务平台。该平台由桂林旅游数字控制中心、12301 旅游呼叫中心、桂林旅游电子交互系统、桂林旅游目的地营销系统、桂林旅游电子管理和服务系统六大部分组成，将实现旅游宣传和营销、电子交易、游客服务、行业管理和市场监控于一体，直接带动旅游服务和信息技术服务两个产业链的发展，促进桂林旅游现代服务的产业化发展。

8.9 物联网在生产监控领域的应用

随着国家对安全生产的重视程度不断加强，生产企业在各种安全、生产监控系统方面的投入逐年加大，对保证生产的安全和正常生产起到了重要作用。但是在目前的装备和技术水平下，无法根除各种安全隐患，安全生产事故时有发生。“物联网”概念的问世，打破了之前的传统思维。过去的思路一直是将物理基础设施和信息基础设施分开。对于煤矿安全生产而言，在“物联网”时代，瓦斯、CO 等各类传感器、电缆、电气机械设备、钢筋混凝土等，将与芯片、宽带整合为统一的基础设施，基于物联网可以对煤矿复杂环境下生产系统内的人员、机器、设备和基础设施实施更加实时有效的协同管理和控制。物联网概念为建立煤矿安全生产与预警救援新体系提出了新的思路和方法。如何利用物联网技术解决煤矿生产中人员安全环境的感知问题，解决矿山灾害状况的预测预报，减少或避免重大灾害事故的发生，解决安全生产的智能控制；矿山物联网技术的发展潮流以及研究的核心内容是什么，如何形成产业标准等，这些都是感知矿山物联网示范工程需要解决的问题。

8.9.1 生产监控概述

生产监控系统的基本任务是，及时发现生产过程中的故障现象，并且进行故障的斩断、分析与处理，以保证生产系统始终处于高效的工作状态。监控系统质量的好坏，将直接关系到自动化生产系统能否正常运行及高效的运行。因此，它已成为现代化生产系统不可缺少的重要环节之一。

8.9.2　物联网在生产监控领域的应用案例

【例 12】矿山机电设备在线监测与故障诊断平台

根据矿山生产企业的特点，生产企业通常组建工业网络和办公网络，工业网络主要连接各生产系统、安全监测系统，办公网络运行企业相关的管理应用系统，办公网络和工业网络之间用安全设备进行隔离。构建矿山机电设备在线监测与故障诊断平台时划分为 4 个层次，平台的总体结构如图 8-24 所示。

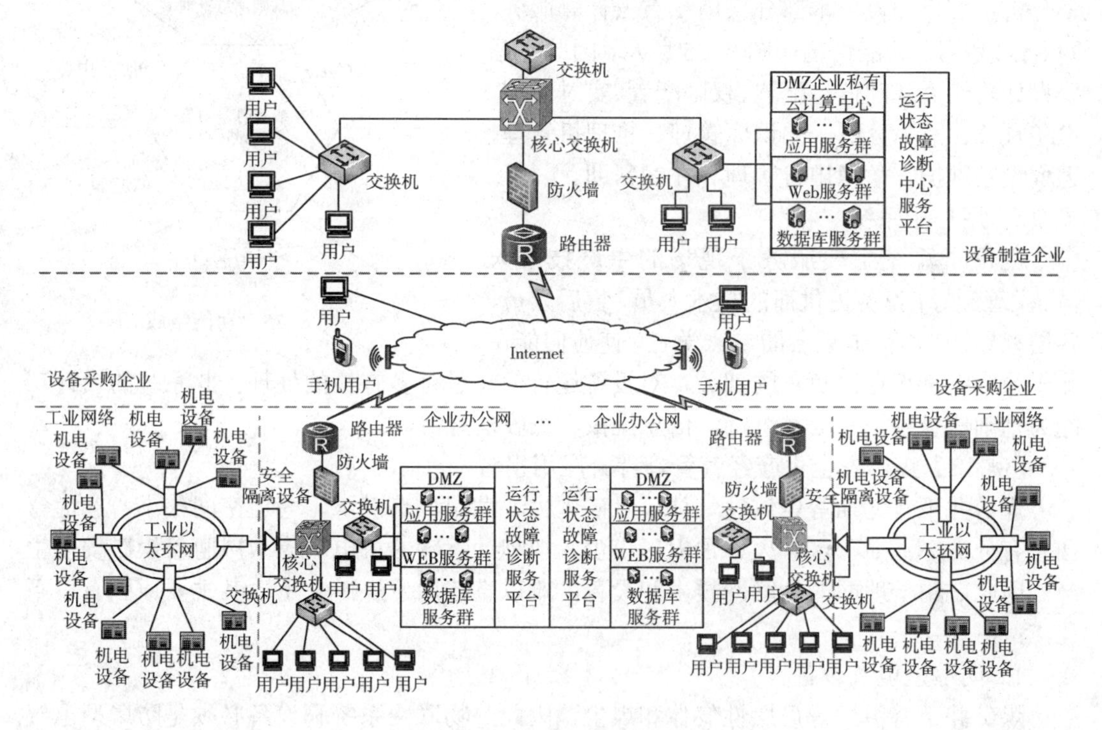

图 8-24　平台总体结构

平台功能的设计根据信息来源的标志、感知—接入、传递—处理、控制—应用、交互等 4 个处理层次，结合物联网技术和云计算方式（SaaS 服务），分为 5 个子系统。

1．前端采集子系统

PLC、单片机、ARM、DSP 等前置到矿山机电设备中的智能处理设备根据挂接在上面的各种标签、传感设备、智能芯片采集各种信息，传送至服务端，并根据服务端处理反馈信息控制矿山机电设备的状况，因此，该部分功能设计为基础信息配置、前端设备管理、传输接口管理、控制功能管理。

2．数据传输子系统

数据传输子系统包含数据从数据采集前端经过各种总线、串口等传输到工业网络，然后从工业网络传输到企业办公网络，再到远程设备制造商数据中心的传输子系统，因此，该部分根据需求功能设计为基础信息配置、传输协议配置、数据分组管理、通信端管理。

3．本地服务子系统

为满足矿山机电设备的可视化、简易化管理，本地服务子系统采用“组态+列表”的形式进行展示，因此，该系统功能设计为基础信息配置、权限管理、组态管理、数据查询、报警模块、图形显示、报表管理、故障诊断管理。

4．远程在线监测与故障诊断中心

远程在线监测与故障诊断中心是整个系统的核心，相当于整个系统的中枢神经大脑，对所属矿山机电设备的运行状态进行实时监测、预警分析、故障预告，本部分采用私有云计算服务，即 SaaS 服务，功能结构如图 8-25 所示，因此本系统设计功能为基础信息配置、权限配置、实时监测、设备预警、故障分析、知识库管理、推理机管理、远程设备维护、故障申告管理、在线帮助。

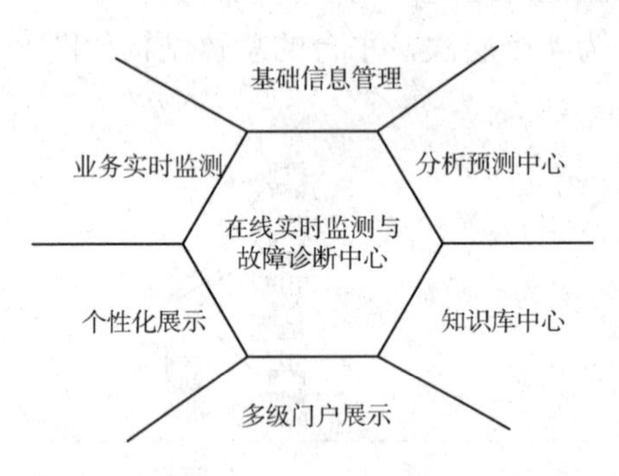

图 8-25　功能组成

5．用户子系统

用户子系统主要服务于现场的生产技术人员、主管领导；设备提供商的技术人员、售后人员、各层领导；矿山机电设备的专家学者。使他们能在此子系统中管理自己负责的部分，对设备运行信息进行多方位的处理。此系统的设计功能为基础信息维护、信息查询、信息上报、查收消息等。

【例 13】煤矿安全生产经营管理综合应用平台

煤矿井下有瓦斯等爆炸性气体，且矿尘大、潮湿、有淋水、巷道空间狭小、巷道弯曲且有分支，瓦斯、水、火、顶板、煤尘、放炮、运输、机电等事故威胁着煤矿安全生产。因此，用于地面的物联网技术和设备，难以直接用于煤矿井下。其主要原因有以下几点：

1．防爆型电气设备

煤矿井下有甲烷等可燃性气体和煤尘，因此，物联网系统和设备必须是防爆型电气设备，并宜采用安全性能好的本质安全型防爆措施，输入/输出信号必须是本质安全信号。

2．电磁波传输衰耗

煤矿井下空间狭小，有风门、机车等阻挡体，巷道介质、弯曲、分支、倾斜、表面粗糙度、巷道支护等会影响电磁波的传输，传输衰耗较大。

3．GPS 信号覆盖率

煤矿井下的巷道一般布置在离地表数百米以下，最深达 1 365 m。因此，GPS 信号不能覆盖煤矿井下巷道。

4．无线发射功率

本质安全型防爆电气设备的最大输出功率为 25 W 左右。当电路中有电感和电容等储能元件时，将进一步降低电路中允许的最大电流和电压，功率也会大大降低。

5．抗干扰能力

煤矿井下空间狭小，机电设备相对集中，功率大，电磁干扰严重，特别是大功率变频器、大型机电设备启停，架线电机车电火花等对物联网设备干扰大，因此，物联网设备抗干扰能力要强。

6．网络结构

煤矿井下巷道为分支结构，呈树形布置，分支长度数千米，甚至达万米以上；煤矿井下电缆和光缆必须沿巷道铺设，挂在巷道壁上。因此，为便于系统安装维护，节约传输电缆和光缆，降低系统成本，网络结构宜采用树形结构。

7．传输距离

煤矿（仅单一矿井）相对于一般工业企业而言，覆盖区域较广，采掘工作面距地面调度室距离可达十几千米，因此，传输距离相对较远。

8．中继器

煤矿井下工作环境恶劣，设备故障率较高，巷道长度长，维护困难。若采用中继器延长传输距离，由于中继器是有源设备，故障率较无中继器系统高，并且在煤矿井下电源的供给受电气防爆的限制，在中继器处不一定方便取得电源，若采用远距离供电还需要增加供电芯线。因此，不宜采用中继器。

9．电源电压波动适应能力

煤矿井下电网的电源电压波动范围为 75%～110%，甚至达 75%～120%。因此，煤矿物联网设备应具有较强的电源电压波动适应能力，特别当电网停电时，应由备用电源维持不少于 2 h 的正常工作。

10．抗故障能力

煤矿井下环境恶劣，设备故障率高，顶板掉落等会造成电缆和光缆断缆、设备损坏。因此，煤矿物联网设备应具有较强的抗故障能力，当系统中某些设备发生故障时，不会造成整个系统瘫痪，其余非故障设备仍能继续工作。

11．防护性能

煤矿井下除有瓦斯等爆炸性气体外，还有硫化氢等腐蚀性气体，而且矿尘大，潮湿，有淋水。因此，煤矿物联网设备应具有较好的防尘、防水、防潮、防腐、耐机械冲击等防护性能。

12．设备体积

煤矿井下空间狭小，因此，煤矿物联网设备的体积，特别是天线体积不能很大，便携式设备更要注意体积和重量。

作为物联网应用的一个重要领域，“感知矿山”是通过各种感知手段，实现对真实矿山整体及相关现象的可视化、数字化及智能化，即将矿山地理、地质、矿山建设、矿山生产、安全管理、产品加工与运销、矿山生态等综合信息全面数字化，将感知技术、传输技术、智能技术、信息技术、现代控制技术、现代信息管理技术等与现代采矿及矿物加工技术紧密结合，构成矿山人与人、人与物、物与物相连的网络，动态详尽地描述并控制矿山安全生产与运营的全过程，以高效、安全、绿色开采为目标，保证矿山经济的可持续增长，保证矿山自然环境的生态稳定。物联网在煤矿安全生产中的应用架构如图 8-26 所示。

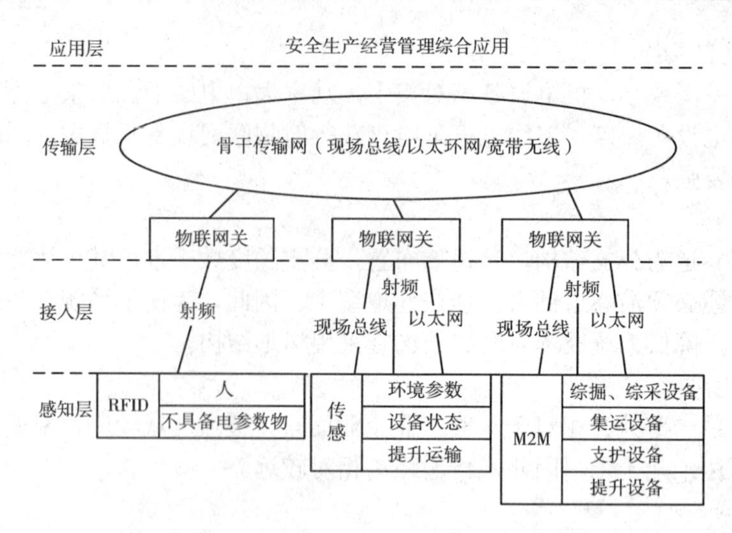

图 8-26　物联网在煤矿安全生产中的应用架构

8.10　物联网在智能物流领域的应用

物流业是物联网应用的行业之一，很多物流系统采用红外线、激光、无线、编码、认址、自动识别、传感、RFID、卫星定位等高新技术，已经具备了信息化、网络化、集成化、智能化、柔性化、敏捷化、可视化等先进技术特征。新信息技术在物流系统的集成应用就是物联网在物流业中应用的体现。

8.10.1　智能物流概述

智能物流是利用集成智能化技术，使物流系统能模仿人的智能，具有思维、感知、学习、推理判断和自行解决物流中某些问题的能力。智能物流的未来发展将会体现 4 个特点：智能化、一体化和层次化、柔性化、社会化。即在物流作业过程中，大量运筹与决策的智能化；以物流管理为核心，实现物流过程中运输、存储、包装、装卸等环节的一体化和智能物流系统的层次化；智能物流的发展会更加突出“以顾客为中心”的理念，根据消费者需求变化来灵活调节生产工艺，实现柔性化；智能物流的发展将会促进区域经济的发展和世界资源优化配置，实现社会化。

可通过智能物流系统的 4 个智能机理，即信息的智能获取技术、智能传递技术、智能处理技术、智能利用技术来分析智能物流的应用前景。

（1）智能获取技术使物流从被动走向主动，在物流过程中主动获取信息，主动监控车辆与货物，主动分析信息，使商品从源头开始被实时跟踪与管理，实现信息流快于实物流。

（2）智能传递技术应用于企业内部、外部的数据传递功能。智能物流的发展趋势是实现整个供应链管理的智能化，因此需要实现数据间的交换与传递。

（3）智能处理技术应用于企业内部决策，通过对大量数据进行分析，对客户的需求、商品库存、智能仿真等做出决策。

（4）智能利用技术在物流管理的优化、预测、决策支持、建模和仿真、全球化管理等方面的应用，使企业的决策更加准确和科学。

8.10.2　物联网在智能物流领域的应用案例

【例 14】煤炭行业物流综合信息平台应用

首先，由于现有煤炭企业物流信息平台相对孤立，和煤炭企业的供应以及运销结合得并不紧密，缺少智能决策系统，在对现有煤炭企业物流信息平台分析的基础上，提出了新的煤炭企业物流运作模式，建立起新的模型。新的模型要符合信息共享、需求驱动，最大程度地降低库存，减少车辆运输过程中的空载率，最大程度地提高信息共享程度，将订单、生产计划、仓储、物资采供、物资供应及运输销售过程中的车辆调度中的所有信息全部共享，打破传统煤炭物流过程中的订单、生产计划、仓储、物资采供、物资供应及运输销售过程完全孤立的模式。

其次，在确立新的物流模型后，将物联网应用于系统。其中，在运输业务过程中需要对连接到因特网的车辆数量、车辆类型进行分析，对于仓储中需要连接到因特网的物资种类进行分析，最终建立合理的车辆和仓储物品的物联网。

最后，物流信息平台采用 JEE 技术架构，服务端采用开源的服务器 Tomcat。用户登录煤炭物流平台后，填入用户名、密码，即可登录系统。订单录入人员负责录入订单，当订单录入系统后，仓储自动检测库存是否充足，在不充足的情况下，物资供应部门会有采供计划，物资部门在通知供应商配送货物的同时，系统会自动进行车辆调度管理，查看现在是否有运输煤炭的车辆适合到供应商取货，从而降低空载率。在煤炭运输过程中，会在系统中发布运输任务，公众可以访问网络，查看运输任务，从而在车辆返回的时候实现运输任务，降低运输空载率，基于物联网的煤炭企业物流系统模型如图 8-27 所示。

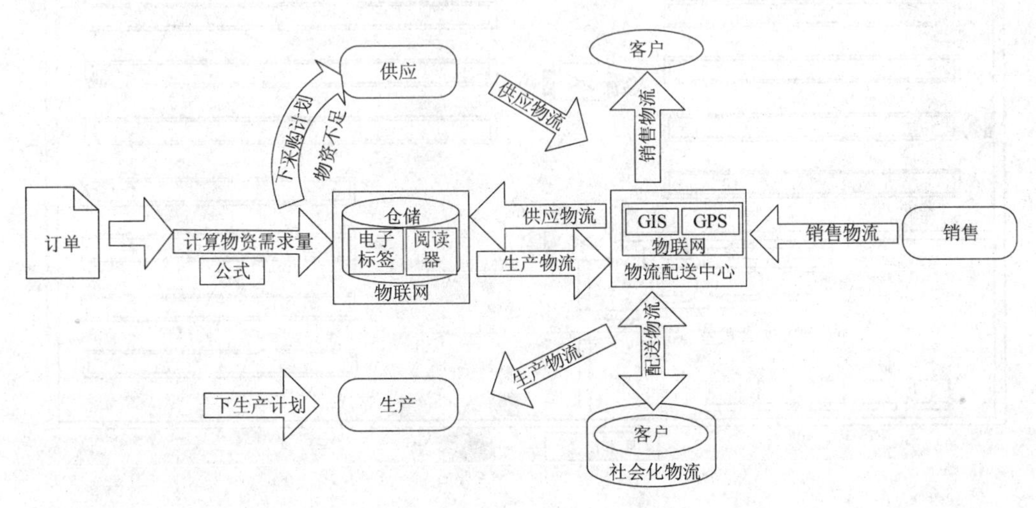

图 8-27　基于物联网的煤炭企业物流系统模型

【例 15】煤炭企业仓储管理应用

在煤炭企业仓储管理中，计算机管理信息系统已经有了广泛应用，将物联网应用到煤炭企业的仓储管理中，建立智能化的现代仓储管理系统，可以极大地提高仓储的管理效率。在仓库中，分布安装读写器，覆盖整个仓库，则附有电子标签的物资在仓库的任何地方都可以被捕获，以实现物资的跟踪、定位、识别，建立本地数据库服务器和仓储管理系统，通过因特网访问由供应商维护的PML服务器获取物资的详细信息，以自动生成各种报表，完成物资的审核、出入库管理等功能，从而全面掌握仓库的最新动态。

1．物资的识别

每一个产品都附有电子标签，电子标签中有这个产品的唯一编码，通过读写器，可以远距离、无接触地读取标签信息，提高识别效率、减少人工参与。

2．物资出入库管理

在仓库的门口设置读写器，物资进出仓库时，可以被读写器自动识别，传给出入库管理模块。通过物联网获取远端 PML 服务器中的产品信息，PML 服务器由物资的供应商建立并维护，用 PML 语言描述产品的详细信息，如产品名称、生产厂家、生产日期、产品说明等，并生成出入库物资清单，实现自动化出入库管理。

3．智能仓库

仓库可以实时地告诉人们物资的库存量，而无须人工进行物资盘点，从而降低库存，节约成本。可以实时查询和追踪货物信息，动态分配货物，实现随机存储，从而最大限度地利用仓储空间。基于物联网的物流信息平台仓库如图 8-28 所示。

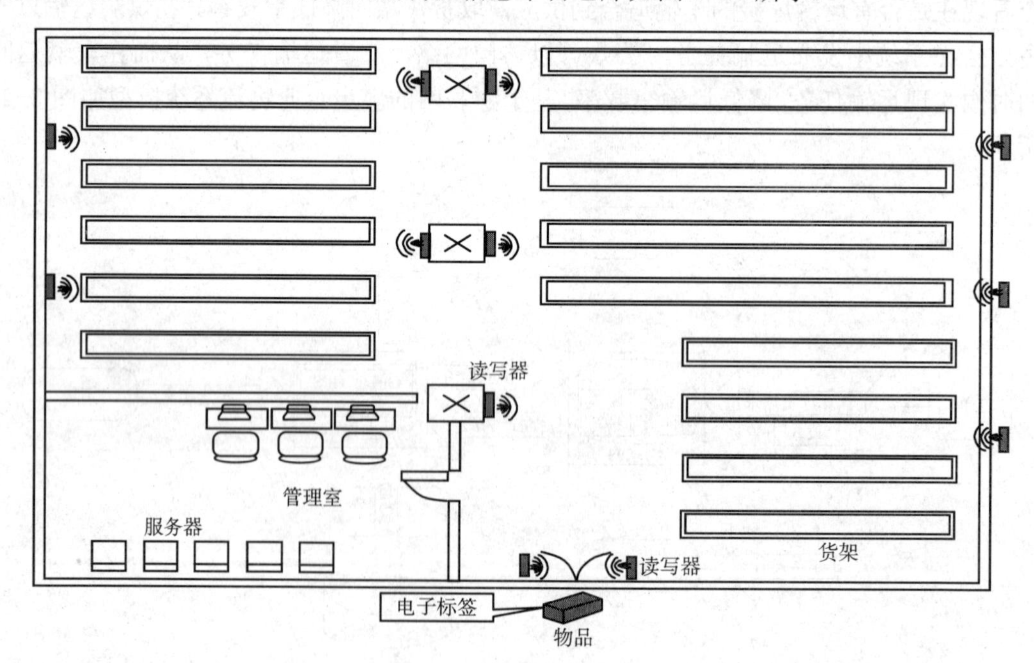

图 8-28　基于物联网的物流信息平台仓库

8.11　物联网在移动商务领域的应用

目前，物联网不再仅仅是一个概念，而是出现了实质性进展，特别是在移动商务的关键环节——手机支付的应用正在成为现实。然而，手机支付只是众多移动商务应用中的一项，其他还包括移动方式的购物、广告、营销、客户管理、资产管理等。

8.11.1　移动商务概述

尽管不同厂商提供的移动电子商务系统的解决方案有所不同，但它们在基本结构上是一致的，即从下到上包括了移动网络设施、移动中间件、移动用户设施和移动商务应用 4 个功能层。

移动电子商务不仅提供了电子购物环境，还提供了一种全新的销售和信息发布渠道。从信息流向的角度而言，移动电子商务提供的业务可分为以下 3 个方面：

（1）“推（Push）”业务：主要用于公共信息发布。应用领域包括时事新闻、天气预报、股票行情、彩票中奖公布、交通路况信息、招聘信息和广告等。

（2）“拉（Pull）”业务：主要用于信息的个人定制接收。应用领域包括服务账单、电话号码、旅游信息、航班信息、影院节目安排、列车时刻表、行业产品信息等。

（3）“交互式（Interactive）”业务：包括电子购物、博彩、游戏、证券交易、在线竞拍等。

8.11.2　物联网在移动商务领域的应用案例

移动商务是指通过移动通信网络进行数据传输，并且利用移动终端开展各种商业经营活动的一种新的电子商务模式。随着移动通信技术和计算机的发展，移动电子商务的发展经历了以短信、WAP、3G 为代表的阶段。物联网和三网融合的诞生，把移动商务的用户端延伸和扩展到了任何物品上，真正实现了突破空间和时间束缚的信息采集、交换和通信，从而使商务活动的参与主体可以在任何时间、任何地点实时获取和采集商业信息，摆脱固定的设备和网络环境的束缚，最大限度地驰骋于自由的商务空间。

品牌所有者和零售商正确地认识到，利用移动商务，可以使用移动电话向消费者提供更丰富的购物体验和更吸引人的服务。但是，由于移动系统不完全兼容，而且移动服务并非跨所有的移动设备和运营商兼容，所以需要建立全球标准，以及企业和消费者都信赖的开放式中立性基础设施。这就是 GS1 标准所在。使用 GS1 标准有以下两个重点：

（1）保证基于 GS1 标准识别产品；

（2）能访问可靠的产品信息和相关服务。

经过 30 年的发展，GS1 系统使产品能够在快速消费品/零售供应链中有唯一标识，许多移动电话可以阅读条码和访问因特网，因此，它们可以直接向消费者提供与产品相关的信息和服务，而这又会使消费者更加贴近产品及其品牌。全球有 150 多个国家超过 100 万的企业使用 GS1 标准，确保它们能够利用现有标准来发展包括移动商务在内的创新性服务。其中，很多企业正计划或已部署可互操作的、可扩展的且经济的移动应用和服务。

随着物联网的发展，GS1 已经在移动商务方面发挥着积极的作用，以供应链使用的现有标准为基础标识，同时交换有关产品和商业交易方面的信息，已经确定了实现物流供应链中的以下 6 个移动商务应用：

（1）扩展包装：消费者通过他们的移动电话访问有关产品的其他信息。

（2）产品购买和配送：可通过移动电话试用和销售数字产品，如视频、游戏和音乐。

（3）移动优惠券：使用移动电话捕获和兑现优惠券和折扣券。

（4）真伪鉴定：使用移动电话检查产品是否是真品。

（5）再订购：利用移动电话，以标准格式向供应商发送订单，再订购产品。

（6）移动自扫描：消费者在超市购物时，使用他们的移动电话（而不是由超市供应的设备）来扫描产品。

由中国移动广东公司东莞分公司下的“东莞移动”组织的“智慧商务，物流先锋”物流专场信息化解决方案体验会在东莞举行，此次活动由东莞移动精心策划，活动旨在通过让知名物流企业提前体验“智慧商务”一体化解决方案给物流商务办公带来的高效便捷，从而带动和加快东莞物联网产业的发展。

据了解，“智慧商务”物流版是东莞移动面向物流快递行业人手管理不足等现状而开发的行业应用产品，该产品的应用对提升物流行业的信息化程度，为物流企业带来直接经济效益和管理价值将起到重要作用。它不仅可节省时间、减少工作量、降低管理费用、有效改善库存结构，而且在增加货物监控结点、实时反馈货物状态、提高客户满意度方面对物流企业也有极大的帮助。

北京中科软云物联技术研究院研发了新一代物联网移动商务平台应用系统《互联通址》。互联通址由汉字、数字、英文字母或相互组合而成，通过移动终端或 PC 终端访问因特网与移动因特网获取信息，并采用最尖端的高科技技术，融合物联网、广电网、通信网的智能商务系统及标准寻址方式。

8.12　物联网在医疗保健领域的应用

现在，医疗的发展方向是数字化医疗，在 3G 的推动下，将来的医疗发展方向是远程医疗。远程医疗是指通过电子技术、计算机技术、通信技术与多媒体技术，同医疗技术相结合，通过数字、文字、语音和图像资料远距离传送，实现医护人员与病人、专家与病人、专家与医护人员之间异地“面对面”的会诊，以达到提高诊断与医疗的水平、降低医疗费用、满足广大人民群众医疗卫生需求的一项全新的医疗服务。依托医疗行业巨大的市场机遇，物联网有望成为远程医疗行业又一个重要前沿。物联网能够使医疗设备在移动性、连续性、实时性方面做到更好，以满足远程医疗门诊管理解决方案，可以用于及时监测相关诊断信息。

8.12.1　物联网在医疗保健领域的应用概述

“物联网”对于大多数人而言都是一个新概念，大家从不同的角度去理解和解释，说法不一。通常认为物联网是一个基于感知技术，融合了各类应用的服务型网络系统，可以利用现有各类网，通过自组网能力，无缝连接、融合形成物联网，实现物与物、人与物之间的识别与感知，发挥智能作用。

在医疗卫生领域，物联网技术能够帮助医院实现对人的智能化医疗和对物的智能化管理工作，支持医院内部医疗信息、设备信息、药品信息、人员信息、管理信息的数字化采集、处理、存储、传输、共享等，实现物资管理可视化、医疗信息数字化、医疗过程数字化、医疗流程科学化、服务沟通人性化，能够满足医疗健康信息、医疗设备与用品、公共卫生安全的智能化管理与监控等方面的需求。

物联网的运用使得个体与医院可以直接对话，从而实现疾病的及早治疗和健康维护。建立完备的、标准化的个人电子健康档案之后，通过区域医疗信息系统，患者可以迅捷地找到最短距离、最低成本、针对自己病情进行有效治疗的社区医疗机构，甚至可以在家里接受社区医疗机构的上门服务。患者还可以方便地进行远程预约门诊、日常医疗咨询。

8.12.2　物联网在医疗保健领域的应用案例

在 RFID 博览会上的“老人照护与智能医疗保健”论坛中，中国医师协会陆一鸣教授介绍了物联网的医疗领域应用。医疗物联网是在医疗健康领域的应用，包括数据采集、识别、定位、跟踪管理等核心功能，以智能的网络和通信技术连接病人、医护人员以及各种传感器，推动现代医疗智能网的飞跃式发展。

采用物联网技术建立的医疗综合服务系统，包括 3 个基本组成部分：医疗感知终端设备、电信传输网络、后台服务系统。该系统以社区、家庭和居民为服务对象，以妇女、儿童、老年人、慢性病人、残疾人、贫困居民等为重点，能够开展健康教育、预防、保健、康复、计划生育服务和一般常见病、多发病的诊疗服务。通过综合医疗服务让老百姓“平时少得病、得病有保障、看病更方便、治病少花钱”，对新医改发挥着重要作用。

物联网技术在药品管理和用药环节的应用过程中还能发挥巨大作用，曾有数据显示，美国医疗事故排在死亡原因的第五位，在国外，药物不良事件为所有非手术医疗事故之首位。通过物联网技术，可以将药品名称、品种、产地、批次及生产、加工、运输、存储、销售等环节的信息，都存于 RFID 标签中，当出现问题时，可以追溯全过程。同时还可以把信息传送到公共数据库中，患者或医院可以将标签的内容和数据库中的记录进行对比，从而有效地识别假冒药品。

另外，还可以在用药过程中加入防误机制，包括处方开立、调剂、护理给药、病人用药、药效追踪、药品库存管理、药品供货商进货、保存期限及保存环境条件等。

8.13　物联网运营管理

通过不同物体信息的唯一身份标识，在任何时间、任何地点都能够实现对任何物体的感知是可运营、可管理物联网的主要特征，如何实现物联网的运营和管理，目前还没有成熟的方案，下面从整个产业的角度提出建议。

8.13.1　物联网的运营模式

物联网目前在我国处于初级发展阶段，对于物联网的业务模式，相关方仍在探讨和摸索中。总体而言，物联网的业务模式包括“纯通道模式”、“增强通道模式”和“平台化模式”。在物联网业务开展初期，“纯通道模式”仍然是主要的业务模式；而当物联网不断成熟之后，在各个应用领域，“纯通道模式”、“增强通道模式”及“平台化模式”均将根据各个行业的特征而共存。

8.13.2　物联网的计费模式

作为一个新兴产业，正如工业和信息化部信息化推进司副司长董宝青所言，物联网的发展规律还需要探索。因此，商业模式的创新尤为重要，并不能简单地照搬照抄传统产业的盈利模式。

对于物联网产业的盈利模式，曾有专家给出了 3 种最为基础的方案，而模式的创新可以在这 3 种基础模式上进行演绎。

（1）用户自建的模式。这种模式需要用户自己投资建设网络和应用，前提是用户数量非常庞大并且有可观的资金基础。但是，从目前来看，即便是高端用户也难以采用这种模式，这不仅仅涉及财力问题，还涉及资源的整合以及对行业的熟悉程度，所以采用这种自建模式的情况鲜有耳闻。

（2）政府投资模式。无论对于物联网的哪一个应用来说，需要的资金额度都非常大，现在有些信息化程度比较高的城市政府可能会考虑采用这种模式，但是资金问题仍然会让一些信息化程度略低、经济不发达的地方政府犹豫。这种模式也将存在于物联网的盈利模式中。

（3）平台租用的运营模式。平台租用运营模式是参与物联网产业中的一方（比如电信运营商或者是技术供应商等）搭建平台，然后租给第三方去进行运营。如果在这个平台上能做到真正的物物相连，那么这个平台至少在广告领域中将会商机无限。

目前，我们暂时还无法论证哪种盈利模式将成为物联网产业的最佳选择，但是无论采取哪种模式，平台资源的运营都将是赢利模式中的关键。

小结

物联网的国内外应用已经走入或即将走入人类生活、工作、娱乐的各个方面，本章通过介绍物联网在精准农业、食品安全、智能交通等方面的实例介绍，把前面几章介绍的物联网理论应用到实际场景中。

习题

1. 列举与人们生活息息相关的各种信息技术的应用。
2. 思考物联网将来的运营、收费及管理模式。

第9章 物联网安全

本章学习重点

1. 感知层RFID及传感器安全机制
2. 现代移动通信的安全防范措施
3. 无线传感网的安全需求及安全威胁
4. IP核心网中传输的安全保障技术
5. 数据存储安全的目标及策略

信息与网络安全的目标是要达到被保护信息的机密性（Confidentiality）、完整性（Integrity）和可用性（Availability）。在因特网的早期阶段，人们更关注基础理论和应用研究，随着网络和服务规模的不断增大，安全问题得以突显，引起了人们的高度重视，相继推出了一些安全技术，如入侵检测系统、防火墙、PKI 等。而与因特网相比，物联网主要实现人与物、物与物之间的通信，通信的对象扩大到了物品。随着物联网建设的加快，物联网的安全问题必然会成为制约物联网全面发展的重要因素。在物联网发展的高级阶段，由于物联网场景中的实体均具有一定的感知、计算和执行能力，广泛存在的这些感知设备将会对国家基础、社会和个人信息安全构成新的威胁。

物联网安全的总体需求是物理安全、信息采集安全、信息传输安全和信息处理安全的综合，安全的最终目标是确保信息的机密性、完整性、真实性和可用性。由于物联网相较于传统网络，其感知结点大多部署在无人监控的环境中，具有能力低、资源受限等特点，使得物联网的安全问题具有特殊性。因此，本章将根据物联网体系结构功能的不同，重点从感知层、接入层、网络层及应用层 4 个层次来探讨物联网的安全问题。

9.1　物联网感知层安全

信息采集是物联网感知层所需完成的功能。在物联网中，感知层主要实现智能感知功能，包括信息采集、捕获和物体识别。感知/延伸层的安全问题主要表现为相关数据信息在机密性、完整性、可用性方面的要求，主要涉及 RFID、传感技术安全、定位技术安全等问题。

9.1.1　物联网感知层安全概述

感知层的信息安全问题是物联网普及和发展所面临的首要问题。感知层主要由无线通信网络来实现，这必然会造成信息的干扰和信息的窃取。另外，物联网的普及、RFID 标签的广泛应用会造成用户隐私的泄露。

感知层的结点硬件结构简单，计算、通信存储能力弱，无法满足传统保密技术的需求。在物联网结构中，感知层更容易受到外部网络的攻击，例如外部访问可能直接针对传感网内部结点展开 DoS 攻击，进而导致整个网络的瘫痪。建立入侵检测和入侵恢复机制，提高系统的鲁棒性，也是感知安全的另一重要问题。入侵者可能通过控制网内结点、散布恶意信息扰乱网络的正常运行。建立信誉模型，对可疑结点进行行为评估，降低恶意行为的影响是感知层安全的一项重要任务。此外，感知层安全研究还需要考虑建立感知结点与外部网络的互信机制，保障感知信息的安全传输。

9.1.2　生物特征识别

生物特征识别以生物技术为基础，以信息技术为手段，是将生物和信息两大技术交汇融合为一体的模式识别，它是根据人体生理特征（如语音、指纹、掌纹、面部特征、虹膜等）和行为特征（如步态、击键特征等）来识别身份的技术，又称为生物测定学技术。简单地说，生物特征识别就是通过自动化技术利用人体的生理特征和（或）行为特征进行身份鉴定。生物特征识别系统本质上是识别人的模式识别系统，通过比较提取的生物或者行为特征信息与已存模板信息是否匹配来进行身份鉴定与识别。生物识别的核心在于如何获取这些生物特征，并将之转换为数字信息，存储于计算机中，再利用可靠的匹配算法来完成验证与识别个人身份的过程。与传统的基于权标（如钥匙、证件、卡等）和口令（如银行卡密码）的身份认证相比，生物特征识别有不易遗忘、防伪性好、不易伪造或被盗、随身"携带"和随时随地可用等优点。

人体特征生物识别技术克服了传统技术的固有缺陷和局限性，为高度安全可靠的身份识别和身份认证提供了一种安全可靠的方法。此外，随着电子商务和因特网商务的快速发展，事务处理中的安全性需求也迫切需要人体生物特征识别技术为其提供技术支持。

目前，生物识别技术的种类有近 20 种之多，常见的生物识别技术如图 9-1 所示，主要有脸形、指纹、手形、手部血管、虹膜、视网膜、手写体、步态、击键、声音和面部热像图等。

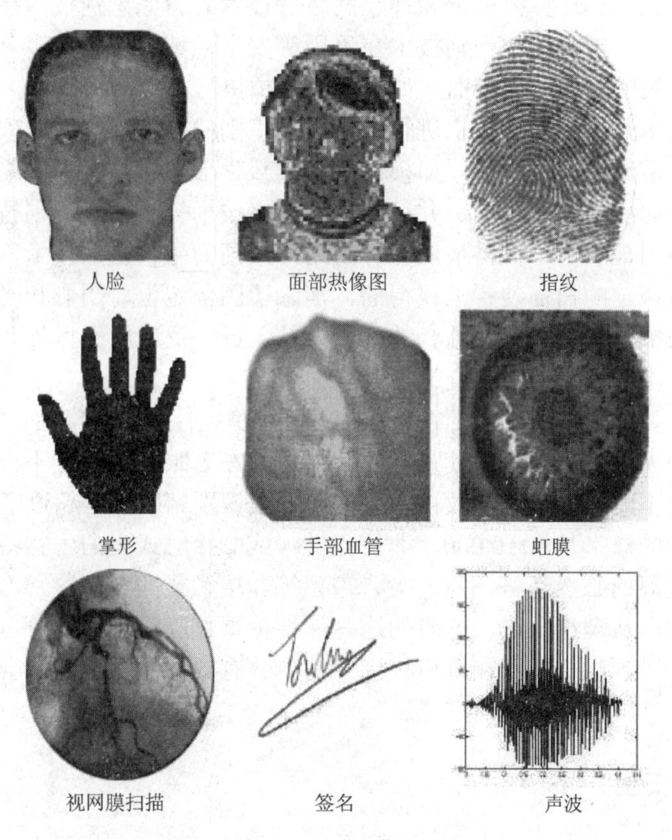

图 9-1　几种不同的生物识别特征

根据生物识别技术采用的生物特征的不同，可将生物特征识别技术分成以下 3 类：

（1）高级生物识别技术（High Biometrics），如视网膜、虹膜和指纹。

（2）次级生物识别技术（Lesser Biometrics），如手形识别、脸形识别、语音识别、签名识别。

（3）"深奥的"生物识别技术（Esoteric Biometrics），如血管纹理识别、人体气味识别等。

人脸识别是人类视觉最杰出的能力之一，是目前广泛研究的技术，其研究涉及模式识别、图像处理、生理学、心理学、认知科学，与其他生物特征的身份鉴别方法以及计算机人机感知交互领域有着密切的联系。人脸识别的实现包括面部识别（多采用“多重对照人脸识别法”，即先从拍摄到的人像中找到人脸，再从人脸中找出对比最明显的眼睛，最终判断包括两眼在内的部分是不是想要识别的面孔）和面部认证（为提高认证性能已开发了“摄动空间法”，即利用三维技术对人脸侧面及灯光发生变化时的人脸进行准确预测；以及“适应领域混合对照法”，使得对部分伪装的人脸也能进行识别）两方面，基本实现了快速而高精度的身份认证。由于其属于是非接触型认证，仅仅要看脸部就可以实现很多应用，因而可被应用在证件中的身份认证；重要场所中的安全检测和监控；智能卡中的身份认证；计算机登录等网络安全控制等多种不同的安全领域。随着网络技术和桌上视频的广泛采用，电子商务等网络资源的利用对身份验证提出了新的要求，依托于图像理解、模式识别、计算机视觉和神经网络等技术的脸像识别技术在一定应用范围内已获得成功。目前，国内该项识别技术在警用等安全领域用得比较多。这项技术也被用在一些中高档相机的辅助拍摄方面（如人脸识别拍摄）。

指纹识别技术是指利用计算机进行指纹自动识别的技术，它是一项综合技术，其研究发展涉及多个前沿及边缘科学，如模糊数学、数学形态学、神经网络、模式识别、计算机视觉、人工智能、数据压缩、并行处理及网络技术等。指纹识别技术是目前国际上研究最成熟、应用最广泛、价格最低廉、易用性最高的生物认证技术，由于所涉及的指纹图像信息是从特定的扫描装置上获得的，消除了图像定位、阴影和光照变化的问题。指纹识别技术与机器视觉技术相结合的商用系统，已广泛应用于世界各地的门禁管理、考勤管理、银行指纹防盗锁、安全管理等方面。

虹膜作为重要的身份鉴别特征，具有唯一性、稳定性、可采集性、非侵犯性等优点。虹膜的纹路人与人互不相同，即使是同一个人，其左右眼虹膜也是不一样的。虹膜隔离于外部环境而且不能通过手术修改。实验表明，其识别精度甚至超过了 DNA。据推算，两个人虹膜相同的概率是 1/10 000。非侵犯性（或非接触式）的生物特征识别是身份鉴别研究与应用发展的必然趋势，与人脸、声音等非接触式的身份鉴别方法相比，虹膜具有更高的准确性。从理论上讲，虹膜的这些特性使得虹膜识别技术可以成为防伪性能最好的生物识别手段。这一技术在身份识别中简单、有效，它极有可能会成为将来生物识别技术的主流，其应用前景相当广泛。

9.1.3 RFID 安全

物联网感知层主要由 RFID（Radio Frequency Identification，射频识别）系统组成。RFID 技术是从 20 世纪 80 年代走向成熟的一项自动识别技术。RFID 作为无线应用领域的新宠儿，正被广泛用于采购与分配、商业贸易、生产制造、物流、防盗及军事用途上，同时，与之相关的安全隐患也随之产生。越来越多的商家和用户担心 RFID 系统的安全和隐私保护问题，即在使用 RFID 系统过程中如何确保其安全性和隐私性，才不至于导致个人信息、业务信息和财产等丢失或被他人盗用。

一般 RFID 系统由两部分组成：RFID 标签（Tag）和阅读器（Reader）。RFID 系统的安全性有两个特性，首先 RFID 标签和阅读器之间的通信是非接触和无线的，很容易受到窃听；其次，标签本身的计算能力和可编程性直接受成本要求的限制。一般而言，RFID 的安全威胁包括以下两个方面：

1. RFID 系统所带来的个人隐私问题

由于 RFID 系统具有标识和可跟踪性，这就造成携带有 RFID 标签的用户的个人隐私被跟踪和泄露。典型案例：某人穿了一件嵌有 RFID 标签的衣服，由于 RFID 系统具有可跟踪性，故此人的隐私会完全暴露出来。

2. RFID 系统所带来的安全问题

由于标签成本的限制，对于普通的商品不可能采取很强的加密方式。另外标签与阅读器之间进行通信的链路是无线的，无线信号本身是开放的，这就给非法用户的干扰和侦听带来了便利。还有阅读器与主机之间的通信也可能受到非法用户的攻击。总体而言，RFID 系统带来的安全问题包括以下几种情况：

（1）信号干扰问题。RFID 系统主要采用两种频率信号，一种是低频信号（电磁感应），传输的距离较近，主要频率有 125 kHz、225 kHz 和 13.65 MHz；另一种是高频信号和微波（电磁传播），主要频率有 433 MHz、915 MHz、2.45 GHz 和 5.8 GHz。如今，各个频带的电磁波信号都在应用。相邻频带之间的干扰很大，干扰带来的直接影响是读写器与标签通信过程中的数据错误，标签在接收读写器发出的命令和数据信息时，可能导致的出错结果有：

① 标签错误地响应读写器的命令；

② 造成标签工作状态混乱；

③ 造成标签写入错误地进入休眠状态。

读写器在接收标签发送的数据信息时，可能导致的出错信息有：

① 不能识别正常工作的标签，误判标签故障；

② 将一个标签识别为另外一个标签，造成识别错误。

（2）信号中途被截取，冒充 RFID 标签，向 Reader 发送信息。

（3）利用冒名顶替标签向阅读器发送数据，这样阅读器处理的都是虚假的数据。

（4）阅读器发射特定电磁波破坏标签内部数据。

（5）由于受到成本的限制，很多标签不可能采用很强的编程和加密机制，这样非法用户就可以利用合法的阅读器或者自构一个阅读器直接与标签进行通信，从而标签内部的数据较容易被窃取，并且对于可读写式标签还将面临数据被修改的风险。

（6）在阅读器与 Host（或者应用程序）之间，中间人（或者中间件）直接或间接地修改配置文件、窃听和干扰交换的数据。

3. 实现 RFID 安全性机制的方法

目前，实现 RFID 安全性机制所采用的方法主要有物理方法、密码机制及二者相结合的方法，使用物理途径来保护 RFID 标签安全性的方法主要有以下几类：

1）静电屏蔽

通常是采用一个法拉第笼，它是一个由金属网或金属薄片制成的容器，使得某一频段的无线电信号（或其中一段的无线电信号）无法穿透。当 RFID 标签置于该外罩中时，保护标签无法被激活，当然也就不能对其进行读/写操作，从而保护了标签上的信息。这种方法的缺点是，必须将贴有 RFID 的标签置于屏蔽笼中，使用不方便。

2）阻塞标签

阻塞标签（Blocker Tag）指采用一种标签装置，发射假冒标签序列码的连续频谱，这样就能隐藏其他标签的序列码。这种方法的缺点是，需要一个额外的标签，并且当标签和阻塞标签分离时其保护效果也将失去。

3）主动干扰

主动干扰（Active Jamming）指采用一个能主动发出无线电信号的装置，以干扰或中断附近其他 RFID 阅读器的操作。主动干扰带有强制性，容易造成附近其他合法无线通信系统无法正常通信。

4）改变阅读器频率

阅读器可使用任意频率，这样未授权的用户就不能轻易地探测或窃听阅读器与标签之间的通信。

5）改变标签频率

特殊设计的标签可以通过一个保留频率（Reserved Frequency）传送信息。然而，“改变阅读频率”和“改变标签频率”方法的最大缺点是需要复杂电路，容易造成设备成本过高。

6）kill 命令机制

采用从物理上销毁标签的办法，缺点是一旦标签被销毁，便不可能再被恢复使用。另一个重要的问题就是难以验证是否真正对标签实施了销毁（Kill）操作。

另外，采用密码机制解决 RFID 的安全问题已成为业界研究的热点，其主要研究内容是利用各成熟的密码方案和机制来设计和实现符合 RFID 安全需求的密码协议。将来的 RFID 安全研究将更多地集中在 RFID 安全体系、标签天线技术等方面。

9.1.4 传感器安全

作为物联网的基础单元，传感器在物联网信息采集层面能否如愿以偿完成它的使命，成为物联网感知任务成败的关键。传感器技术是物联网技术的支撑、应用的支撑和未来泛在网的支撑。传感器感知了物体的信息，RFID 赋予它电子编码。传感网到物联网的演变是信息技术发展的阶段特征。传感技术利用传感器和多跳自组织网协作的感知，采集网络覆盖区域中感知对象的信息，并发布给上层。由于传感网络本身具有无线链路比较弱，网络拓扑动态变化，结点计算能力、存储能力和能源有限，无线通信过程中易受到干扰等特点，使得传统的安全机制无法应用到传感网络中。

传感器安全主要涉及的威胁有以下几种：

1. 传感器攻击

与传统的计算机终端有专人保护不一样，传感器部署后，由于无人看管，很难阻止攻击者获取传感器进行拆解，获得传感器存储的密码和感知的数据，并用于进一步的攻击。无线传感网安全的一个挑战就是如何限制这些被劫持的传感器影响的范围和程度，减小这些被劫持的传感器造成的威胁。

2. 传感器异常

传感器通常部署在恶意环境中，拥有受限的资源，这些传感器会因电源不足等原因停止工作或出现功能异常，从而给无线传感网的安全带来威胁。

3. 覆盖孔洞问题

一些应用为了容错、冗余或对目标对象精确定位需要在目标区域部署大量传感器，对目标区域进行高度覆盖。但在随机部署过程中或受到攻击时，会造成该区域正常工作的传感器稀疏，造成覆盖孔洞，使其不能正常应用。

4. 结点复制攻击

在结点复制攻击中，攻击者有意在网络中的多个位置放置被控制结点的副本，以引起网络的不一致，从而达到攻击的目的。

5. 无线电干扰

在无线传感器网络中，传感器之间、传感器与基站之间都是通过无线方式进行通信的。攻击者可以在无线传感网区域内发射无线电干扰信号进行干扰，使得无线传感器网络不能正常工作，直至瘫痪。

9.1.5 智能卡安全

智能卡（IC）是由一个或多个集成电路芯片组成，并封装成便于人们携带的卡片，在集成电路中具有微计算机 CPU 和存储器。随着超大规模集成电路技术、计算机技术和信息安全技术等的发展，智能卡技术更加成熟，目前已被广泛应用到银行、电信、交通、社会保险、电子商务等领域。

智能卡的安全机制可以归纳为认证操作、存取权限控制和数据加密 3 个方面。

1. 认证操作

认证操作包括持卡人的认证、卡的认证和终端的认证 3 个方面。持卡人的认证一般采用提交密码的方法，也就是由持卡人通过输入设备输入只有本人知晓的特殊字符串，然后由操作系统对其进行核对。卡的认证和终端的认证多采用某种加密算法，被认证方用事先约定的密码对随机数进行加密，由认证方解密后进行核对。

2. 存取权限控制

存取权限控制主要是对涉及被保护存储区的操作进行权限限制，包括对用户资格、权限加以审查和限制，防止非法用户存取数据或合法用户越权存取数据等。每个被保护存储区都设置有读、写、擦除的操作存取权限值，当用户对存储区进行操作时，操作系统会对操作的合法性进行检验。如果允许该项操作，则用户正常进行操作；反之，如果该项操作受到限制，则要求用户提供相关参数。当用户不能提供正确的参数时，则此项操作被终止。在智能卡系统中，信息存储的组织方式为文件形式。每一文件都有一个文件头，文件头的主要内容包括文件标志码、文件长度、文件起始地址、文件层次隶属和存取权限值等信息，其中存取权限值表明了此文件所支持的操作。

3. 数据加密技术

加密技术是为了提高信息系统和通信数据的安全性及保密性，防止秘密数据被外部破解而采取的技术手段。数据加密技术按照密钥的公开与否可以分为对称加密算法和不对称加密算法两种。在不对称加密算法中，分别有公钥和私钥。公钥和私钥具有一一对应的关系，用公钥加密的数据只有用私钥才能解开，其效率低于对称加密算法。数据发送方采用自己的私钥加密数据，接收方用发送方的公钥解密，由于私钥和公钥之间的严格对应性，使用其中一个密钥只能用另一个密钥来解密，从而保证了发送方不能抵赖发送过的数据。RSA（非对称密码）算法基于大素数的难解性。RSA 算法本身在概念上很简单，它将明文作为数字处理，并进行特定的指数运算，加密、解密可以按照任意次序进行，并且多个加密、解密可以相互交换，这些特性使它成为一个非常理想的算法。但是，使用此算法对 200 位十进制数和以 200 位十进制数为指数的大数值数据进行运算时，普通计算机是很难胜任的。因此，RSA 的应用有其局限性。在智能卡中就运用了 RSA 算法，其不足之处为占用的存储空间较大，所需密钥长，加/解密时间变长。

9.1.6　全球定位技术安全

全球定位系统（GPS）是利用导航卫星进行测时和测距以构成全球定位系统。它是由美国国防部主导开发的一套具有在海、陆、空进行全方位实时三维导航与定位能力的新一代卫星导航定位系统。GPS 是以卫星为基础的无线电卫星导航定位系统，具有全能性、全球性、全天候、连续性和实时性的精密三维导航与定位功能，而且具有良好的抗干扰性和保密性。因此，GPS 技术率先在大地测量、工程测量、航空摄影测量、海洋测量、城市测量等测绘领域得到了应用，并在军事、交通、通信、资源、管理等领域展开了研究并得到广泛应用。

9.2　物联网接入技术安全

物联网网络层主要实现信息的转发和传送，它将感知层获取的信息传送到远端，为数据在远端进行智能处理和分析决策提供强有力的支持。考虑到物联网本身具有专业性的特征，其基础网络可以是因特网，也可以是具体的某个行业网络。物联网的网络层按功能可以大致分为接入层和核心层，网络层既可依托公众电信网和因特网，也可以依托行业专业通信网络，还可同时依托公众网和专用网，如接入层依托公众网，核心层则依托专用网，或接入层依托专用网，核心层依托公众网。本节主要针对物联网接入层安全机制进行详细阐述。

9.2.1　物联网接入技术安全概述

物联网的接入层将采用移动因特网、有线网、Wi-Fi、Wi-MAX 等各种无线接入技术。接入层的异构性使得如何为终端提供移动性管理，以保证异构网络间结点漫游和服务的无缝移动成为研究的重点。其中，安全问题的解决将得益于切换技术和位置管理技术的进一步研究。另外，由于物联网接入方式将主要依靠移动通信网络，移动网络中移动站与固定网络端之间的所有通信都是通过无线接口来传输的。然而无线接口是开放的，任何使用无线设备的个体均可以通过窃听无线信道获得其中传输的信息，甚至可以修改、插入、删除或重传无线接口中传输的消息，从而达到假冒移动用户身份欺骗网络端的目的。因此，移动通信网络存在无线窃听、身份假冒和数据篡改等不安全的因素。

9.2.2 移动通信安全

随着无线网络与因特网的不断融合，移动通信网络环境变得越来越复杂，对网络实体间的信任关系、有线链路的安全、安全业务及安全体系的扩展不得不重新考虑。移动通信网络的安全是一项巨大的系统工程，一方面，网络安全体系是在通信系统架构确立之后产生的，通信系统自身特性会对其安全问题带来影响；另一方面，移动通信的网络安全不仅涉及移动网络运营商和用户，而且和移动设备制造商、网络基础设施供应商和政府管理部门息息相关。只有从战略、管理与技术等多角度宏观调控，才可能设计与实现一个安全性能良好的移动通信网络。

在移动通信的发展过程中，第一代模拟移动通信因其安全保密性差而被放弃。以GSM为代表的第二代移动通信系统，由于其频谱利用率高、用户容量大、安全保密性好成为第二代移动通信主流的国际标准。第三代移动通信系统（3G）打破了传统意义上通信网络与因特网之间的物理隔膜，极大地提升了无线接入的能力，实现了多种应用服务，但也对网络安全问题提出了挑战，它意味着通信系统将同时面对因特网及移动通信空中接口的安全威胁。下一代移动通信系统将更加开放，它致力于无缝融合不同无线通信技术与网络结构，包括3G、B3G技术、无线城域网（WI-MAX）、无线局域网（WLAN）、蓝牙技术等，并支撑高速率通信环境，其承载各类业务的基础网络，安全性问题将比现有通信系统更加复杂和难以解决。从另一方面来看，随着移动终端（ME）计算和存储资源的不断丰富，移动操作系统和各种无线应用的出现给ME带来了越来越多的安全威胁。

1. GSM安全问题

1）*GSM组成及其安全参数和算法分布*

GSM可分为两部分：基站子系统（BSS）和网络与交换子系统（NSS）。基站子系统由移动台（MS）和基站（BS）两部分组成，它在MS和移动交换中心（MSC）之间提供和管理无线传输，这在整个安全体系结构中占据着重要地位，一些重要的安全参数和算法都设置在该网络实体中。在BTS中有加解密算法A5，无线传输采用了跳频扩频技术。

在SIM卡中，主要有认证算法A3、密钥产生算法A8、国际移动用户识别码（IMSI）、用户秘密认证密钥K、临时移动用户识别码/位置区域标识（TMSI/LAI）、PIN码、国际移动台设备识别码（IMEI）等。此外，在ME上有加解密算法A5。网络与交换子系统（NSS）主要负责交换功能、用户资料及通信所需的所有资料库，它由5个功能实体组成，即移动交换中心（MSC）、归属位置寄存器（HLR）、拜访位置寄存器（VLR）、认证中心（AUC）、设备标识寄存器（EIR）。在这些网络元素中，存储了相应的安全参数和算法。例如MSC中主要有TMSI、IMSI、K；AUC中有A3、A8和IMSI；HLR和VLR中有用于用户认证的三向量组（Rand，KI，SRES）。GSM的安全体系能够保护运营商的网络资源，通过认证，阻止非授权用户使用网络；通过加密，为用户和信令数据提供机密性保护。A3 算法实现网络对用户的认证；A8 算法为加解密算法，A5 提供初始密钥。A5算法实现对数据和信令的加解密；跳频扩频技术对无线信道进行窃听和拒绝服务攻击有一定的抵制作用。此外，还存在其他网络单元附加的安全功能。

2）GSM中的安全缺陷和不足

GSM采取了上述安全与加密措施，使得它成为当时最可利用的安全移动通信系统，但实际上它是存在安全缺陷的。首先，GSM中的用户信息和信令信息的加密方式不是端到端加密，只是在无线信道部分（即MS和BTS之间）进行加密，而在固网中均采用明文传输，这给攻击者，特别是网络内部人员提供了攻击机会。其次，用户和网络之间的认证是单向的，只有网络对用户的认证，没有用户对网络的认证，这种认证方式对于中间人攻击和假基站攻击是很难进行预防的。再次，在移动台第一次注册和漫游时，IMSI可能以明文方式发送到MSC/VLR，如果攻击者窃听到IMSI，则会出现手机"克隆"。另外，GSM中的所有密码算法都不公开，这些密码算法的安全性如何，不能得到客观评价。实际上，这些算法的安全性都受到过攻击。最后，用户信息和信令信息缺乏完整性认证，因此整个信息的传输即使被攻击者窃听、修改也不会被察觉。从整体来说，GSM在设计之初，其安全等级与固定网络相同。由于传输使用了无线信道，因此，成为GSM中最致命的安全弱点，许多潜在的攻击就是在无线信道上进行的。此外，GSM的安全缺乏灵活性和可测量性。

2．第三代移动通信系统安全问题

1）第三代移动通信系统终端的安全问题

第三代移动通信系统的手机终端已实现了对因特网的直接高速访问，这也导致通过空中接口传输的敏感数据量大大增加。从理论上讲，通过短信数据包可以实现对短消息网关、短消息中心、MSC/VLR 的攻击，虽然目前网内尚未出现此类攻击情况，但手机病毒对通信终端的攻击已经确实存在了。手机病毒或者通过手机软、硬件设计的缺陷使手机不能正常工作，如死机、硬件损坏、显示错误等，或者向手机不断群发垃圾短信（通过专门群发工具或专门软件，由因特网实现）。前一种手机病毒的危害可由终端厂商、反病毒软件供应商来解决，而后一种病毒的危害目前只能通过运营商屏蔽号码的方式被动处理。

2）第三代移动通信系统中的安全问题

3GPP 和 3GPP2 专门成立了安全小组对 3G 系统的安全原理和目标、安全威胁和要求、安全体系结构、密码算法要求及网络域安全制定了较全面的框架规范。安全结构系统针对不同攻击类型分为以下 5 类：

（1）网络接入安全主要防范针对无线链路的攻击，包括用户身份保密、用户位置保密、用户行踪保密、实体身份认证、加密密钥分发、用户数据与信令数据的保密及消息认证。

（2）核心网安全主要保证核心网络实体间安全交换数据，包括网络实体间身份认证、数据加密、消息认证，以及对欺骗信息的收集。

（3）用户安全主要保证对移动台的安全接入，包括用户与智能卡间的认证、智能卡与终端间的认证及其链路的保护。

（4）应用安全主要保证用户与服务提供商、应用程序间安全交换信息，主要包括应用实体间的身份认证、应用数据重放攻击的检测、应用数据完整性保护、接收确认等。

（5）安全特性可见性及可配置能力。

尽管如此，3G系统中的安全性问题依然存在。首先，用户与网络间的安全性认证仍然是单向的；其次，密钥质量不高；再次，密钥产生存在漏洞；最后，还存在管理协商漏洞、管理帧协商交互过程的安全性不够等问题。相应地，我们提出的解决方案大致如下：认证方式由单向变为双向，同时结合增强可扩展认证协议（EAP）体系来提高整个系统的认证强度。在数据加密方面，采用AES-CCM算法和更优的密钥产生分发算法。为保证Wi-MAX的安全性，还必须扩大加密子层，对管理信息进行加密，规范授权软件保障（SA）、规范随机数发生器、改善密钥管理、实现包括WLAN、WAPI等的无线网络互连安全机制报告，最后还要考虑与2G、3G系统共同认证（Authentication）、授权（Authorization）、计费（Accounting）体系的过程。其中需要解决的关键技术有：身份认证，既有服务网络对用户的认证，又有用户对服务网络的认证；密钥分配协议；机密性和完整性算法及替换算法的研究。

3. 现代移动通信的防范措施

1）数字签名技术

数据签名技术能够保证信息除发送方和接收方外不被其他人窃取；信息在传输过程中不被篡改；接收方能够确认发送方身份；发送方对于自己的信息不能抵赖。数字签名采用了公开密钥密码体制，即利用一对相互匹配的不对称密钥实现加密和解密，同时用于签名和核准签名。数字签名具体做法如下：将报文P按双方约定的算法计算得到一个固定位数的报文摘要H(P)，该摘要由一个单向HASH函数作用于报文产生，它是一个唯一对应此报文的值，其他任何报文用HASH函数作用都不能产生此值，因此用报文摘要可以检查报文在中途是否被篡改，改动报文中的任何一位，重新计算出的报文摘要值就会与原先的值不符，这样就保证了报文的数据完整性。

2）PKI技术

要实现网络信息传输的安全性，必须满足机密性、真实完整性、不可否认性的要求，而作为提供信息安全服务的公共基础设施，PKI（Public Key Infrastructure，公开密钥基础设施）是目前公认的保障网络安全的最佳体系，有效地解决了上述对安全性要求的四大难题。人们纷纷提出把公钥加密技术应用到移动通信系统中，国内外已经有很多人对这一问题进行了研究。20世纪80年代，美国学者提出了PKI的概念。PKI是一种普遍适用的网络安全基础设施，是一种遵循既定标准的密钥管理平台，能够为网络应用提供加密和数字签名等密码服务及所必需的密钥和证书管理体系。与原有的对称密钥加密技术不同，PKI是通过使用公开密钥技术和数字证书来确保系统信息安全，并负责验证数字证书持有者身份的一种体系。PKI技术采用证书管理公钥，通过第三方的可信任机构，认证中心CA把用户的公钥和用户的其他标识信息（如名称、E-mail、身份证号等）捆绑在一起，在网络上验证用户的身份。

3）VPN 技术

VPN（Virtual Private Network，虚拟专用网络）的安全性有三层含义：一是数据传输的安全；二是用户接入的安全；三是对内网资源的访问安全。一般来说，所有的 VPN 产品都会通过数据加密技术来保障数据传输的安全，也会通过用户名密码或其他的证书认证方式等来保证用户接入的安全。在使用 VPN 时，首先必须保证合法的用户才能接入到网络中来。其次，对每个接入的用户必须设置相应的访问权限，只允许访问授权范围内的网络资源。例如业界常用的 DLAN VPN 技术将接入用户的身份鉴别与计算机的硬件特性进行绑定，由于每台计算机具备唯一的硬件身份（如网卡的 MAC 地址、硬盘和 CPU 的特征码等），而且具有不可伪造的特性，VPN 在用户接入之前会自动对该请求接入的计算机进行硬件特性的比对。这就保障了只有指定的计算机设备才能接入企业 VPN，网络只须在首次接入前完成人工认证，以后接入时的认证过程全部由系统自动完成，无须人工干预，无须使用人员有很高的计算机安全知识就能确保 VPN 系统的安全，大大降低了用户使用 VPN 的技术风险。

9.2.3　IEEE 802.11 安全

IEEE 802.11 标准提供了认证和加密两个方面的规范定义。它定义了两种认证服务：开放系统认证（Open System Anthentication）和共享密钥认证（Shared Key Authentication）。其中，开放系统认证是 IEEE 802.11 的默认认证方法，包括提出认证请求和返回认证结果两个步骤。在共享密钥认证方法中，共享密钥通过独立于 IEEE 802.11 的安全信道分发给各个 STA 和 AP，它既可以对已知共享密钥的无线站点成员提供认证服务，也可对不知道共享密钥的无线站点成员提供认证。

IEEE 802.11 标准定义的加密规范是 WEP（Wired Equivalent Privacy）。WEP 意在为无线网络提供与有线网络对等的安全保护。在无线网络中，由于数据通过天线以广播方式传输，因此如果没有一定的加密保护措施，信号非常容易被入侵者截取。虽然 IEEE 802.11 规范确实提供了认证和加密服务，但它却没有定义或提供 WEP 密钥管理协议，这是 IEEE 802.11 安全服务的不足之处。在拥有较多 STA 的大型无线基础设施模式中，这一局限性所带来的安全缺陷尤为明显。IEEE 802.1x 草案详细描述了 IEEE 802.11 的安全缺陷。

1. IEEE 802.11 认证

IEEE 802.11 定义了两种认证服务，认证类型用 MAC 帧的认证算法码（Authentication Algorithm Number）字段标识。认证算法码字段值为 0，代表开放系统认证；字段值为 1，代表共享密钥认证。MAC 帧的认证处理序列号（Authentication Transaction Sequence Number）字段用于指示认证过程的当前状态。

1）开放系统认证

开放系统认证使用明文传输，包括两个通信步骤。发起认证的 STA 首先发送一个管理帧表明自己身份并提出认证请求，该管理帧的认证算法码字段值为 0 表示使用开放系统认证，认证处理序列号字段值为1。之后，负责认证的AP对STA作出响应，响应帧的认证处理序列号字段值为2。开放系统认证允许对所有认证算法码字段为0的STA提供认证，在这种方式下，任何STA都可以被认证为合法设备，所以开放式认证基本上没有安全保证。

2）共享密钥认证

共享密钥认证需要在STA和AP之间进行4次交互，使用经WEP加密的密文传输。

第一步：发起认证的STA同样首先发送一个管理帧表明自己的身份并提出认证请求，该管理帧的认证处理序列号字段值为1。

第二步和第三步是个握手过程：第二步AP做出响应，响应帧的认证处理序列号字段值为2，同时该帧中还包含一个由WEP算法产生的随机挑战信息（Challenge Text）。第三步，STA对随机挑战信息用共享密钥进行加密，然后发回给AP，在这一步中，认证处理序列号字段值为3。

第四步：AP对STA的加密结果进行解密，并返回认证结果，认证处理序列号字段值为4。在这一步中，如果解密后的挑战信息与第二步发送的原挑战信息相匹配，则返回正的认证结果，即STA可以通过认证加入无线网络；反之，认证结果为负，STA不能加入该无线网。在理论上，共享密钥认证是安全的。

2. IEEE 802.11加密

WEP是IEEE 802.11标准定义的加密规范。虽然IEEE 802.11标准并没有强求所有的移动设备使用相同的WEP密钥，而且允许移动设备同时拥有两套共享密钥：单址会话密钥和广播密钥。但目前符合IEEE 802.11标准的产品基本上只支持共享广播密钥，也就是说，所有的STA和AP使用的是同一个共享密钥。

WEP为授权无线局域网用户提供加密服务，其工作原理可简述为：WEP函数对帧中的应用数据部分进行加密，并以密文替代原帧中的明文数据发送，同时通过在MAC头的帧控制字段中设置WEP位，告知接收结点传输数据已加密。接收结点在收到密文帧后，用相同的加密机制对密文进行解密，并将解密结果替代数据帧，这样就得到了发送方的原始数据信息。

WEP采用的是对称加密法，即加解密使用相同的密钥。IEEE 802.11在标准中定义了带24位初始向量（IV）的40位密钥（不同的软件供应商提供的实际密钥长度不尽相同，如有的产品提供带24位初始向量的104位密钥）。尽管WEP算法会根据不同的安全需求等级，周期性地更改向量初值，但一般一个WEP密钥持续的使用时间都很长。

由于在IEEE 802.11标准中没有明确WEP共享密钥的分配方式，目前共享密钥都是通过独立于IEEE 802.11的安全信道分发给各个STA和AP的，所有的STA和AP使用同一个密钥，这在STA数量增大时，难以提供可靠的安全保障。IEEE 802.11没有为密钥的分发提供密钥管理协议的局限性，使其难以胜任大型无线设备模式中的安全服务。

为了能提供更好的访问控制和安全机制，在规范中加入密钥管理协议是有必要的。IEEE 802.1x标准在分析IEEE 802.11安全局限性的同时提出了一个密钥管理方案。据悉，IEEE 802.1x将成为目前正在制定的新IEEE 802.11i安全标准的一部分。

9.2.4 蓝牙安全

蓝牙技术提供了一种短距离的无线通信标准，同其他无线技术一样，蓝牙技术的无线传输特性使它非常容易受到攻击，因此安全机制在蓝牙技术中显得尤为重要。虽然蓝牙系统所采用的跳频技术已经提供了一定的安全保障，但是蓝牙系统仍然需要链路层和应用层的安全管理。

蓝牙为确保与有线通信相似的安全性能，它在低层和高层为数据的传输定义了多种安全模式和安全级别。

1. 安全模式

在蓝牙技术标准中定义了 3 种安全模式。

1）安全模式 1——无安全机制的模式

在这种模式下，蓝牙设备屏蔽链路级的安全功能，适于非敏感信息的数据库的访问。这方面的典型的例子有自动交换名片和日历（即 vCard 和 vCalendar）。

2）安全模式 2——强制业务级安全

提供业务级的安全机制，允许更多灵活的访问过程，例如，并行运行一些有不同安全要求的应用程序。在这种模式中，蓝牙设备在信道建立后启动安全性过程，也就是说，它的安全过程在较高层协议进行。

3）安全模式 3——强制链路级安全

提供链路级的安全机制，链路管理器对所有建立连接的应用程序，以一种公共的等级强制执行安全标准。在这种模式中，蓝牙设备在信道建立以前启动安全性过程，也就是说，它的安全过程在较低层协议进行。

2. 设备和业务的安全等级

蓝牙技术标准为蓝牙设备和业务定义安全等级。

1）蓝牙设备

蓝牙技术标准为蓝牙设备定义了以下 3 个级别的信任等级：

（1）可信任设备。设备已通过鉴权，存储了链路密钥，在设备数据库中标识为“可信任”，可信任设备可以无限制地访问所有的业务。

（2）不可信任设备。设备已通过鉴权，存储了链路密钥，但在设备数据库中没有标识为“可信任”；不可信任设备访问业务是受限的。

（3）未知设备。无安全性信息的设备为不可信任设备。实现安全功能的途径之一是采用一个安全管理器，这些信息保存在蓝牙安全架构的设备数据库中，由安全管理器维护。

2）蓝牙业务

对于业务，蓝牙技术标准定义了 3 种安全级别：需要授权与鉴权的业务、仅需要鉴权的业务及对所有设备开放的业务。一个业务的安全等级由下述 3 个属性决定，它们保存在业务数据库中。

（1）须授权：只允许信任设备自动访问的业务（例如，在设备数据库中已登记的设备)。不信任的设备需要在授权过程完成后才能访问该业务。授权总是需要鉴权，以确认远端设备是正确的设备。

（2）须鉴权：在连接到应用程序之前，远端设备必须接受鉴权。

（3）须加密：在允许访问业务前必须切换到加密模式下。

3. 链路级安全参数

蓝牙技术在应用层和链路层上提供了安全措施。链路层采用 4 种不同实体来保证安全。所有链路级的安全功能都是基于链路密钥的概念实现的，链路密钥对应每一对设备单独存储的一些 128 bit 的随机数。

4. 密钥管理

蓝牙系统用于确保安全传输的密钥有几种，其中最重要的密钥是用于两个蓝牙设备之间鉴权的链路密钥。加密密钥可以由链路密钥推算出来，这将确保数据包的安全，而且每次传输都会重新生成。最后还有 PIN 码，用于设备之间的互相识别。

一共有 4 种可能存在的链路密钥，所有链路密钥都是 128 bit 的随机数，它们或者是临时的或者是半永久性的。

加密密钥由当前的链路密钥推算而来，每次需要加密密钥时它会自动更换。之所以将加密密钥与鉴权密钥分离开，是因为可以使用较短的加密密钥而不降低鉴权过程的安全性。

蓝牙安全码通常称为 PIN（个人识别号码），是一个由用户选择或固定的数字，长度为 16 B，通常采用 4 位十进制数。用户在需要时可以改变它，这样就增加了系统的安全性。另外，同时在两个设备输入 PIN 比其中一个使用固定 PIN 要安全得多。事实上，它是唯一可信的用于生成密钥的数据，典型情况是 4 位十进制 PIN 码与其他变量相结合生成链路密钥和加密密钥。

5. 加密算法

蓝牙系统加密算法为数据包中的净荷（即数据部分）加密，其核心部分是数据流密码机 E0，包括净荷密钥生成器、密钥流生成器和加/解密模块。由于密钥长度从 8 bit 到 128 bit 不等，信息交互双方必须通过协商确定密钥长度。

有几种加密模式可供使用，如果使用了单元密钥或者联合密钥，广播的数据流将不进行加密。点对点的数据流可以加密也可以不加密。如果使用了主密钥，则有 3 种可能的加密模式：

（1）不对任何数据进行加密；

（2）广播数据流不加密，点对点数据流用临时密钥 Kmaste 进行加密；

（3）所有数据流均用临时密钥 Kmaste 进行加密。

每个应用程序对密钥长度有严格的限制，当应用程序发现协商后得到的密钥长度与程序要求不符时，就会废弃协商的密钥长度。这主要是为了防止恶意用户通过协商过程减小应用程序密钥长度，从而对系统造成破坏。

6. 认证机制

两个设备第一次通信时，借助“结对”初始化过程生成一个共用的链路密钥，结对过程要求用户输入 16 B（或 128 bit）PIN 到两个设备，根据蓝牙技术标准，结对过程如下：

（1）根据用户输入的 PIN 生成一个共用随机数作为初始化密钥，此密钥只用一次，然后即被丢弃。

（2）在整个鉴权过程中，始终检查 PIN 是否与结对设备相符。

（3）生成一个普通的 128 bit 随机数链路密钥，暂时储存在结对的设备中。只要该链路密钥储存在双方设备中，就不再需要重复结对过程，只须实现鉴权过程。

（4）基带连接加密不需要用户的输入，当成功鉴权并检索到当前链路密钥后，链路密钥会为每个通信会话生成一个新的加密密钥，加密密钥长度依据安全等级而定，一般为 8 bit～128 bit，最大的加密长度受硬件能力限制。

为防止非授权用户的攻击，蓝牙标准规定：如果认证失败，蓝牙设备会推迟一段时间重新请求认证，每增加一次认证请求，推迟时间就会增加一倍，直到推迟时间达到最大值。同样，认证请求成功后，推迟时间也相应地成倍递减，直到减到最小值。

9.2.5 无线传感器网络安全

无线传感器网络的安全目标是要解决网络的可用性、机密性、完整性等问题，抵抗各种恶意的攻击。传感器本身的特点使得它与传统网络的安全问题有诸多不同。

1. 有限的存储、运行空间和计算能力以及能量

传感器结点用来存储、运行代码的空间十分有限。比如，一个普通的传感器结点拥有 16 bit、8 MHz 的 RISC CPU，但它只有 10 KB 的 RAM、48 KB 的程序内存和 1 024 KB 的闪存。因此，传感器中的软件必须做得非常小。传感器结点的 CPU 运算能力也不能与一般的计算机相提并论。

能量是无线传感器性能的最大约束。一旦传感器结点部署到传感器网络中去，由于成本太高，是无法随意更换和充电的。它们携带的电池充电器是用于延长个别传感器结点乃至整个传感器网络寿命的。如果在传感器结点上增加保密功能，则必须考虑这些安全功能对能源的消耗。

2. 通信的不可靠性

网络的安全性在很大程度上依赖于一个界定的协议或算法，并进而依赖于通信。但在物联网中，通信传输是不可靠的。无线传输信道的不稳定性以及结点的并发通信冲突可能导致数据包的丢失或损坏，迫使软件开发者需要投入额外的资源进行错误处理。更重要的是，如果没有合适的错误处理机制，可能导致通信过程中丢失十分关键的安全数据包，比如密钥。此外，多跳路由和网络拥塞可能造成很大延迟，使得人们在设计安全算法时必须合理协调结点通信，并尽可能减少对时间同步的要求。

3. 结点的物理安全无保证性

传感器结点所处的环境易受到天气等物理因素的影响，导致其受攻击的概率比传统PC 高得多。且传感器网络的远程管理使我们在进行安全设计时必须考虑结点的检测、维护等问题，同时还要将结点导致的安全隐患扩散限制在最小范围内。

基于 WSN 的特殊要求，形成了 WSN 特殊的安全需求，归纳为以下几个方面：

（1）机密性。机密性要求对 WSN 结点间传输的信息进行加密，让任何人在截获结点间的物理通信信号后不能直接获得其所携带的消息内容。

（2）完整性。WSN 的无线通信环境为恶意结点实施破坏提供了方便，完整性要求结点收到的数据在传输过程中未被插入、删除或篡改，即保证接收到的消息与发送的消息是一致的。

（3）健壮性。WSN 一般被部署在恶劣环境、无人区域或敌方阵地中，外部环境条件具有不确定性，另外，随着旧结点的失效和新结点的加入，网络的拓扑结构在不断发生变化。因此，WSN 必须具有很强的适应性，使得单个结点或者少量结点的变化不会威胁整个网络的安全。

（4）真实性。WSN 的真实性主要体现在两个方面：点到点的消息认证和广播认证。点到点的消息认证使得某一结点在收到另一结点发送来的消息时，能够确认这个消息确实是从该结点发送过来的，而不是别人冒充的；广播认证主要解决单个结点向一组结点发送统一通告时的认证安全问题。

（5）新鲜性。在 WSN 中，由于网络多路径传输延时的不确定性和恶意结点的重放攻击，使得接收方可能收到延后的相同数据包。新鲜性要求接收方收到的数据包都是最新的、非重放的，即体现消息的时效性。

（6）可用性。可用性要求 WSN 能够按预先设定的工作方式向合法的用户提供信息访问服务，然而，攻击者可以通过信号干扰、伪造或者复制等方式使 WSN 处于部分或全部瘫痪状态，从而破坏系统的可用性。

（7）访问控制。WSN 不能通过设置防火墙进行访问过滤，由于硬件受限，也不能采用非对称加密体制的数字签名和公钥证书机制。WSN 必须建立一套符合自身特点，综合考虑性能、效率和安全性的访问控制机制。

WSN 由于自身条件的限制，再加上网络运行的环境复杂，使得网络很容易受到各种安全威胁。下面介绍 WSN 主要受到的攻击类型：

（1）多重身份（Sybil）攻击：Sybil 攻击的目标是破坏依赖多结点合作和多路径路由的分布式解决方案。在 Sybil 攻击中，恶意结点通过扮演其他结点或者通过声明虚假身份，对网络中的其他结点表现出多重身份。Sybil 攻击能够明显降低路由方案对于诸如分布式存储、分散和多路径路由、拓扑结构保持的容错能力，对于基于位置信息的路由协议也构成很大的威胁。

（2）Sinkhole 攻击：攻击者为一个被妥协的结点篡改路由信息，尽可能地引诱附近的流量通过该恶意结点，一旦数据都经过该恶意结点，该恶意结点就可以对正常数据进行篡改或选择性转发，从而引发其他类型的攻击。

（3）虫洞（Wormhole）攻击：Wormhole 攻击对 WSN 有很大威胁，因为这类攻击不需捕获合法结点，而且在结点部署后进行组网的过程中就可以实施攻击。恶意结点通过声明低延迟链路骗取网络的部分消息并开凿隧道，以一种不同的方式来重传收到的消息，这也可以引发其他类似于 Sinkhole 的攻击。

（4）呼叫泛洪（Hello Flood）攻击：在 WSN 中，许多协议要求结点广播 Hello 数据包发现其邻居结点，收到该包的结点将确信它的发送者在传输范围内，攻击者通过发送大功率的信号来广播路由或其他信息，使网络中的每一个结点都认为攻击者是其邻居，这些结点就会通过“该邻居”转发信息，从而达到欺骗的目的，最终引起网络的混乱。防御 Hello 泛洪攻击最简单的方法就是，通信双方采取有效措施相互进行身份认证。

（5）选择性转发：恶意结点可以概率性地转发或者丢弃特定消息，从而使网络陷入混乱状态。如果恶意结点抛弃所有收到的信息将形成黑洞攻击，但是这种做法会使邻居结点认为该恶意结点已失效，从而不再经由它转发信息包，因此选择性转发更具欺骗性。其有效的解决方法是多径路由，结点也可以通过概率否决投票并由基站或簇头对恶意结点进行撤销。

（6）DoS 攻击：DoS 攻击是指任何能够削弱或消除 WSN 正常工作能力的行为或事件，对网络的可用性危害极大，攻击者可以通过拥塞、冲突碰撞、资源耗尽、方向误导、去同步等多种方法在 WSN 协议栈的各个层次上进行攻击。

目前，无线传感器网络安全技术主要包括基本安全框架、密钥分配、安全路由和入侵检测和加密技术等。安全框架主要有 SPIN 和 uTESLA 两个安全协议。SPIN 包含 SNEP（Sensor Network Encryption Protocol），SNEP 的功能是提供点到接收机之间数据的鉴权、加密、刷新。

密钥分配是无线传感器网络中极具挑战性的安全问题之一。WSN 密钥管理主要有分布式密钥管理和层次式密钥管理两类。在分布式密钥管理中，结点具有相同的通信能力和计算能力。结点密钥的协商、更新主要通过使用结点预分配的密钥和相互协作来完成。目前，业界主要的分布式密钥管理方案有结点共享密钥方案、随机密钥分配方案、多路径密钥加强法等。其特点是密钥协商通过相邻结点的相互协作来实现，具有较好的分布特性。而在层次式密钥管理里，结点则被划分为若干簇，每一簇有一个能力较强的簇头。普通结点的密钥分配、协商、更新等都是通过簇头来完成的。而层次式密钥管理的特点是对普通结点的计算、存储能力要求低，但簇头的受损将导致严重的安全威胁。

传感器网络安全路由技术常采用的方法包括加入容侵策略。容侵是指在网络中存在恶意入侵的情况下，网络仍然能够正常的运行。现阶段无线传感器网络的容侵技术主要集中于网络的拓扑容侵、安全路由容侵及数据传输过程中的容侵机制。

入侵检测（IDS）技术常常作为信息安全的第二道防线，其主要包括被动监听检测和主动检测两大类。入侵检测技术可以定义为对计算机和网络资源的恶意使用行为进行识别和相应处理的系统，包括系统外部的入侵和内部用户的非授权行为，是为保证计算机系统的安全而设计与配置的一种能够及时发现并报告系统中未授权或异常现象的技术，是一种用于检测计算机网络中违反安全策略行为的技术。

除了上述安全保护技术外，由于物联网结点资源受限，且是高密度冗余散布，不可能在每个结点上运行一个全功能的入侵检测系统，所以如何在传感网中合理地分布 IDS，有待于进一步研究。

9.2.6　ZigBee 安全

ZigBee 协议栈给出了传感器网络总体安全结构和各层安全服务，分别定义了各层安全服务原语和安全帧格式以及安全元素，并提供了一种可用的安全属性的基本功能描述，如图 9-2 所示。ZigBee 的安全服务所提供的方法包括密码建立、密码传输、帧保护和设备管理。这些服务构成了一个模块用于实现 ZigBee 设备的各种安全策略。

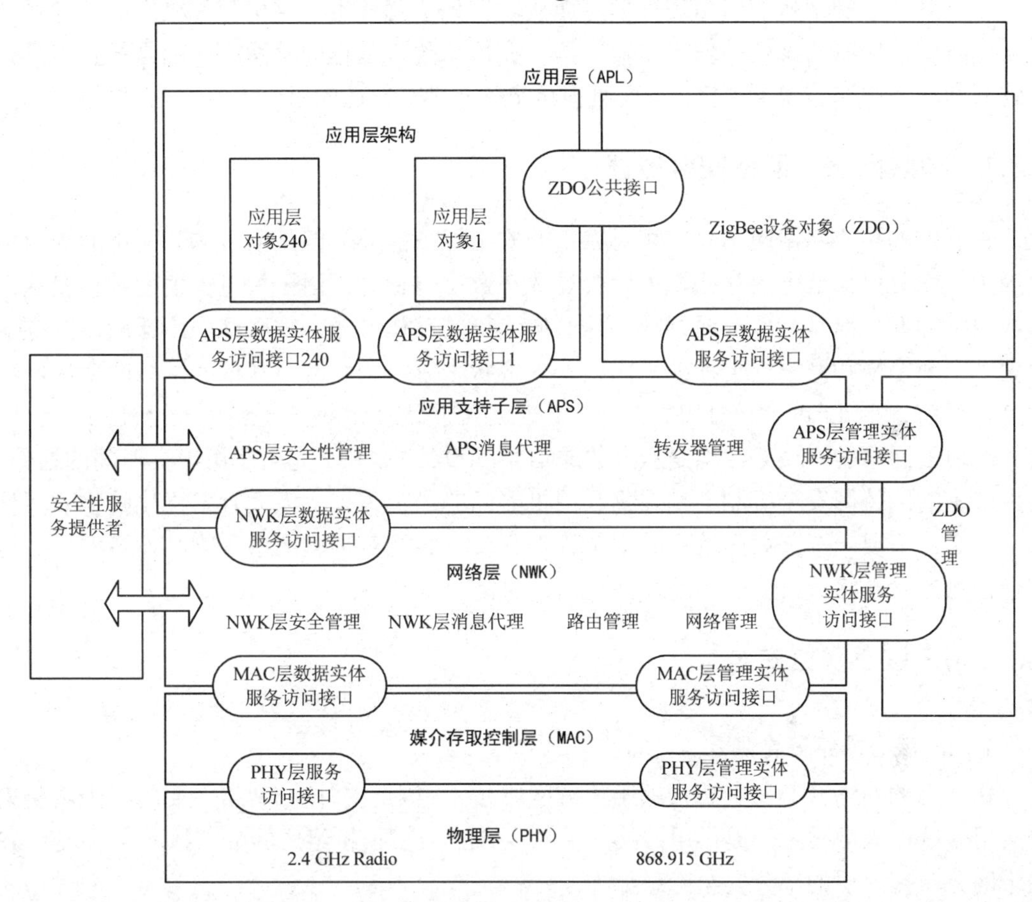

图 9-2　ZigBee 网络的安全架构

ZigBee 设备之间的通信使用 IEEE 802.15.4 无线标准，该标准指定两层：物理层（PHY）和媒介存取控制层（MAC）。而 ZigBee 负责构建网络层（NWK）和应用层（APL）。PHY 层提供基本的物理无线通信能力；MAC 层提供设备间的可靠性授权和一跳通信连接服务；NWK 层提供用于构建不同网络拓扑结构的路由和多跳功能；APL 层包括一个应用支持子层（APS）、ZigBee 设备对象（ZDO）和应用，其中，ZDO 负责所有设备的管理，APS 提供一个用于 ZDO 和 ZigBee 应用的基础。

图 9-2 显示了 ZigBee 协议栈的完整视图，该体系结构包括协议栈三层安全机制。MAC、NWK 和 APS 负责各自帧的安全传输。而且，APS 子层提供建立和保持安全关系的服务，ZDO 管理安全性策略和设备的安全性结构。

9.3　物联网核心网络安全

物联网的网络层主要用于把感知层收集到的信息安全可靠地传输到信息处理层，然后根据不同的应用需求进行信息处理，即网络层主要是网络基础设施，包括因特网、移动网和一些专业网（如国家电力专用网、广播电视网）等。在信息传输过程中，可能经过一个或多个不同架构的网络进行信息交接。例如，普通电话座机与手机之间的通话就是一个典型的跨网络架构的信息传输实例。在信息传输过程中跨网络传输是很正常的，在物联网环境中这一现象更突出，而且很可能在正常、普通的事件中产生信息安全隐患。

9.3.1　物联网核心网络安全概述

物联网的核心网络应当具有相对完整的安全保护能力，但是由于物联网中的结点数量庞大，而且以集群方式存在，因此会导致在数据传输时，由于大量机器的数据发送而造成网络拥塞。而且，现有通行网络是面向连接的工作方式，物联网的广泛应用必须解决地址空间空缺和网络安全标准等问题。从现状来看，物联网对其核心网络的要求，特别是在可信、可知、可管和可控等方面，要远远高于目前 IP 网所提供的安全能力。此外，现有的通信网络的安全架构均是从人的通信角度设计的，并不完全适用于机器间的通信，使用现有的因特网安全机制会割裂物联网机器间的逻辑关系。庞大且多样化的物联网核心网络必然需要一个强大而统一的安全管理平台，否则对物联网中各物品设备的日志等安全信息的管理将成为新的问题，并且由此可能会割裂各网络之间的信任关系。

9.3.2　IP 核心网络安全

1．IP 核心网络安全隐患

物联网的网络核心层主要依赖于传统网络技术，因此 IP 核心网络主要的安全威胁来自采用传统以太网技术，提供用户接入的二层或三层交换机组成的分布接入层。现有 IP 宽带网分布接入层的部分安全隐患如下：

1）MAC 地址端口对应表欺骗攻击

众所周知，以太网上的二层交换设备使用 MAC 地址端口的对应表来决定数据帧的转发过程。交换机通过它接收到的每一个数据帧的源 MAC 地址来构建 MAC 地址端口对应表。当两个端口先后接收到相同源地址的数据帧时，绝大多数交换设备将使用较晚收到帧的端口进行转发。这样，当处于不同交换端口的主机 a 想要截获主机 b 的信息时，主机 a 只须向交换机以一定的速率持续发送以主机 b 网卡的 MAC 地址作为源地址的数据帧，就可以将几乎所有交换机应该发往主机 b 所在端口的数据帧重定向到主机 a 所在的端口，实现数据流的截获。然后主机 a 可以使用广播地址或是组播地址等方式将该数据包重新封装成主机 b 可接收的数据帧发往主机 b 所在的端口。这样，主机 b 数据通信的整个过程被主机 a 截获，主机 a 可以对传输给 b 的数据进行监听、篡改等一系列操作。

2）ARP 表欺骗攻击

针对三层设备的攻击主要是对三层设备维护的用于在三层设备和二层设备间进行联系的 ARP 表进行攻击。每个三层设备需要维护一张 IP 地址和二层 MAC 地址的对应表。当主机需要给某个 IP 地址发送数据时，根据该表对应的 MAC 地址封装数据包。

主机主要通过侦听网络上的 ARP 查询和发出 ARP 查询来维护自身的 ARP 表。入侵者可以通过伪造 ARP 信息包让被攻击主机得到错误的 ARP 信息，例如让某台主机错误地将默认网关的 IP 地址映射到攻击者的 MAC 地址，那么所有该主机发往默认网关的数据包都将用攻击者的 MAC 地址封装被网络设备发送到攻击者的机器，攻击者可以对被攻击者传输的数据进行窃听、篡改等一系列操作。

3）VLAN 信息伪造攻击

在进行网络设置的过程中，经常会出现将连接最终用户端口的 VLAN 模式设置为自动 Trunk 模式的错误设置。这样，连接该接口的用户可以发送和运营商网络采用相同 VLAN 协议进行封装的数据帧，欺骗交换机，从而跨越 VLAN 的限制任意连接到其他 VLAN。

4）路由欺骗攻击

网络用户在对传统的三层路由设备（多层交换机和路由器）进行设置时，一般不会对路由更新进行过滤。这样，外部攻击者就可以通过监听了解到网络中正在使用的动态路由协议和部分网络拓扑等信息。同时可以伪装成网络上的路由器发送路由更新信息欺骗其他路由设备，这样，其他被欺骗的路由器可能错误地认为攻击者的机器是到达目的 IP 地址的最佳路径，而将数据包发往攻击者主机，然后攻击者在对数据进行了窃听和篡改后采用源路由技术将数据包发往正常的接收方。采用该种攻击方式，通信的双方都无法发现数据流被截获，威胁性极大。

5）源路由攻击

TCP/IP 协议集中的源路由技术，是一种在 IP 数据包内部指定路由选择过程的技术，通过该技术可以在数据包内部指定该数据包通过的每一跳路由地址。采用该技术，攻击者可以对截获的数据包进行正常发送，或是跨越路由规则或相应的访问控制规则将 IP 包发往受保护的网络。

2．IP 核心网络安全保障技术

现有 IP 核心网络中的传输安全保障技术主要有用户认证及访问控制技术、VLAN 技术、MPLS 技术、VPN 技术、IKE 技术，以及设备厂商提供的增强技术。除此之外，保障网络安全还涉及防火墙技术、加密技术及数字签名等。

1）用户认证及访问控制技术

访问控制主要可以分为以下 3 种：

（1）对网络设备的访问，采用基于用户名/口令的认证技术，然后根据该用户名的权限进行相关的访问控制。主要实施在运营商和用户的网络设备上。

（2）采用运营商分配的 IP 地址作为用户的认证信息，通过基于 IP 地址以及端口号的访问控制策略实现访问控制。此类访问控制策略主要实施在不同的用户之间，网络本身仅仅为不同用户提供了一种完全连接的手段，而并非所有的用户都需要让其他用户访问到自身机器的全部信息。运营商可以通过分配给用户 IP 地址作为认证信息来实施访问控制策略。

（3）采用增强的认证手段（口令，密钥等）进行用户认证，然后根据用户进行相应的访问控制。此访问控制技术提供了进一步增强的验证，防止了通过伪造源 IP 地址和源路由等技术跨越原有的基于 IP 地址和端口号的访问控制的可能，同时通过密钥等几乎不可破解的强密钥认证技术，保证了 VPN 等应用的高安全性。

2）VLAN 技术

VLAN（虚拟局域网）技术在处于第二层的交换设备上实现了不同端口之间的逻辑隔离，在划分了 VLAN 的交换机上，处于不同 VLAN 的端口间无法直接通过二层交换设备进行通信。从安全性的角度讲，VLAN 首先分割了广播域，不同的用户从逻辑上看连接在不互相连接的不同二层设备上，VLAN 间的通信只能够通过三层路由设备进行：实施 VLAN 技术，可以实现不同用户之间在二层交换设备上的隔离。外部攻击者无法通过在同一广播域内才可能实施的攻击方式对其他用户进行攻击。

从灵活性的角度讲，在典型的 IP 宽带网中，在相对不安全的分布接入层，首先采用 VLAN 技术实现用户间的隔离，然后数据进入由 MPLS 技术提供了较高安全性的主干网进行传输，在数据通过主干网后再采用 VLAN 技术接入到对端用户。采用用户－VLAN－MPLS－VLAN－用户的连接模式保障网络传输的安全。同时 VLAN 限制在本地而不是穿越本地主干网，避免了在大量用户接入后 VLAN 的设定受到 VLAN 最大数目的限制。

3）MPLS 技术

MPLS（多协议标志交换）与传统的基于下一跳的 IP 路由协议不同，MPLS 是基于一种显式的路由交换（Explicit Routing），采用源地址路由方式，通过网络拓扑来实现 MPLS 的路由控制管理。

在标志交换的环境中，MPLS 为第 3 层路由表中的路由前缀分配一个特定含义的标签，MPLS 技术隐藏了真实的 IP 地址以及信息包流的其他内容，至少提供了相当于窄带的帧中继技术的第二层数据安全保护。类似的，也可以将基于 MPLS 技术的数据隔离看做等同于 VLAN 技术的广域网。

VLAN 技术和 MPLS 技术的综合应用保障了第二层的网络安全，充分防止了外部攻击者利用 IP 宽带网的第二层安全缺陷进行攻击。

4）VPN 技术

网络提供商提供的主要是下三层和部分第四层的服务（如 QoS 等服务，几乎无须考虑安全性），所以仅仅做到第二层的安全性是远远不够的，在第三层上，主要通过基于 IPSec 的 VPN 技术来实现相关的安全性。

IPSec（Internet 协议安全性）技术是一组协议的总称，在通常的 IPSec 应用中，同时使用了用于保障完整性和真实性的网络认证协议（Authentication Header，AH），和进行数据加密用于保障数据私有性的封装安全载荷协议（Encapsulating Security Payload，ESP），来保证传输过程中的数据安全。

VPN 在两台支持 VPN 的设备间建立了对等关系，并协商建立一条安全传输信道，有两种典型的连接方式，一种是各个部门之间通过专用的 VPN 通道通过公用网络进行连接，第二种方式是远程授权用户通过拨号（拨号方式采用的是专用链路连接，不存在二层安全性问题）等方式进入 Internet 并和内部网络采用 VPN 技术建立传输通道，进而访问公司内部网络。

5）IKE技术

IKE（Internet密钥交换协议）用于在VPN通道建立前对双方的身份进行验证，然后协商加密算法并生成共享密钥。为了防止密钥泄漏，IKE并不在不安全的网络上传输密钥，而是通过一系列安全性强的非对称算法通过交换非密钥数据，实现双方的密钥交换。按照当前的解密技术和计算机应用的发展水平，该算法可以看做是不可破解的。

6）设备厂商提供的增强技术

各大网络设备厂商在其网络设备上都添加了部分增强网络安全性的功能，例如接入层的MAC地址绑定及端口安全保护、静态ARP表等网络安全性增强技术，IP宽带网运营商可以在充分了解网络设备的安全性增强功能后为客户提供更加细致的安全服务。

7）防火墙技术

防火墙是指设置在不同网络（如可以信任的企业内部网和不可以信任的外部网）或网络安全域之间的一系列软件或硬件的组合。在逻辑上，它是一个限制器和分析器，能有效地监控内部网和Internet之间的活动，保证内部网络的安全。为迎合广大用户的需要，可以在网络中实施3种基本类型的防火墙：网络层、应用层和链路层防火墙。在创建防火墙时，必须决定防火墙允许或不允许哪些传输信息从Internet传到本地网或从别的部门传到一个被保护的部门。3种最流行的防火墙分别是：双主机防火墙、主机屏蔽防火墙、子网屏蔽防火墙。

（1）双主机防火墙。它是把一台主机作为本地网和Internet之间的分界。这台主机使用两块独立网卡把每个网络连接起来。

（2）主机屏蔽防火墙。建立此类防火墙应把屏蔽路由器加到网络上并使主机远离Internet，即主机并不直接与Internet相连，如果网络用户需要连接到Internet，则必须先通过与路由器相连的主机。

（3）子网屏蔽防火墙。此结构把内部网络与Internet隔离开来，把两台独立的屏蔽路由器和一台代理服务器连接起来。一台路由器控制从本地到网络的传输，另一台屏蔽路由器监测并控制进入Internet和从Internet出来的传输。

8）加密技术

目前，信息在网络传输时被窃取，是个人和公司面临的最大安全风险。为防止信息被窃取，则必须对传输的所有信息进行加密。加密体系可分为：常规单密钥加密体系和公用密钥体系。

（1）常规单密钥加密体系。它是指在加密和解密过程中都必须用到同一个密钥的加密体系，此加密体系的局限性在于，在发送和接收方传输数据时必须先通过安全渠道交流密钥，保证在他们发送或接收加密信息之前有可供使用的密钥。但是，如果用户能通过一条安全渠道传递密码，则也能够用这条安全渠道传递邮件。

（2）公用密钥体系。公用密钥需要两个相关的密码，一个密码作为公钥，一个密码作为私钥。在公用密钥体系中，用户的伙伴可以把他的公用密钥放到Internet的任意地方，或者用非加密的邮件发给用户，用户用其伙伴的公钥加密信息然后发给他，其伙伴则用他自己的私钥解密信息。

9）数字签名

通过加密，可以保证某个接收者能够正确地解密发送者发送的加密信息，但是收到的信息的声明者是否是该信息的实际作者，这就要求对传输进行鉴定和证实了。一般来说，当用户用数字标识一个文件时，则为这个文件附上了一个唯一的数值，它说明用户发送了这个文件，并且在用户发送之后没人修改它。

9.3.3 统一业务平台安全

支撑物联网业务的平台有着不同的安全策略，如云计算、分布式系统、海量信息处理等，这些支撑平台要为上层服务管理和大规模行业应用建立一个高效、可靠和可信的系统，而大规模、多平台、多业务类型使物联网业务层次的安全面临新的挑战，是针对不同的行业应用建立相应的安全策略，还是建立一个相对独立的安全架构，这是值得研究的热点。

物联网统一业务平台的安全保障技术主要是指物联网中的业务认证机制，面对大规模、多平台、多业务类型，传统的认证不足以满足安全保障的需求。传统认知是按不同层次区分的，网络层的认证负责网络层的身份鉴别，业务层的认证负责业务层的身份鉴别，两者独立存在。但是在物联网中，大多数情况下，机器都是拥有专门的用途，因此其业务应用与网络通信紧紧地绑在一起。由于网络层的认证是不可缺少的，其业务层的认证机制就不再是必需的，而是可以根据业务由谁来提供和业务的安全敏感程度来设计。例如，当物联网的业务由运营商提供时，就可以充分利用网络层认证的结果而不需要进行业务层的认证；当物联网的业务由第三方提供且无法从网络运营商处获得密钥等安全参数时，它就可以发起独立的业务认证而不用考虑网络层的认证；或者当业务是敏感业务（如金融类业务）时，一般业务提供者会不信任网络层的安全级别，而使用更高级别的安全保护，这个时候就需要做业务层的认证；而当业务是普通业务时，如气温采集业务等，业务提供者认为网络认证已经足够，就不再需要业务层的认证。

同时，业务平台安全问题还来自于各类新兴业务及应用的相关业务平台，同时由于涉及多领域、多行业，物联网广域范围的海量数据信息处理和业务控制策略目前在安全性和可靠性方面仍存在较多技术瓶颈，且难于突破，特别是业务控制和管理、业务逻辑、中间件、业务系统关键接口等环境安全问题尤为突出。

9.4 物联网信息处理安全

处理层是信息到达智能处理平台的处理过程，包括如何从网络中接收信息。在从网络中接收信息的过程中，需要判断哪些信息是真正有用的信息，哪些是垃圾信息甚至是恶意信息。在来自网络的信息中，有些属于一般性数据，用于某些应用过程的输入，而有些可能是操作指令。在这些操作指令中，又有一些可能是多种原因造成的错误指令（如指令发出者的操作失误、网络传输错误、得到恶意修改等），或者是攻击者的恶意指令。如何通过密码技术等手段甄别出真正有用的信息，又如何识别并有效防范恶意信息和指令带来的威胁是物联网处理层所面临的重大安全挑战。

9.4.1　物联网信息处理安全概述

物联网处理层的重要特征是智能，智能的技术实现少不了自动处理技术，其目的是使处理过程方便迅速，而非智能的处理手段可能无法应对海量数据。但自动过程对恶意数据特别是恶意指令信息的判断能力是有限的，而智能也仅限于按照一定规则进行过滤和判断，攻击者很容易避开这些规则，正如垃圾邮件过滤一样，这么多年来一直是一个棘手的问题。因此，处理层的安全挑战包括以下几个方面：

（1）来自于超大量终端的海量数据的识别和处理；

（2）智能变为低能；

（3）自动变为失控（可控性是信息安全的重要指标之一）；

（4）灾难控制和恢复；

（5）非法人为干预（内部攻击）；

（6）设备（特别是移动设备）丢失。

物联网时代需要处理的信息是海量的，需要处理的平台也是分布式的。当不同性质的数据通过一个处理平台处理时，该平台需要多个功能各异的处理平台协同处理。但首先应该知道将哪些数据分配到哪个处理平台，因此数据类别分类是必需的。同时，安全的要求使得许多信息都是以加密形式存在，因此如何快速有效地处理海量加密数据是智能处理阶段遇到的一个重大挑战。

9.4.2　数据存储安全

数据存储安全目标是保护机密的数据，确保数据的完整性，以及防止数据被破坏或丢失。存储安全包括存储环境安全、存储介质安全、存储管理安全、病毒处理等方面。目前，针对网络传输安全的研究比较多，但存储安全也不能被忽视，很多信息安全事故都是出现在数据存储这一环节上。目前，技术人员正在不断地研究数据存储领域的各项技术，以提高系统的整体安全性。其中有从硬件角度实现的自安全存储设备，有从软件理论实现的数据分割算法，还有基于 SAN（存储区域网络）的存储及其密钥管理方案等。

1．加密存储标准

现在有许多的安全通信标准，包括 IPSec（Internet 协议安全性）、SSH（Secure Shell，安全外壳协议）以及邮件加密标准等，确保了信息在传输过程中的保密性。但是如果我们不能很好地保护静态的存储数据，同样会遭受安全威胁。至今为止，还没有针对静态存储数据所提出的安全标准。为了弥补这一缺陷，IEEE 安全数据存储协会（SISWG）提出了 P1619 安全标准体系，这是一个共享媒体的加密存储标准体系。其目的是制定对存储介质上的数据进行加密的通用标准，促使标准的产品化。它定义了在数据被发送到存储设备之前，对其加密的算法和方法。目前，已经提交的草案共有 3 份：EME_AES、LRW_AES 和 Key Backup Format。

EME_AES 是对宽存储块进行加密的一种方法，其提出的目的是为了对存储的数据提供扇区层次的加密，典型的存储扇区大小为 512 B。它是 AES 加密算法的一个子程序，使用 AES 的密钥对长度为 512 B 的存储块进行加密，其加密密钥长度可以是 16 bit、24 bit

或者 32 bit。LRW_AES 和 EME-32-AES 不同，它是针对窄存储块设计的加密方法，可以有效地防止复制粘贴以及字典攻击。

密钥备份格式化草案中描述了密钥资料以及数据在存储和恢复时所用到的各种参数的备份形式。这个草案是针对宽存储块加密拟定的，使用这种标准格式，使得各厂家生产的存储设备具有很好的兼容性和数据的通用性。P1619 确定了密钥的备份结构，该结构中包含了对加密数据实施解密所需的全部信息。结构的具体形式是用 XML 定义的，使用 XML 对密钥的备份做统一的结构描述，使其具有很强的通用性，通过 XML 加密（XML_ENC）和密钥管理规范（XML_KMS）增强了备份的安全性和保密性。

此外，由于安全存储设备还没有一个公认的工业标准，因此，SISWG 正在研究如何对安全存储设备自身进行认证，使其符合 P1619 标准。由于密码学具有很强的抽象性，因此，针对 P1619 提交的草案都必须经过严格的理论证明才能被认可，从而确保了该标准体系的严格性和权威性。

2. 自安全的存储设备

随着信息化的不断发展，在各种应用环境下对数据资料的临时或永久存储变得越来越重要了。存储系统的规模越来越大，提供的服务也越来越多样化。但随之而来的是系统越来越复杂，也不容易维护。而且恶意病毒、木马程序、入侵等一系列因素使得系统的安全性越来越难得到保证。为此，我们将系统的安全保障划分到一个个子模块中分别进行处理。自安全的存储设备从最低层——硬件实施了对数据的保护。

自安全存储系统具有一种新的安全特性，即存储磁盘甚至可以不信任本机的操作系统，怀疑所有对数据的读/写请求。在自安全的存储磁盘内部有一个嵌入式的子系统，通过内置的操作指令对存储的数据进行管理。正是由于自安全存储设备的专一性，使得其实现起来相对比较简单，而且不同的存储介质可以使用不同的安全策略。其优点还包括，只须占用很少的资源来实现入侵检测、错误诊断及数据恢复等，可以更灵活地实施安全性和完整性的检查。自安全的存储设备不仅可以对存储在其上的数据实施保护，还可以进行数据访问控制。即使操作系统被入侵，自安全的存储磁盘还可以通过访问控制对数据进行保护。由此可见，自安全的存储设备使系统从软件和硬件两个方面分别进行安全保护，增强了整体的安全性能，也起到了一定的容侵容错作用。

3. 基于软件的安全存储

目前，一些数据存储系统采用集中式管理，数据仅仅存储在少数服务器上，这样不仅存在单点失效的问题，而且这些服务器也会成为攻击和入侵的主要目标，这就使得数据存储的安全性得不到保障。采用非中心式存储系统，通常采用数据分割和冗余技术在系统各结点分开存储信息。这样可以增强系统的可扩展性，避免单点失效问题，并且可以容较少的结点错误。

为了实现分布式存储，必须对数据进行分割，最常见的数据分割算法都是基于门限方案来实现的。短秘密共享（Short Secret Sharing）方案就是一个将门限方案和加密技术结合起来的典型方案。在这个方案中，用随机密钥对原始数据信息进行加密，然后用秘密共享方案来存储随机密钥，加密后的原始数据则进行散列存储。然而，这个方案的扩展性并不令人满意，当数据组规模不断扩大时，组员之间必须通过越来越多的信息轮回来达成一致协议，使得资源开销和服务时延增大，效率变得越来越低。数据分割中还有一种常用方案就是信息分割算法（Information Dispersal Algorithm，IDA）。其具体做法是，将信息分成 n 个大小为 k 的信息块，任意 m 个信息块能够重现完整信息。

9.4.3　数据备份和冗余技术

由于物联网结点限于成本约束，很多都是基于简单硬件的，不可能处理复杂的应用层加密算法，同时单结点的可靠性也不可能做得很高，其可靠性主要还是依靠多结点冗余来保证。因此，靠传统的应用层加密技术和网络冗余技术很难满足物联网的需求。在另一个方面，物联网应用中由于成本限制，结点通常比较简单，结点的可靠性也不可能做得太高，因此，物联网的可靠性要靠结点之间的互相冗余来实现。又因为结点不可能实现较复杂的冗余算法，因此一种较理想的冗余实现方式是采用网络侧的任播技术来实现结点之间的冗余。

数据备份是冗余的基础，是指为防止系统出现操作失误或系统故障导致数据丢失，而将全部或部分数据集合从应用主机的硬盘或阵列复制到其他存储介质的过程。传统的数据备份主要是采用内置或外置的磁带机进行冷备份。但是这种方式只能防止操作失误等人为故障，而且其恢复时间也很长。随着技术的不断发展，数据的海量增加，不少企业开始采用网络备份。网络备份一般通过专业的数据存储管理软件结合相应的硬件和存储设备来实现。

数据备份必须考虑到数据恢复的问题，包括采用双机热备、磁盘镜像或容错、备份磁带异地存放、关键部件冗余等多种灾难预防措施。这些措施能够在系统发生故障后进行系统恢复。但是这些措施一般只能处理计算机单点故障，对区域性、毁灭性灾难束手无策，也不具备灾难恢复能力。

数据冗余技术是使用一组或多组附加驱动器存储数据的副本，称为数据冗余技术。比如镜像就是一种数据冗余技术。

数据冗余是指数据间的重复，也就是说，同一数据存储在不同数据文件中的现象。工控软件开发中，冗余技术是一项最为重要的技术，它是系统长期稳定工作的保障。OPC（用于过程控制的对象连接与嵌入）技术的使用可以更加方便地实现软件冗余，而且具有较好的开放性和可互操作性。

9.4.4　云安全

物联网的特征之一是智能处理，指利用云计算、模糊识别等各种智能计算技术，对海量的数据和信息进行分析和处理，对物体实施智能化控制。云计算作为一种新兴的计算模式，能够很好地给物联网提供技术支撑。一方面，物联网的发展需要云计算强大的处理和存储能力作为支撑。从量上看，物联网将使用数量惊人的传感器采集到的海量数据。这些数据需要通过无线传感网、宽带因特网向某些存储和处理设施汇聚，而使用云计算来承载这些任务具有非常显著的性价比优势；从质上看，使用云计算设施对这些数据进行处理、分析、挖掘，可以更加迅速、准确、智能地对物理世界进行管理和控制，使人类可以更加及时、精细地管理物质世界，从而达到智慧的状态，大幅提高资源利用率和社会生产力水平。云计算凭借其强大的处理能力、存储能力和极高的性能价格比必将成为物联网的后台支撑平台；另一方面，物联网将成为云计算最大的用户，为云计算取得更大的商业成功奠定基石。

但是，云计算与物联网结合必须考虑以下两个关键条件：

（1）规模化是其结合基础。物联网的规模足够大之后，才有可能和云计算结合起来，比如行业应用、智能电网、地震台网监测等都需要云计算。而对一般性的、局域的、家庭网的物联网应用，则没有必要结合云计算。

（2）实用技术是实现条件。合适的业务模式和实用的服务才能让物联网和云计算更好为人类服务。作为一种新兴技术，云计算技术必然存在许多安全隐患，缺乏个体隐私的保护机制等，目前主要的针对性防范措施如表 9-1 所示。

表 9-1　云计算安全防范措施

安全性要求	防范措施（对其他用户）	防范措施（对服务提供商）
访问权限控制	权限控制程序	权限控制程序
存储私密性	存储隔离	存储加密、文件系统加密
运输私密性	虚拟机隔离、操作系统隔离	操作系统隔离
传输私密性	传输层加密 VPN、HTTPS、SSL	网络加密
持久可用性	数据备份、数据镜像、分布式存储	数据备份、数据镜像、分布式存储
访问速度	高速网络、数据缓存	高速网络、数据缓存

9.4.5　嵌入式系统安全

嵌入式系统越来越被广泛地用于控制各种关键设备，例如通信网络、电力栅格、核电站、飞行控制系统等，一旦这样的系统遭到恶意入侵者的破坏，其带来的损失是可想而知的。根据当前对嵌入式系统攻击的目标、结果和方法的不同，对嵌入式系统的攻击可以进行以下分类：

（1）根据攻击的目标，对嵌入式系统的攻击可以分为克隆、服务窃取、欺骗和功能破解。

（2）根据攻击的结果，可分为机密性攻击（获取系统敏感信息）、完整性攻击（改变系统程序或代码）和可用性攻击（也称为拒绝服务攻击，会造成系统无法正常工作）。

（3）根据攻击的方法，可分为物理攻击（逆向工程，探针探测）、旁通道攻击（差分能量分析 DPA、简单能量分析 SPA、电磁分析攻击 EMA、时序分析 TA、错误注入攻击 FI）和软件攻击（病毒、蠕虫或缓冲区溢出）。

为了抵御针对嵌入式系统的各种软/硬件攻击，目前，一些公司和研究机构已经提出了嵌入式系统安全体系结构，下面简要介绍几种典型的嵌入式系统安全体系结构方案。

1. LaGrande

以 Intel 公司提出的 LaGrande 结构为代表的可信计算是针对 PC 和嵌入式系统安全

的一种解决方案。可信计算由可信计算组（TCG）提出。在 TCG 规范中要求将系统安全组件集成到可信平台模块（TPM）中。TPM 是一个依赖于当前系统软/硬件，用于安全密钥的存储和产生、数字签名认证和证明书产生的硬件模块。LaGrande 结构可以通过和 Microsoft 所提出的 NGSCB（Next-Generation Secure Computing Base）协同工作提供流程分离、封闭存储、安全路径、证明书等安全机制。

2．Trust Zone

Trust Zone 是由 ARM 公司提供的一种安全体系结构方案。该方案通过安全位来指定系统模块和数据的安全或不安全区域，并只对安全区域提供安全保护。Trust Zone 是由一个安全核和内存中的安全部分组成的体系结构。由于 Trust Zone 不提供加密机制，如果用户需要对数据进行加密或杂凑，就必须另外开发相应的软件或安全硬件原语。Trust Zone 增加了一个安全工作模式，只有操作于安全模式下，用户才能访问所有受保护的数据和内存中的程序，并通过一个监控程序监控操作系统（OS）中的所有操作，特别是安全模式下的操作，从而控制非法操作获取系统敏感信息。

3．Smart MIPS

MIPS 公司也开发了包括用于加速密码功能的扩展指令集结构（Instruction Set Architecture，ISA）和用于安全内存管理的安全处理器核，可以防止旁通道攻击，并且通过 Smart MIPS 与 MIPS32 结构相结合的方式提供快速软件加密。

除此以外，IBM 生产了一种篡改证明的协处理器。该方案将固件、软件和硬件 3 个抽象级别的安全合并起来，将安全启动部分包括在协处理器中，硬件组件包括 486 处理器、数据加密标准引擎、模块算术引擎及安全内存。此外，另外一种对协处理器的替代方案是在处理器中加入用于加速加密的扩展指令集。

嵌入式系统的安全问题不能只在某一抽象层次上来解决系统的安全问题，而必须作为一个系统问题在嵌入式系统所有的抽象层次上予以解决；也不能仅在嵌入式系统设计完成后才考虑安全问题，而必须将安全在嵌入式系统设计的整个生命周期中进行设计。

9.5　物联网应用安全

应用层设计的是综合的或有个体特性的具体应用业务，它所涉及的某些安全问题通过前面几个逻辑层的安全解决方案可能仍然无法解决。在这些问题中，隐私保护就是典型的一种。无论感知层、传输层还是处理层，都不涉及隐私保护的问题，但它却是一些特殊应用场景的实际需求，即应用层的特殊安全需求。物联网的数据共享有多种情况，涉及不同权限的数据访问。此外，在应用层还将涉及知识产权保护、计算机取证、计算机数据销毁等安全需求和相应技术。

9.5.1　物联网应用安全概述

应用层的安全挑战和安全需求主要来自于以下几个方面：

（1）如何根据不同访问权限对同一数据库内容进行筛选；

（2）如何提供用户隐私信息保护，同时又能正确认证；

（3）如何解决信息泄露追踪问题；

（4）如何进行计算机取证；

（5）如何销毁计算机数据；

（6）如何保护电子产品和软件的知识产权。

由于物联网需要根据不同应用需求对共享数据分配不同的访问权限，而且不同权限访问同一数据可能得到不同的结果。例如，道路交通监控视频数据在用于城市规划时只需要很低的分辨率即可，因为城市规划需要的是交通堵塞的大概情况；当用于交通管制时就需要清晰一些，因为需要知道交通实际情况，以便能及时发现哪里发生了交通事故，以及交通事故的基本情况等；当用于公安侦查时可能需要更清晰的图像，以便能准确识别汽车牌照等信息。因此，如何以安全方式处理信息是应用中的一项挑战。随着个人和商业信息的网络化，越来越多的信息被认为是用户隐私信息。需要隐私保护的应用至少包括以下几种：

（1）移动用户既需要知道（或被合法知道）其位置信息，又不愿意非法用户获取该信息。

（2）用户既需要证明自己合法使用某种业务，又不想让他人知道自己在使用某种业务，如在线游戏。

（3）病人急救时需要及时获得该病人的电子病历信息，但又要保护该病历信息不被非法获取，包括病历数据管理员。事实上，电子病历数据库的管理人员可能有机会获得电子病历的内容，但隐私保护采用某种管理和技术手段使病历内容与病人身份信息在电子病历数据库中无关联。

（4）许多业务需要匿名性，如网络投票。在很多情况下，用户信息是认证过程的必需信息，如何对这些信息提供隐私保护，是一个具有挑战性的问题，但又是必须要解决的问题。例如，医疗病历的管理系统需要病人的相关信息来获取正确的病历数据，但又要避免该病历数据跟病人的身份信息相关联。在应用过程中，主治医生知道病人的病历数据，在这种情况下，对隐私信息的保护具有一定困难性，但可以通过密码技术手段掌握医生泄露病人病历信息的证据。

在使用因特网的商业活动中，特别是在物联网环境的商业活动中，无论采取了什么技术措施，都难免恶意行为的发生。如果能根据恶意行为所造成后果的严重程度给予相应的惩罚，那么就可以减少恶意行为的发生。在技术上，则需要搜集相关证据。因此，计算机取证显得非常重要，当然也有一定的技术难度，主要是因为计算机平台种类太多，包括多种计算机操作系统、虚拟操作系统、移动设备操作系统等。与计算机取证相对应的是数据销毁。数据销毁的目的是销毁在密码算法或密码协议实施过程中所产生的临时中间变量，一旦密码算法或密码协议实施完毕，这些中间变量将不再有用。但这些中间变量如果落入攻击者手里，可能为攻击者提供重要的参数，从而增大成功攻击的可能性。因此，这些临时中间变量需要及时安全地从计算机内存和存储单元中删除。计算机数据销毁技术不可避免地会被计算机犯罪提供证据销毁工具，从而增大计算机取证的难度。因此，如何处理好计算机取证和计算机数据销毁这对矛盾是一项具有挑战性的技术难题，也是物联网应用中需要解决的问题。

物联网的主要市场将是商业应用，在商业应用中存在着大量需要保护的知识产权产品，包括电子产品和软件等。在物联网的应用中，对电子产品的知识产权保护将会提高到一个新的高度，对应的技术要求也是一项新的挑战。

9.5.2　物联网应用安全设计

基于物联网综合应用层的安全挑战和安全需求，需要以下安全机制：

（1）有效的数据库访问控制和内容筛选机制；

（2）不同场景的隐私信息保护技术；

（3）叛逆追踪和其他信息泄露追踪机制；

（4）有效的计算机取证技术；

（5）安全的计算机数据销毁技术；

（6）安全的电子产品和软件的知识产权保护技术。

针对这些安全架构，需要发展相关的密码技术，包括访问控制、匿名签名、匿名认证、密文验证（包括同态加密）、门限密码、叛逆追踪、数字水印和指纹技术等。

小结

目前，物联网安全的总体需求就是物理安全、信息采集安全、信息传输安全和信息处理安全的综合，安全的最终目标是确保信息的机密性、完整性、真实性和数据新鲜性，本章以物联网体系架构为层次，分别对每层涉及的关键技术安全问题进行了详细的阐述。但随着射频识别、传感器、GPS 定位及通信网络等技术的不断发展和完善，物联网的发展壮大带来的众多安全问题不容忽视。物联网的发展固然离不开技术的进步，但是更重要的是涉及规划、管理、安全等各方面的配套法律、法规的完善，技术标准的统一与协调，安全体系的架构与建设。总体来说，未来的物联网安全研究主要集中在开放的物联网安全体系、物联网个体隐私保护、终端安全及物联网安全相关法律的制定等几个方面。

习题

1. 物联网安全体系主要有哪几层？每层的功能是什么？
2. 物联网感知层安全主要涉及哪些感知技术安全？
3. RFID 安全机制是什么？
4. 什么是 Sybil 攻击？
5. 简述无线传感网络的安全防范措施。
6. 简述现代移动通信技术安全的防范措施。
7. IP 核心网络的安全保障技术有哪几种？
8. 简述服务云安全的防范策略。

第10章　物联网标准

本章学习重点

1．RFID技术标准的3种标准体系结构

2．物联网网络标准的划分和各标准的功能

3．SSL、IPSec网络安全标准体系

标准是物联网技术和产业竞争的关键，各国企业和组织都在积极参与和推动相关标准化工作，争取在物联网起步阶段获得战略先机。目前，物联网的国际标准化工作分散在不同的标准组织，不同标准组织的工作侧重点不同，也有少量重叠和交叉，标准化工作也处于不同的阶段。现阶段投入物联网相关整体架构研究的国际组织有欧洲电信标准研究所（ETSI）、国际电信联盟（ITU）、国际标准化组织/国际电工协会（ISO/IEC）等。我国制定物联网标准的机构主要有中国通信标准化协会（CCSA）、国家传感器网络标准工作组（WGSN）、工信部电子标签（RFID）标准工作组，以及各行业标准化组织。

从物联网的技术架构和应用架构出发，本章对物联网的标准化对象进行了划分。物联网标准体系由感知层技术标准体系、网络层技术标准体系和应用层技术标准体系组成。其中，感知层技术标准体系包括传感器、二维条码、RFID等数据采集技术标准和自组织网络关键技术标准；网络层技术标准体系包括各种网关标准和接入网络技术标准，以及异构网融合等承载网支撑技术标准；应用层技术标准体系主要包括信息管理与安全等物联网业务中间件标准和智能电网、智能交通、工业监控等物联网应用子集标准。

10.1　物联网基础通用标准

目前，物联网没有形成统一标准，各个企业、行业都在根据自己的特长制定标准，并根据企业或行业标准进行产品生产，这为物联网形成统一的端到端标准体系制造了很大的障碍。物联网基础标准领域的标准研究和制定，主要包括研究物联网标准体系，制定物联网基础性和通用性技术标准。

10.1.1　物联网基础通用标准概述

为物联网制定标准，应从以下几个方面入手：

1．物联网标准化对象划分

物联网标准化对象的划分如图10-1所示。从标准化对象的角度来看，物联网标准涉及的标准化对象可以是相对独立、完整、具有特定功能的实体，可大到网络、系统，小到设备、接口、协议，另外还包括业务。各种实体根据需要，可以制定技术要求类标准和测试方法类标准。

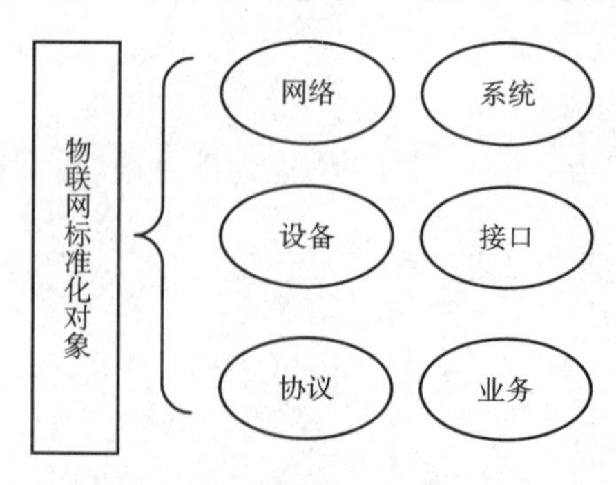

图10-1　物联网标准化对象划分

2. 物联网标准体系划分

物联网标准体系的划分如图 10-2 所示。标准体系的建立应遵循全面成套、层次恰当、划分明确的原则。物联网标准体系可以根据物联网技术体系的框架进行划分，即分为感知延伸层标准、网络层标准、应用层标准和共性支撑标准。

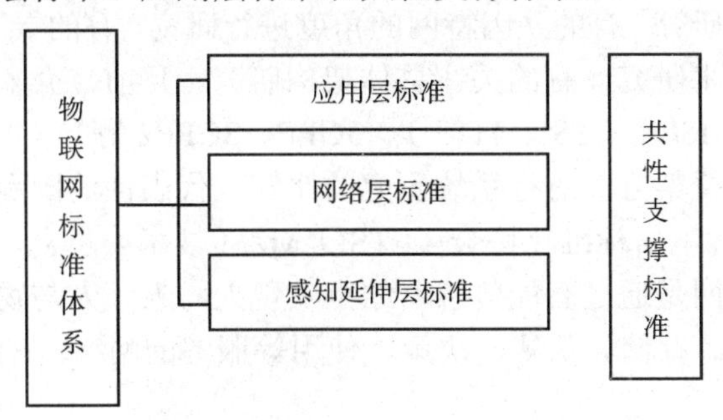

图 10-2　物联网标准体系划分

1）感知延伸层标准

（1）短距离无线通信相关标准：如基于 NFC（Near Field Communication，近距离通信）技术的接口和协议标准、低速物理层和 MAC 层增强技术标准、基于 ZigBee 的网络层和应用层标准等。

（2）RFID 相关标准：如空中接口技术标准、数据结构技术标准、一致性测试标准等。

（3）无线传感网相关标准：如传感器到通信模块接口技术标准、结点设备技术标准等。

2）网络层标准

（1）物物通信无线接入标准：面向物物通信的增强 UTRA——EUTRA、系统设备和接口的技术和测试标准等。

（2）电信网增强标准：面向物物通信针对移动核心网络增强的技术标准等。

（3）网络资源虚拟化标准：网络资源虚拟化调用技术标准、网络资源虚拟化的管理技术标准、网络虚拟化核心设备技术和测试标准等。

（4）环境感知标准：认知无线电系统的技术标准，包括关键技术、未来应用、频谱管理的标准等。异构网融合标准：不同无线接入技术在接入网层面融合标准、不同无线接入技术在核心网层面融合标准等。

3）应用层标准

（1）行业应用类标准：智能交通、智能电力、智能环境等相关系列标准。

（2）公众应用类标准：智能家居总体技术标准、智能家居联网技术标准、智能家居设备控制协议技术标准等。

（3）应用中间件平台标准：物联网信息开放控制平台基本能力标准、物联网信息开放控制平台总体功能架构标准、信息服务发现平台标准、信息处理和策略平台标准等。

4）共性支撑标准

（1）网络架构：物联网总体框架标准等。

（2）标识解析：物联网络标识、解析与寻址体系标准等。

（3）网络管理：物联网络管理平台标准、物联网络延伸网终端远程管理技术标准等。

（4）安全：物联网安全防护系列标准、物联网安全防护评估测试标准等。

物联网覆盖的技术领域非常广泛，涉及总体架构、感知技术、通信网络技术、应用技术等各个方面。物联网标准组织有的从机器对机器通信（M2M）的角度进行研究，有的从泛在网角度进行研究，有的从因特网的角度进行研究，有的专注传感网的技术研究，有的关注移动网络技术研究，有的关注总体架构研究。目前，介入物联网领域的主要国际标准组织有 IEEE、ISO、ETSI、ITU-T、3GPP、3GPP2 等。

针对泛在网总体框架方面进行系统研究的比较有代表性的国际标准组织是国际电信联盟（ITU-T）及欧洲电信标准化协会（ETSI）M2M 技术委员会。ITU-T 从泛在网角度研究总体架构，泛在网是通过智能传感器结点实现人与人、人与物、物与物之间按需进行的信息获取、传递、存储、认知、决策、使用等服务的网络。ETSI 从 M2M 的角度研究总体架构。

在感知技术（主要是对无线传感网的研究）方面进行研究的比较有代表性的国际标准组织是国际标准化组织（ISO）、美国电气及电子工程师学会（IEEE）。

在通信网络技术方面进行研究的国际标准组织主要有 3GPP 和 3GPP2。他们主要从 M2M 业务对移动网络的需求方面进行研究，只限定在移动网络层面。

在应用技术方面，各标准组织都有一些研究，主要是针对特定应用制定标准。

10.1.2 国际标准化组织

总的来说，在国际上物联网标准工作还处于起步阶段，目前各标准组织自成体系，标准内容涉及架构、传感、编码、数据处理、应用等，不尽相同。图 10-3 所示为物联网在不同领域的主要标准组织的分布情况。本节选择一些在物联网领域有一定影响力的标准组织进行简要介绍。

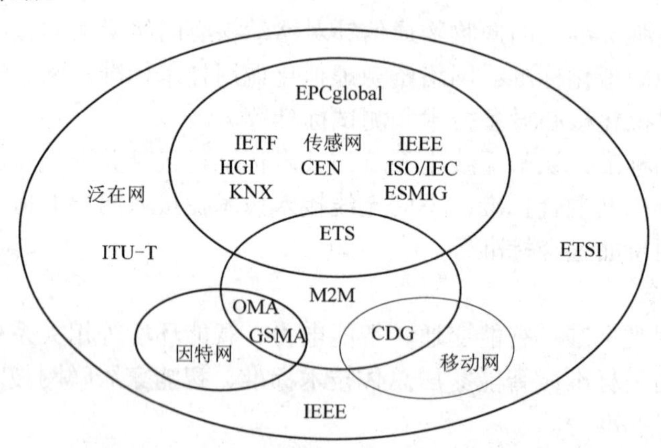

图 10-3 物联网在不同领域的主要标准组织的分布情况

1. TU-T

提到物联网标准，首先必须提 ITU-T。ITU-T 早在 2005 年就开始进行泛在网的研究，可以说是最早进行物联网研究的标准组织。

ITU-T的研究内容主要集中在泛在网总体框架、标识及应用3方面。ITU-T在泛在网研究方面已经从需求阶段逐渐进入到框架研究阶段，目前研究的框架模型还处在高层层面。

ITU-T在标识研究方面和ISO通力合作，主推基于对象标识（OID）的解析体系。ITU-T 在泛在网应用方面已经逐步展开了对健康和车载方面的研究。下面详细介绍ITU-T各个相关研究课题组的研究情况：

（1）SG13主要从NGN角度展开泛在网的相关研究，标准主导是韩国。目前标准化工作集中在基于NGN的泛在网络/泛在传感器网络需求及架构研究、支持标签应用的需求和架构研究、身份管理（IDM）相关研究、NGN对车载通信的支持等方面。

（2）SG16组成立了专门的问题组展开泛在网应用相关的研究，由日、韩共同主导，内容集中在业务和应用、标识解析方面。SG16组研究的具体内容有Q.25/16泛在感测网络（USN）应用和业务、Q.27/16通信/智能交通系统（ITS）业务/应用的车载网关平台、Q.28/16电子健康（E-Health）应用的多媒体架构、Q.21和Q.22标识研究（主要给出了针对标识应用的需求和高层架构）。

（3）SG17 组成立有专门的问题组展开泛在网安全、身份管理、解析的研究。SG17组研究的具体内容有Q.6/17泛在通信业务安全、Q.10/17身份管理架构和机制、Q.12/17抽象语法标记（ASN.1）、OID及相关注册。

（4）SG11组成立有专门的问题组“NID和USN测试规范”，主要研究结点标识（NID）和泛在感测网络（USN）的测试架构、H.IRP测试规范及X.oid-res测试规范。

（5）ITU-T还在智能家居、车辆管理等应用方面开展了一些研究工作。

2．ETSI

ETSI采用M2M的概念进行总体架构方面的研究，相关工作的进展非常迅速，是在物联网总体架构方面研究得比较深入和系统的标准组织，也是目前在总体架构方面最有影响力的标准组织。

ETSI专门成立了一个专项小组（M2M TC），从M2M的角度进行相关标准化研究。ETSI成立M2M TC小组主要是考虑：目前虽然已经有一些M2M的标准存在，涉及各种无线接口、格状网络、路由和标识机制等方面，但这些标准主要是针对某种特定应用场景，彼此相互独立，如何将这些相对分散的技术和标准放到一起并找出不足，这方面所做的工作很少。在这样的研究背景下，ETSI M2M TC小组的主要研究目标是从端到端的全景角度研究机器对机器通信，并与ETSI内NGN的研究及3GPP已有的研究展开协同工作。

M2M TC小组的职责是：从利益相关方收集和制订M2M业务及运营需求，建立一个端到端的M2M高层体系架构（如果有需要，会制定详细的体系结构），找出现有标准不能满足需求的地方并制定相应的具体标准，将现有的组件或子系统映射到M2M体系结构中，M2M解决方案间的互操作性（制定测试标准）、硬件接口标准化方面的考虑，与其他标准化组织进行交流及合作。

3．3GPP/3GPP2

3GPP和3GPP2也采用M2M的概念进行研究。作为移动网络技术的主要标准组织，

3GPP 和 3GPP2 关注的重点在于物联网网络能力增强方面，是在网络层方面开展研究的主要标准组织。

3GPP 针对 M2M 的研究主要从移动网络出发，研究 M2M 应用对网络的影响，包括网络优化技术等。3GPP 研究范围为：只讨论移动网的 M2M 通信；只定义 M2M 业务，不具体定义特殊的 M2M 应用。威瑞森、沃达丰等移动运营商在 M2M 的应用中发现了很多问题，例如大量 M2M 终端对网络的冲击、系统控制面容量的不足等。因此，在威瑞森、沃达丰、三星、高通等公司的推动下，3GPP 对 M2M 的研究在 2009 年开始加速，目前基本完成了需求分析，转入网络架构和技术框架的研究，但核心的无线接入网络（RAN）研究工作还未展开。

相对而言，3GPP2 相关研究的进展要慢一些，目前关于 M2M 方面的研究多处于研究报告的阶段。

4．IEEE

在物联网的感知层研究领域，IEEE 的重要地位显然是毫无争议的。目前，无线传感网领域用得比较多的 ZigBee 技术就基于 IEEE 802.15.4 标准。

IEEE 802 系列标准是 IEEE 802 LAN/MAN 标准委员会制定的局域网、城域网技术标准。1998 年，IEEE 802.15 工作组成立，专门从事无线个人局域网（WPAN）标准化工作。在 IEEE 802.15 工作组内有 5 个任务组，分别制定适合不同应用的标准。这些标准在传输速率、功耗和支持的服务等方面存在差异。

（1）TG1 组制定 IEEE 802.15.1 标准，即蓝牙无线通信标准。该标准适用于手机、PDA 等设备的中等速率、短距离通信。

（2）TG2 组制定 IEEE 802.15.2 标准，研究 IEEE 802.15.1 标准与 IEEE 802.11 标准的共存。

（3）TG3 组制定 IEEE 802.15.3 标准，研究超宽带（UWB）标准。该标准适用于个域网中多媒体方面高速率、近距离通信的应用。

（4）TG4 组制定 IEEE 802.15.4 标准，研究低速无线个人局域网（WPAN）。该标准把低能量消耗、低速率传输、低成本作为重点目标，旨在为个人或者家庭范围内不同设备之间的低速互连提供统一标准。

（5）TG5 组制定 IEEE 802.15.5 标准，研究无线个人局域网（WPAN）的无线网状网（MESH）组网。该标准旨在研究提供 MESH 组网的 WPAN 的物理层与 MAC 层的必要机制。

传感器网络的特征与低速无线个人局域网（WPAN）有很多相似之处，因此传感器网络大多采用 IEEE 802.15.4 标准作为物理层和媒体存取控制层（MAC），其中最为著名的就是 ZigBee。因此，IEEE 的 802.15 工作组也是目前物联网领域在无线传感网层面的主要标准组织之一。中国也参与了 IEEE 802.15.4 系列标准的制定工作，其中，IEEE 802.15.4c 和 IEEE 802.15.4e 主要由中国起草。IEEE 802.15.4c 扩展了适合中国使用的频段，IEEE 802.15.4e 扩展了工业级控制部分。

10.1.3　基本术语、定义与缩略语

1．Automatic Identification

Automatic Identification（自动识别）技术泛指用机器代替人工收集数据并直接输入计算机系统的方法，包括条形码、磁卡、智能卡、生物特征识别、光符号识别，以及射频识别。

2．Article Numbering Center of China

经国务院批准，Article Numbering Center of China（中国物品编码中心，ANCC）于 1988 年 12 月成立，1991 年 4 月加入国际物品编码协会（EAN International），统一组织、协调、管理全国商品条形码工作。

3．Bar Code

Bar Code（条形码）是识别某一产品的制造商和类别的标准化方法。条形码自 20 世纪 70 年代开始使用，目前是物流系统广泛运用的自动识别技术。条形码的缺点是无法区分同样产品中的每个个体，而且扫描仪必须和它形成一条视线才能阅读它。

4．Battery-assisted Tag

Battery-assisted Tag（有源标签）指自带电池的射频识别标签，但是它与被动标签一样采用回射法进行通信。它用电池给其上的集成电路和传感器（如果装备的话）供电，比一般的被动标签具有更远的阅读距离，有时也称为“半被动标签”。

5．Checksum

Checksum（检验码）指加在射频识别标签微处理器内存数据区的一个数码。在数据传输前后通过检验这个数码来确定标签上所存的数据是否完好无损。周期性冗余检查法是查验检验码的一种方法。

6．Chipless RFID Tag

Chipless RFID Tag（无芯片射频识别标签）指不用半导体微处理器的射频识别标签。有些无芯片射频识别标签使用塑料或传导薄膜代替半导体微处理器，还有些使用可以反射无线电波的特殊材料，比如有反射功能的纸质纤维。

7．Contactless Smart Card

Contactless Smart Card（非接触式智能卡）指带射频识别芯片的信用卡或其他用途的卡。阅读机可以对其进行无线阅读，从而加快结账，方便顾客。

8．EAN International

EAN International（国际物品编码协会）指 1977 年成立的非营利性国际组织，总部设在布鲁塞尔，在世界许多地方管理和推动实施全球统一标识系统。

9．Electronic Data Interchange

Electronic Data Interchange（电子数据交换，EDI）是一种被广泛接受的基于商业网

络共享数据的方式。

10. Electronic Article Surveillance

Electronic Article Surveillance（电子商品防盗器，EAS）是一种最简单的射频识别系统，是商店广泛使用的防盗报警系统。它由 1 位标签、框架天线和报警器组成。标签附着在产品上，框架天线固定在商店门口。当顾客携带没有付款的商品经过门口时，门口的天线与标签上的天线形成感应耦合，报警器发出警示信号。顾客付款后，标签要么被取下，要么将上面的电容击毁，要么在计算机数据库中做一个该产品已售出的记录，视具体系统而定，这样顾客出门时报警器就不会报警了。

11. Electronic Product Code

Electronic Product Code（电子产品代码，EPC）是美国自动识别中心开发的用于射频识别系统的代替条形码的一种产品电子编码系统。EPC 由标题说明区和 3 个数据区组成。标题说明数据区的大小：64 bit 或 96 bit。第一个数据区存放制造商代码；第二个数据区存放产品代码；第三个数据区存放产品特有的序列号。EPC 与全球贸易产品代码（GTIN），UCC-12、UCC/EAN-13、EAN/UCC-14 及 EAN/UCC-8 兼容。

12. EPC Discovery Service

EPC Discovery Service（电子产品代码搜索服务）是 EPCglobal 提供的一种网络服务，允许公司搜索阅读了某个 EPC 标签的所有阅读机。

13. EPCglobal

EPCglobal（全球电子产品代码协会）是国际物品编码协会 EAN 和美国统一代码委员会（UCC）共同组建的合资公司，负责射频识别技术在全球供应链管理领域的应用标准的建立、更新和维护，并推动 EPC 在供应链管理中的应用。EPCglobal 授权 EAN/UCC 在各国的编码组织成员负责本国的 EPC 工作。

14. EPCglobal China

在我国，EPCglobal 授权中国物品编码中心作为唯一代表，负责我国 EPC 系统的注册管理、维护及推广应用工作。2004 年 4 月 22 日，EPCglobal China 在中国宣布正式成立。

15. EPC Information Service

EPC Information Service（电子产品代码信息服务）是 EPC 网络的一个组成部分，是一种网络服务，可以让公司把与 EPC 有关的信息存放在安全的网络数据库中，让不同的用户群按授权的级别访问这些数据。电子产品代码信息服务包括电子产品代码搜索服务。

16. EPC Global Network

EPC Global Network（电子产品代码全球网络）简称电子产品代码网络（EPC Network）。它是基于网络的有关电子产品代码的一系列技术和服务，包括实名服务（Object Name Service）、分布式中间件（Savants）、电子产品代码信息服务和物理标识语言。

17. European Article Numbering

European Article Numbering（欧洲物品编码，EAN）是北美普遍使用的通用产品代码（UPC ）的国际版本。它由 13 位代码组成：前两位代表国家编号，紧跟着的 5 位代码是制造商编号，接着的 5 位代码是产品编号，最后 1 位代码是检验码。

18．Extensible Markup Language

Extensible Markup Language（可扩展标识语言，XML）是一种被用户广泛接受的，使因特网上采用不同操作系统的计算机共享信息的编程语言。

19．European Telecommunications Standards Institute

European Telecommunications Standards Institute（欧洲电信标准协会，ETSI）是欧洲共同体的一个负责向其会员国推广通信标准的组织。

20．Gtag

Gtag（全球统一标签，Global Tag）是 UCC 和 EAN 倡议的用 RFID 在全球物流系统内追踪货物的按统一标准制造的标签。它是 EPC 的一个子集。

21．Industrial，Scientific，and Medical（ISM）Bands

Industrial，Scientific，and Medical（ISM）Bands（工业，科研和医用频带）是国际上统一分配给工业、科研和医学使用的电磁波频率范围。射频识别系统所使用的频率应该在 ISM 频带内。

22．Interogator Circuit

Interogator Circuit（集成电路，IC）是将成千上万的半导体元器件连接在一个体积很小的电路板上而形成的具有特定用途的电路。绝大多数射频识别标签都有一个集成电路。

23．Input / Output

Input / Output（输入/输出，I/O）指阅读机上用来与其他装置相连的接口。

24．Microwave Tags

Microwave Tags（微波标签）指频率在 5.8×10^3 MHz 的射频识别标签。微波标签的数据传送速度很快，而且阅读距离很远，但是消耗很大能量而且价格很贵。

25．Object Class

EPC 的目标是为每一个物理实体提供唯一标识，它是由 1 个版本号和另外 3 段数据（依次为域名管理者、对象分类、序列号）组成的一组数字，其中对象分类（Object Class）记录了产品精确类型的信息。

26．Object Name Service

Object Name Service（对象名称解析服务，ONS）指自动识别中心创立的用来在因特网上搜寻电子产品代码（EPC）及与之相关信息的网络服务。实名服务与因特网上的域名服务相似。

27．Physical Markup Language

Physical Markup Language（物理标识语言，PML）指自动识别中心设计的计算机能理解的用来描述产品的语言。PML 是基于 XML 的语言。

28．PML Server

PML Server（物理标识语言服务器）指能对用户发出的调阅有关某个产品的电子产品代码（EPC）的 PML 文件的请求进行响应服务的计算机系统。

29．Radio Frequency Identification

Radio Frequency Identification（射频识别，RFID）是一种通过无线电波自动识别人或物的技术。小孩玩的遥控车和汽车的遥控钥匙就是射频识别在日常生活中的应用。一个典型的射频识别系统由射频识别标签（RFID Tag）和标签阅读机（Reader 或 Interogator）组成。标签由天线和芯片组成，阅读机上的天线可以发射无线电波与标签进行通信，读取标签上存储的信息，并转换成数字信号传输给计算机进行处理。

30．Software-as-a-Service

Software-as-a-Service（软件即服务，SaaS）是一种基于因特网提供软件服务的软件应用模式。作为一种在 21 世纪开始兴起的创新的软件应用模式，SaaS 是软件科技发展的最新趋势。

31．Sensor

Sensor（传感器）是一种能记录其周围物理环境的变化，并把这些变化转换成电信号的装置，如运动探测传感器和温度传感器。传感器可以与射频识别系统结合使用。带传感器的标签可以探测其周围物理环境的变化，并将获取的信号无线传送给阅读机进行处理。

32．Silent Commerce

Silent Commerce（无声商业）泛指无须人工照料的商业活动，如网络生意和利用射频识别技术进行的商业活动。

33．Smart Label

Smart Label（智能标签）泛指带有射频识别信号收发器的条形码标签。因为含有芯片，所以冠以“智能”二字。

34．Smart Cards

Smart Cards（智能卡）是在信用卡大小的卡片中嵌入芯片用于自动识别的一种技术。

35．Uniform Code Council

Uniform Code Council（美国统一代码委员会，UCC）指制定北美地区统一产品代码和条形码标准的非营利性组织。

36．Unique Identifier

Unique Identifier（唯一识别码，UID）指识别无线电波收发器的序列号。

37．Universal Product Code

Universal Product Code（通用产品编码，UPC）指由北美统一编码协会管理的条形码编码标准。

38．XML Query Languation

XML Query Languation（可扩展标识语言支持的搜索语言，XQL）是在可扩展标识语言支持下的一种搜索数据库的方法。使用自动识别中心的物理标识语言生成的文件可以用 XQL 来搜索。

10.2　物联网物品标识标准

识别技术主要实现物联网中物体标识和位置信息的获取，它是物联网中非常关键的一个技术点。物联网中的物体只有被识别之后才能与相关信息绑定，才能与其他物体及信息系统交互，并发挥作用。

10.2.1　物联网物品标识标准概述

RFID 标签、识辨传感器等是物联网识别技术的重要组成部分。在物联网中如何对物体进行编码、标识未知，如何处理同一物体的多个编码、组合物体的编码、标签冲突等都是物联网物品识别中研究的重点。

物品编码是为货品给定的唯一标识代码，通常用字符串（定长或不定长）或数字来表示。物品编码必须是唯一的，也就是说，一种物品不能有多个编码，一个编码不能有多种物品。

目前，国际上还没有统一的 RFID 编码规则，然而全球范围内开发的贸易体系需要一个统一的编码体系，即物联网编码。RFID 编码规则一直是各国和各大标准组织争论的焦点，因为将自己的编码体系推广成为国际标准，将为其带来巨大的利益。目前，欧美支持的 EPC（Electronic Product Code，电子产品代码）标准和日本支持的 UID（Universal Identification，泛在识别）标准是当今影响力最大的两大标准。我国的 RFID 标准目前还尚未形成，如果不尽快推出具有我国自主知识产权的 RFID 编码标准，将使用国际标准或其他组织的标准，那么我国在未来全球范围内的开环供应链 RFID 应用中将处于较为被动的地位，号段分配将受制于人，数据的安全性也会受到威胁。

EPCglobal 提出的“物联网”体系架构由 EPC 编码、EPC 标签及读写器、EPC 中间件、ONS 服务器和 EPCIS 服务器等部分构成。EPC 是赋予物品的唯一的电子编码，其位长通常为 64 bit 或 96 bit，也可扩展为 256 bit。对于不同的应用，EPC 规定有不同的编码格式，主要存放企业代码、商品代码和序列号等。最新的 GEN2 标准的 EPC 编码可兼容多种编码。EPC 中间件对读取到的 EPC 编码进行过滤和容错等处理后，输入到企业的业务系统中。它通过定义与读写器的通用接口（API）实现与不同制造商的读写器的兼容。ONS 服务器根据 EPC 编码及用户需求进行解析，以确定与 EPC 编码相关的信息存放在哪个 EPCIS 服务器上。EPCIS 服务器存储并提供与 EPC 相关的各种信息。这些信息通常以 PML 格式存储，也可以存放于关系数据库中。

以商品条形码为核心的 EAN/UCC 系统目前已成为全球通用的商用物品编码标准，最初由美国统一代码委员会（Universal Code Council，UCC）于 1973 年创建。UCC 采用 12 位数字标识代码——UPC（Universal Product Code）。UPC 系统成功之后，欧洲物品编码协会，即现在的国际物品编码协会，于 1977 年开发了一套在北美以外使用，与 UPC 系统相兼容的系统——EAN（European Article Numbering）系统。EAN 系统主要采用 13 位数字标识代码，是 UCC 系统的扩展。由于使用确定的条形码符号和数据结构，从而发展形成了 EAN/UCC 系统。目前，通过使用 GTIN（Global Trade Item Number，全球贸易项目代码）格式实现了全球的完全通用。GTIN 格式是计算机文件中可以存储数据结构的 14 位参考字段，保证了在世界范围内贸易项目编码的唯一性。EAN/UCC 系统是以商品条形码为核心，在世界范围内通过对商品、服务、运输单元、资产和位置提供唯一标识，为全球跨行业的供应链进行有效管理提供的一套开放式国际标准。这些编码以条形码符号表示，以便于进行电子识读。EAN/UCC 系统适用于任何行业和贸易部门，致力于通过标准的实施，提高贸易效率和对客户的反应能力，简化商务流程，降低企业成本。

UID Center 的泛在识别技术体系架构由泛在识别码（Ucode）、信息系统服务器、泛在通信器和 Ucode 解析服务器 4 个部分构成。Ucode 是赋予现实世界中任何物理对象的唯一的识别码。它具备 128 bit 的充裕容量，并可以用 128 bit 将单元进一步扩展至 256 bit、384 bit 或 512 bit。Ucode 的最大优势是能包容现有编码体系的元编码设计，可以兼容多种编码。Ucode 的标签具有多种形式，包括条形码、射频标签、智能卡、有源芯片等。泛在识别中心把标签进行分类，设立了 9 个级别认证标准。信息系统服务器存储并提供与 Ucode 相关的各种信息。Ucode 解析服务器确定与 Ucode 相关的信息存放在哪个信息系统服务器上。Ucode 解析服务器的通信协议为 UcodeRP 和 eTP，其中，eTP 是基于 eTron（PKI）的密码认证通信协议。泛在通信器主要由 IC 标签、标签读写器和无线广域通信设备等部分构成，用来把读到的 Ucode 送至 Ucode 解析服务器，并从信息系统服务器获取有关信息。

1988 年，国务院授权成立了中国物品编码中心（www.org.cn），作为中国唯一对口国际物品编码协会的事业单位，隶属于国家质量监督检验检疫总局，负责统一组织、协调、管理中国的物品编码。中国物品编码中心同时也是国家标准制定组织，先后完成了国家“八五”、“九五”多项重点攻关项目。

10.2.2　物品分类与编码

1. 物品分类

千千万万种物品，在经济活动中，在进入信息系统时，不能杂乱无章，必须进行分门别类，使之系统化，变为人们易于检索的信息资料。分门别类必须根据一定的章法，这个章法通常就是按有关业务要求编制的物品分类目录标准。物品分类目录标准在国际和国内有两大体系，即产品制造体系和商品流通体系。同一物品在制造过程中，按其生产活动进行产品分类，当它进入流通领域进行商品交换时，按其贸易活动（如供、销、储、运等）进行商品分类。所以，物品进入信息系统，按何种体系分类取决于它的经济活动性质。

世界通用的产品目录国际标准是联合国统计委员会主持制定的。联合国统计委员会早期推荐给各国使用的产品统计目录标准是 1976 年出版的《产品和服务国际标准分类》，简称 ICGS，然而它不够完善，产品没有和行业协调，不利于经济核算和资料的分析对比。为此，到 20 世纪 80 年代中期又制定了《贸易与产品组合分类标准》，推荐给各国使用。该标准是以联合国的行业分类国际标准（ISIC）第三次修订本为基础拓展而成的。产品代码总长 6 位数字，前 4 位数字为行业代码，共 239 类，在此基础上再延拓两位产品代码，共有 1 453 个类目。

世界通用的商品分类国际标准有两个：一个是用于征收关税、制定对外贸易政策、进行贸易管理和统计的《关税合作理事会商品分类目录》（简称 CCCN 或 BTN）；另一个是联合国统计委员会制订的，用于搜集世界贸易商品资料的《国际贸易分类标准》（简称 SIFC）。下面简单介绍这两个标准：

1)《关税合作理事会商品分类目录》

在 20 世纪初的国际贸易中，一些欧洲国家为进行外贸管理，分别编制了各自的海关税则和进出口商品的商品分类目录。这些目录无论在商品的名词术语、税率分类、征税标准、计税单位及“海关语言”合约要求等方面，都存在着很大的差异，这给国际上的各种贸易活动、贸易资料的对比和经济分析带来了许多困难和浪费。为解决这个问题，各国感到必须制定一个国际通用的税则和商品分类的标准。由于问题比较复杂，这一酝酿过程也很长，直到 1950 年才完成了具有大类小类划分的《关税合作理事会商品分类目录》国际标准。因为它是在布鲁塞尔开会通过的，所以也称为《布鲁塞尔税则分类目录》，简称 BTN。这个税则分类目录对国际贸易标准化起了很重要的作用。但是，随着国际贸易的发展，工农业技术的进步，商品品种大量增加，原有的目录类目已不够使用，故 1968 年出版了修订本。它把国际贸易中的所有商品划分为 21 个大类、99 个中类和 1 011 个小类，大类未编代码，中、小类编有 4 位数字代码，分两个层次，均为百进位。

2)《国际贸易标准分类》

《国际贸易标准分类》（SITC）把国际贸易的有形商品分为 10 大类、63 章、223 组、786 个分组和 1 924 个项目。SITC 是以等级为基础，以阿拉伯数字来描述商品的，一位数表示类，二位数表示章，三位数表示组，四位数表示分组，五位数表示项目。如低脂牛奶的 SITC 编码是 02212。表 10-1 是 SITC 从最大范围到最详细描述的一列。

表 10-1　SITC 编码举例说明

SITC 编码	描　述
0	食品和活动物
02	乳品和禽蛋
022	牛奶、奶油和乳制品（除黄油和奶酪）
0221	牛奶（包括脱脂牛奶）、奶油，非浓缩或加糖的
02212	含脂牛奶（含脂量 1%～6%）

2. 物品编码原则

编码是指按一定规则赋予物品易于机器和人识别、处理的代码，它是物品在信息网络中的身份标识，是一个物理编码。编码实现了物品的数字化，是物品实现自动识别的基础，在物联网的各个环节，物品编码是贯穿始终的关键字，是物联网的基础。统一的物品编码体系将满足物联网中各系统信息交换的需要，并能实现动态维护，对物联网的应用、运行与管理提供支撑。如果没有统一的物品编码体系，这些系统只能是一个个不连通的信息孤岛，不能形成物联网。因此，统一的物品编码体系是信息互连互通的关键。要形成统一的物品编码体系，需要遵循以下原则：

（1）唯一性原则：唯一性原则是商品编码的基本原则。是指同一商品项目的商品应分配相同的商品标识代码，不同商品项目的商品必须分配不同的商品标识代码。

（2）无含义性原则：无含义性原则是指商品标识代码中的每一位数字不表示任何与商品有关的特定信息。

（3）稳定性原则：稳定性原则是指商品标识代码一旦分配，只要商品的基本特征没有发生变化，就应保持不变。

（4）规则性原则：规则性原则是指编码应当是按照一定的编码原则编制，并配合规范的描述。

（5）通用性原则：同一编码原则应能涵盖所有物品，新增加的品种也能够适应。

（6）扩展性原则：编码原则的制定应能考虑将来物品的变化趋势，并且要对不同情况留有一定的余地。

3．物品编码分类

我国物品编码系统由物品分类代码、物品名称代码和物品属性代码（包括属性、属性值及其代码）3 部分组成。物品分类代码是依据物品的通用功能和主要用途进行的分类和代码化表示；物品名称代码是对物品名称的唯一的、无含义的标识；物品属性代码是对物品本质特征属性的描述及代码化表示。在进行物品编码时，一般考虑以下分类：

1）基础物品编码系统

基础物品编码系统是国家信息交换的公共映射基准，是国家电子商务和物品采购的总引擎。基础物品编码系统具有以下特点：

（1）物品分类代码是确定物品逻辑与归属关系的分类代码，其分类的主要依据是物品的通用功能和主要用途，无行业和地域色彩。

（2）物品名称具有明确的定义和描述，物品名称代码无含义，具有唯一性。

（3）物品属性具有明确的定义和描述，物品属性及属性值代码由物品的若干个基础属性以及与其对应的属性值代码组成，结构灵活，可扩展。

（4）物品分类代码、物品名称代码、物品属性及属性值代码可实现科学有机的链接。

（5）基础物品编码系统与国际兼容。

2）通用物品编码系统

通用物品编码系统是全国各领域中的各种流通物品都可适用的物品编码系统，也是开放流通领域必须使用的编码标准。通用物品编码系统具有以下特点：

（1）编码对象涵盖多行业、多领域的物品。

（2）代码全国唯一，结构固定。

（3）代码贯穿于物品流通的整个生命周期。

（4）代码实行全国统一赋码、统一管理。

（5）代码的自动识别采用全国统一的标准化自动识别数据载体（如条形码、射频标签等）实现。

（6）代码可供供应链各参与方共同使用。

（7）代码通常与国际通用的物品编码相兼容。

3）专用物品编码系统

专用物品编码系统是指在特定领域、特定行业或企业使用的物品编码系统。专用物品编码一般由各个部门、行业、企业自行编制，只在本部门、本系统或本行业采用。专用物品编码系统是针对特定的应用需求建立的。例如中华人民共和国海关统计商品目录（HS）、固定资产分类与代码、集装箱编码、其他专用物品编码、车辆识别代号（VIN）、动物编码等。专用物品编码系统通常具有以下特点：

（1）代码在特定范围内统一赋码和管理；

（2）代码结构根据特定领域、特定行业或企业的需求确定；

（3）代码在特定应用范围内唯一；

（4）代码仅在特定领域、特定行业或企业使用。

10.2.3　典型物品分类与编码标准

表 10-2 列举了我国物品编码中心已发布的国家标准。

表 10-2　中国物品编码中心发布的国家标准

编　码	标　准	编　码	标　准
GB 12904—2008	商品条码 零售商品编码与条码表示	GB/T 17231—1988	订购单报文
GB/T 12905—2000	条码术语	GB/T 17537—1998	订购单应答报文
GB/T 16830—2008	商品条码 储运包装商品编码与条码表示	GB/T 17536—1998	订购单变更请求报文
GB/T 14257—2009	商品条码 条码符号放置指南	GB/T 17708—1999	报价请求报文
GB/T 18127—2009	商品条码 物流单元编码与条码表示	GB/T 17707—1999	报价报文
GB/T 15425—2002	EAN.UCC 系统 128 条码	GB/T 17233—1998	发货通知报文
GB/T 18347—2001	128 条码	GB/T 17232—1998	收货通知报文
GB/T 18283—2008	商品条码 店内条码	GB/T 17705—1999	销售数据报告报文
GB/T 16986—2009	商品条码 应用标识符	GB/T 17706—1999	销售预测报文
GB/T 12908—2002	信息技术 自动识别和数据采集技术条码符号规范 三九条码	GB/T 17709—1999	库存报告报文
GB/T 16829—2003	信息技术 自动识别和数据采集技术 条码码制规范 交插二五条码	GB/T 18125—2000	交货计划报文
GB/T 12907—2008	库德巴条码	GB/T 18129—2000	价格/销售目录报文
GB/T 14258—2003	信息技术 自动识别与数据采集技术条码符号印制质量的检验	GB/T 18716—2002	汇款通知报文
GB/T 18348—2008	商品条码 条码符号印制质量的检验	GB/T 18715—2002	陪送备货与货物移动报文
GB/T 12906—2008	中国标准书号条码	GB/T 18785—2002	商业账单汇总报文
GB/T 16827—1997	中国标准刊号（ISSN 部分）条码	GB/T 18284—2000	快速响应矩阵码
GB/T 16828—2007	商品条码参与方位编码与条码表示	GB/T 18805—2002	商品条码印刷适性试验
GB/T 17172—1997	四一七条码	GB/T 14257—2009	商口条码　条码符号放置指南
GB/T 19255—2003	运输状态报文	GB/T 19251—2003	贸易项目的编码与符号表示导则

10.3 物联网关键技术标准

物联网主要的关键技术包括无线传感器技术、ZigBee、M2M 技术、RFID 技术等。本节主要对感知层关键技术的 RFID 技术标准和传感器技术标准进行阐述。

10.3.1 一维和二维条形码技术标准

条形码技术已在 4.1.5 节进行了详细介绍，本节不再赘述。

10.3.2 RFID 技术标准

在国际方面，RFID 标准已经比较成熟，但是多种标准并存，ISO/IEC、EPC 标准应用最广。ISO/IEC 发布的标准涉及空中接口（ISO/IEC 18000 系列）、应用接口（ISO/IEC 15961）、数据协议（ISO/IEC 15962）、实时定位系统（ISO/IEC 24730 系列）、测试（ISO/IEC 18046、ISO/IEC TR18047）、非接触卡（ISO/IEC 14443、ISO/IEC 15693）、具体应用（如动物、货物集装箱）等。EPC 标准是美欧主导的企业标准，也在世界范围内广泛应用。此外，各国都在积极制定国家标准，如 UID 已在日本获得广泛支持和应用。以下简要介绍 3 个标准体系。

1. ISO 制定的 RFID 标准体系

RFID 标准化工作最早可以追溯到 20 世纪 90 年代。1996 年，国际标准化组织（ISO）和国际电工委员会（IEC）共同组建的联合技术委员会 JTC1 设立了 SC31 分委员会（以下简称 SC31），负责 RFID 标准化研究工作。SC31 委员会由来自各个国家的代表组成，如英国的 BSI IST34 委员、欧洲 CEN TC225 成员。他们既是各大公司的内部咨询者，也是不同公司利益的代表者。因此，在 ISO 标准化制定过程中，有企业、区域标准化组织和国家 3 个层次的利益代表者。SC31 子委员会负责 RFID 标准可以分为以下 4 个方面：

（1）数据标准（如编码标准 ISO/IEC 15963、数据协议 ISO/IEC 15961 及 ISO/IEC 15962，解决了标签、应用程序和空中接口多样性的要求，提供了一套通用的通信机制）。

（2）空中接口标准（ISO/IEC 18000 系列）。

（3）测试标准（性能测试标准 ISO/IEC 18046 和一致性测试标准 ISO/IEC TR 18047）。

（4）实时定位系统（RTLS）标准（ISO/IEC 24730 系列应用接口与远程接口通信标准）。

它们之间的关系如图 10-4 所示，这些标准涉及 RFID 标签、空中接口、测试标准、读写器与到应用程序之间的数据协议，它们考虑的是所有应用领域的共性要求。

ISO 对于 RFID 的应用标准由应用相关的子委员会制定。RFID 在物流供应链领域中的应用方面标准由 ISO TC 122/104 联合工作组负责制定，包括 ISO 17363（货运集装箱）、ISO 17364（可回收运输项目）、ISO 17365（运输单元）、ISO 17366（产品包装）、ISO 17367（产品标签）。RFID 在动物追踪方面的标准由 ISO TC23/SC19 来制定，包括 ISO 11784（代码结构）、ISO 11785（技术概念）、ISO 14223（空中接口以及代码和指挥体系）。

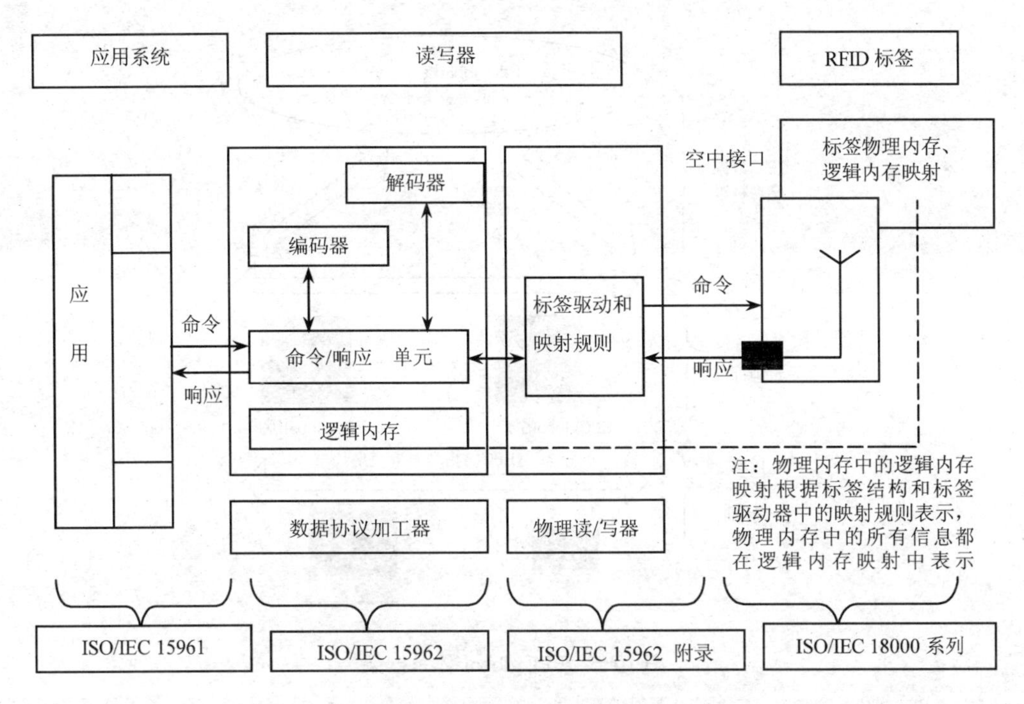

图 10-4　RFID 系统关系图

从 ISO 制定的 RFID 标准内容来说，RFID 应用标准是在 RFID 编码、空中接口协议、读写器协议等基础标准之上，针对不同使用对象，确定了使用条件、标签尺寸、标签粘贴位置、数据内容格式、使用频段等方面特定应用要求的具体规范，同时也包括数据的完整性、人工识别等其他一些要求。通用标准提供了一个基本框架，应用标准是对它的补充和具体规定。这一标准制订思想，既保证了 RFID 技术具有互通与互操作性，又兼顾了应用领域的特点，能够很好地满足应用领域的具体要求。

2．EPCglobal 制定的 RFID 标准体系

EPCglobal 是由美国统一代码协会（UCC）和国际物品编码协会（EAN）于 2003 年 9 月共同成立的非营利性组织，其主要职责是在全球范围内对各个行业建立和维护 EPCglobal 网络，保证供应链各环节信息的自动、实时识别，采用全球统一标准。目的是通过发展和管理 EPCglobal 网络标准来提高供应链上贸易单元信息的透明度与可视性，以此来提高全球供应链的运作效率。EPCglobal 网络是实现自动、即时识别和供应链信息共享的网络平台，通过 EPCglobal 网络，各机构组织将会更有效地运行。通过整合现有信息系统和技术，EPCglobal 网络将提供对全球供应链上贸易单元即时、准确、自动的识别和跟踪。

EPCglobal 体系框架包含 3 种主要活动，每种活动都是由 EPCglobal 体系框架内的相应标准支撑的，如图 10-5 所示。

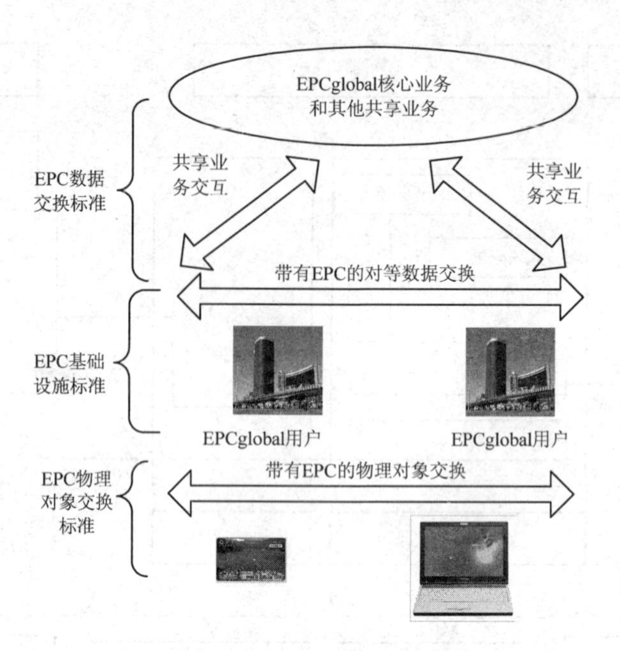

图 10-5　EPCglobal 体系框架

EPCglobal 体系框架及 EPC 编码概述如下：

1）EPC 物理对象交换

用户与带有 EPC 编码的物理对象进行交互。对于许多 EPCglobal 网络终端用户来说，物理对象是商品，用户是该商品供应链中的成员，物理对象交换包括许多活动，例如装载、接收等。还有许多与这种商业物品模型不同的其他用途，但这些用途仍然包括对物品使用标签进行识别。EPCglobal 体系框架定义了 EPC 物理对象交换标准，从而能够保证当用户将一种物理对象提交给另一个用户时，后者将能够确定该物理对象有 EPC 编码，并能较好地对其进行说明。

2）EPC 基础设施

为达成 EPC 数据的共享，每个用户开展活动时将为新生成的对象进行 EPC 编码，通过监视物理对象携带的 EPC 编码对其进行跟踪，并将搜集到的信息记录到组织内的 EPCglobal 网络中。EPCglobal 体系框架定义了用来收集和记录 EPC 数据的主要设施部件接口标准，因此，允许用户使用互操作部件来构建其内部系统。

3）EPC 数据交换

用户通过相互交换数据，来提高自身拥有的运动物品的可见性，进而从 EPCglobal 网络中受益。EPCglobal 体系框架定义了 EPC 数据交换标准，为用户提供了一种点对点共享 EPC 数据的方法，并提供了用户访问 EPCglobal 核心业务和其他相关共享业务的机会。

所有 EPCglobal 体系框架的标准如表 10-1 所示，这些标准与 EPC 物理对象交换、EPC 基础设施和 EPC 数据交换 3 种活动密切相关。表 10-3 主要是对于目前 EPCglobal 体系框架中的所有部件进行规范，而不是未来工作的路标。

表 10-3　EPCglobal 体系框架的标准制定情况

活动种类	相关标准	状　态
EPC 物理对象交换	UHF Class0 Gen1 射频协议	已被 Class1 Gen2 超高频标准取代
	UHF Class1 Gen1 射频协议	已被 Class1 Gen2 超高频标准取代
	高频 Class1 Gen1 标签协议	待批准
	Class1 Gen2 超高频空中接口协议标准	已批准
	Class1 Gen2 超高频 RFID 一致性要求规范	待批准
	EPC 标签数据标准	已批准
	900 MHz Class0 射频识别标签规范	待批准
	13.56 MHz ISM 频段 Class1 射频识别标签接口规范	待批准
	860～930 MHz Class1 射频识别标签射频与逻辑通信接口规范	待批准
EPC 基础设施	EPCglobal 体系框架	待批准
	应用水平事件规范	已批准
	读写器协议	制订中
	读写器管理规范	制订中
	标签数据解析协议	制订中
EPC 数据交换	EPCIS 数据规范	制订中
	EPCIS 查询接口规范	制订中
	对象名解析业务规范	已批准
	EPCIS 数据获取接口规范	制订中
	EPCIS 发现协议	待制订
	用户认证协议	待制订

4）EPC 编码规则

EPC 编码是 EPC 系统的重要组成部分，它是对实体及实体的相关信息进行代码化，通过统一的、规范化的编码来建立全球通用的信息交换语言。EPC 编码是 EAN/UCC 在原有全球统一编码体系基础上提出的，它是新一代全球统一标识的编码体系，是对现行编码体系的拓展和延伸。EPC 编码体系是新一代与 GTIN 兼容的编码标准，也是 EPC 系统的核心与关键。EPC 的目标是为物理世界的对象提供唯一的标识，从而达到通过计算机网络来标记和访问单个物体的目标，如同在因特网中使用 IP 地址来标记和通信一样。

EPC 编码是与 EAN/UCC 编码兼容的新一代编码标准，在 EPC 系统中，EPC 编码与现行 GTIN 相结合，因而 EPC 并不是取代现行的条形码标准，而是由现行的条形码标准逐渐过渡到 EPC 标准，或者是在未来的供应链中 EPC 和 EAN/UCC 系统共存。EPC 是存储在射频标签中的唯一信息，且已经得到 UCC 和 EAN 两个主要国际标准监督机构的支持。

EPC 中码段的分配是由 EAN/UCC 来管理的。在我国，EAN/UCC 系统中的 GTIN 编码由中国物品编码中心负责分配和管理。同样，中国物品编码中心（ANCC）也已启动 EPC 服务来满足国内企业使用 EPC 的需求。

（1）唯一性。与当前广泛使用的 EAN/UCC 代码不同的是，EPC 提供对物理对象的唯一标识。换句话说，一个 EPC 编码仅仅分配给一个物品使用。同种规格同种产品对应同一个产品代码，同种产品不同规格对应不同的产品代码，根据产品的不同性质，如重量、包装、规格、气味、颜色、形状等，赋予不同的商品代码，为了确保实体对象进行唯一标识的实现，EPCglobal 采取了以下基本措施：

① 足够的编码容量。EPC 编码冗余度见表 10-4。从世界人口总数（大约 60 亿）到大米总粒数（粗略估计 1 万兆粒），EPC 有足够大的地址空间来标记所有对象。

表 10-4　EPC 编码冗余度

比　特　数	唯一编码数	对　　象
23	6.0×10^{6}（每年）	汽车
29	5.6×10^{8}（使用中）	计算机
33	6.0×10^{9}	人口
34	2.0×10^{10}（每年）	剃刀刀片
54	1.3×10^{16}（每年）	大米粒数

② 组织保证。必须保证 EPC 编码分配的唯一性并寻求解决编码碰撞的方法，EPCglobal 通过全球各国编码组织来负责分配本国的 EPC 编码，并建立相应的管理制度。

③ 使用周期。对于一般实体对象，使用周期和实体对象的生命周期一致。对于特殊产品，EPC 编码的使用周期是永久的。

（2）永久性。产品代码一经分配，就不再更改，并且是终身的。当此种产品不再生产时，其对应的产品代码只能搁置起来，不得重复起用或分配给其他的商品。

（3）简单性。EPC 的编码较简单，同时能提供实体对象的唯一标识。以往的编码方案，很少能被全球各国和各行业广泛采用，原因之一是编码复杂导致的不适用。

（4）可扩展性。EPC 编码留有备用空间，具有可扩展性。EPC 地址、空间是可扩展的，具有足够的冗余，从而确保了 EPC 系统的升级和可持续发展。

（5）保密性与安全性。与安全和加密技术相结合，EPC 编码具有高度的保密性和安全性。保密性和安全性是配置高效网络的首要问题之一。安全的传输、存储和实现是 EPC 能否被广泛采用的基础。

（6）无含义。为了保证代码有足够的容量，以适应产品频繁更新换代的需要，最好采用无含义的顺序码。

5）EPC 编码结构

EPC 代码是由一个版本号加上另外 3 段数据（依次为域名管理、对象分类、序列号）组成的一组数字，如表 10-5 所示。其中，版本号用于标记 EPC 编码的版本次序，它使得 EPC 随后的码段可以有不同的长度；域名管理是描述与此 EPC 相关的生产厂商的信息，例如可口可乐公司；对象分类记录产品精确类型的信息，例如美国生产的 330 mL 罐装减肥可乐（可口可乐的一种新产品）；序列号是货品唯一标识，它会精确地指明 EPC 代码标记的是哪一罐 330 ml 罐装减肥可乐。

EPC 代码是由 EPCglobal 组织和各应用方协调制定的编码标准，下面介绍其特性：

（1）科学性：结构明确，易于使用、维护。

（2）兼容性：兼容了其他贸易流通过程的标识代码。

（3）全面性：可在贸易结算、单品跟踪等各环节全面应用。

（4）合理性：由 EPCglobal、各国 EPC 管理机构（中国的管理机构称为 EPCglobal China）、标识物品的管理者分段管理、共同维护、统一应用，具有合理性。

（5）国际性：不以具体国家、企业为核心，编码标准全球协商一致，具有国际性。

（6）无歧视性：编码采用全数字形式，不受地方色彩、语言、经济水平、政治观点的限制，是无歧视性的编码。

6）EPC 编码类型

目前，EPC 代码有 64 位、96 位和 256 位三种。为了保证所有物品都有一个 EPC 代码，并使其载体——标签成本尽可能降低，建议采用 96 位，这样其数目可以为 2.68 亿个公司提供唯一标识，每个生产厂商可以有 1 600 万个对象种类，并且每个对象种类可以有 680 亿个序列号，这对未来世界的所有产品已经是够用了。

鉴于当前不用那么多序列号，因而可采用 64 位 EPC，这样会进一步降低标签成本。但随着 EPC-64 和 EPC-96 版本的不断发展，EPC 代码作为一种世界通用标识方案已不足以长期使用，因而出现了 256 位编码。至今已经推出 EPC-96 I 型，EPC-64 I 型、EPC-64II 型、EPC-64 III 型，EPC-256 I 型、EPC-256 II 型、EPC-256 III 型等编码方案，如表 10-5 所示。

表 10-5　EPC 编码结构

编码方案	编码类型	版　本　号	域名管理	对象分类	序　列　号
EPC-64	I	2	21	17	24
	II	2	15	13	34
	III	2	26	13	23
EPC-96	I	8	28	24	36
EPC-256	I	8	32	56	160
	II	8	64	56	128
	III	8	128	56	64

与 ISO 通用性 RFID 标准相比，EPCglobal 标准体系面向物流供应链领域，可以看成是一个应用标准。EPCglobal 的目标是解决供应链的透明性和追踪性，透明性和追踪性是指供应链各环节中的所有合作伙伴都能够了解单件物品的相关信息，如位置、生产日期等信息。为此，EPCglobal 制定了 EPC 编码标准，它可以对所有物品提供单件唯一标识；还制定了空中接口协议、读写器协议。这些协议与 ISO 标准体系类似。在空中接口协议方面，目前，EPCglobal 的策略尽量与 ISO 兼容，如 C1Gen2 UHF RFID 标准递交 ISO 将成为 ISO 18000 6C 标准。但 EPCglobal 空中接口协议有它的局限范围，仅仅关注 UHF 860～930 MHz。

除了信息采集以外，EPCglobal 非常强调供应链各方之间的信息共享，为此制定了信息共享的物联网相关标准，包括 EPC 中间件规范、对象名解析服务（Object Naming Service，ONS）、物理标记语言（Physical Markup Language，PML），从信息的发布、信息资源的组织管理、信息服务的发现以及大量访问之间的协调等方面作出规定。“物联网”的信息量和信息访问规模大大超过普通的因特网。“物联网”系列标准是根据自身的特点参照因特网标准制定的。“物联网”是基于因特网的，与因特网具有良好的兼容性。

物联网标准是 EPCglobal 所特有的，ISO 仅仅考虑自动身份识别与数据采集的相关标准，对数据采集以后如何处理、共享并没有做规定。物联网是未来的一个目标，对当前应用系统建设来说具有指导意义。

3. 日本 UID 制定的 RFID 标准体系

日本泛在中心制定 RFID 相关标准的思路类似于 EPCglobal，目标也是构建一个完整的标准体系，即从编码体系、空中接口协议到泛在网络体系结构，但是每一个部分的具体内容又都存在差异。

为了制定具有自主知识产权的 RFID 标准，在编码方面制定了 Ucode 编码体系，它能够兼容日本已有的编码体系，同时也能兼容国际上其他的编码体系。在空中接口方面积极参与 ISO 的标准制定工作，应尽量考虑与 ISO 相关标准兼容。在信息共享方面主要依赖于日本的泛在网络，它可以独立于因特网实现信息的共享。泛在网络与 EPCglobal 的物联网是有区别的。EPC 采用业务链的方式，面向企业，面向产品信息的流动（物联网），比较强调与因特网的结合。UID 采用扁平式信息采集分析方式，强调信息的获取与分析，比较强调前端的微型化与集成。

10.3.3 传感器技术标准

传感器网络涉及的技术领域和相关标准化组织较多，目前，国际标准化组织（ISO）和国际电工委员会（IEC）的第一联合技术委员会（JTC1）、国际电子和电气工程师协会（IEEE）、国际电信联盟（ITU）和因特网工程师任务组（IETF）等国际标准化组织都在开展与传感器网络标准相关的研究工作，但大多尚处于标准提案阶段。其中，IEEE 在为传感器网络提供支持的底层无线传输技术和传感器接口的标准化研究等方面已取得一定进展；ITU-T 的多媒体编码、系统和应用（SG16）研究组开始进行泛在传感器网络（USN）应用和服务的研究，SG17 研究组已开展 USN 安全框架的研究；IETF 成立低功率无线个域网上的 IPv6（6LOWPAN）工作组，已产生 RFC4944（IEEE 802.15.4 上的 IPv6）和 RFC 4919（问题陈述和目标）。目前，公认的可以被称为传感器网络标准的只有 IEEE 802.15.4 和 ZigBee 联盟推出的传输、网络、应用层协议标准，以及 IEEE 1451。

IEEE 802.15.4 定义了短距离无线通信的物理层及链路层规范。基于 IEEE 802.15.4，ZigBee 制定出网络互连、传输和应用规范。ZigBee 技术具有功耗低、成本低、网络容量大、时延短、安全可靠、工作频段灵活等诸多优点，目前是被普遍看好的无线个域网解决方案，也被很多人视为传感器网络的事实标准。ZigBee 联盟对网络层协议和应用程序接口进行了标准化。尽管 ZigBee 技术试图在传感器网络需求的网络性能上（如功耗、成本、时延、安全等方面）提供一个解决方案，但从目前的应用情况来看，在可扩展性、能耗控制、网络性能等方面还存在明显的缺点。IEEE 1451 系列标准是通过定义一套通用的通信接口，以使工业变送器（传感器+执行器）能够独立于通信网络，并与现有的微处理器系统、仪器仪表和现场总线网络相连，解决不同网络之间的兼容性问题，并最终实现变送器到网络的互换性和互操作性。

IEEE 1451 系列标准是由 IEEE 仪器和测量协会的传感器技术委员会发起的，是专为智能传感器接口（其主要特点是具有数据处理的智能化）制定的标准，它规定了智能传感器的通用接口命令和操作集合，在一定程度上解决了当前工业总线标准不统一的问题，降低了传感网应用集成开发的难度。其 IEEE 1451.5:2007 标准为智能传感器无线通信协议和传感器电子数据表（TEDS）格式的相关标准。IEEE 1451.1、IEEE 1451.2、IEEE 1451.3

和 IEEE 1451.4 组成，定义了一套连接传感器到网络的标准化通用接口，建立了网络化智能传感器的框架，这使得传感器制造商有能力支持多种网络。

此处简单介绍以下几种：

（1）IEEE 1451.0 标准通过定义一个包含基本命令设置和通信协议、独立于 NCAP 到传感器模块接口的物理层，为不同的物理接口提供通用、简单的标准。

（2）IEEE 1451.1 标准通过定义两个软件接口实现智能传感器或执行器与多种网络的连接，并实现具有互换性的应用。

（3）IEEE 1451.2 标准定义了 TEDS 格式和一个 10 线数字接口 TII，以及传感器与微处理器间的通信协议，使传感器具有了即插即用能力。为满足不同种类的网络、现场总线和仪器系统的需要，IEEE 1451.2 修订标准方向，支持 RS232/RS485 标准接口和“无 NCAP”的实施。NCAP 是虚拟的，其功能由 PC 或 PLC 上的软件实现。

（4）IEEE 1451.3 标准利用展布频谱技术，在局部总线上实现通信，对连接在局部总线上的传感器进行数据同步采集和供电。

（5）IEEE 1451.4 标准定义了混合模式通信协议和传感器电子数据表格式（Mixed-mode Communication Protocols and Transducer Electronic Data Sheet Formats）。该标准主要致力于基于已存在的模拟量传感器连接方法，提出一个混合模式智能传感器通信协议，混合模式接口支持模拟接口对现场仪器的测量和数字接口对 TEDS 的读/写；使用紧凑的 TEDS 对模拟传感器的简单、低成本连接，使传统型模拟传感器也能“即插即用”。

（6）IEEE 1451.5 标准定义了无线通信协议与传感器电子数据表格式（Wireless Communication Protocols and Transducer Electronic Data Sheet Formats）。该标准定义的无线传感器通信协议和相应的 TEDS，旨在现有的 IEEE 1451 框架下，构筑一个开放的标准无线传感器接口。在无线通信方式上将采用 3 种标准，即 IEEE 802.11 标准、Bluetooth 标准和 ZigBee 标准。标准制订面临的任务在于定义 IEEE 1451.5 通信应用编程接口（API）、IEEE 1451.5 物理层（PHY）TEDS（包括 IEEE 802.11、Bluetooth、ZigBee 以下的传输协议物理层 TEDS）、IEEE 1451.5 标准命令集。该标准参考模型、物理层（Physical Layer）TEDS 和命令集遵循 IEEE 1451.0 标准。

（7）IEEE 1451.6 提议标准定义用于本质安全和非本质安全应用的高速基于 CANopen 协议的传感器网络接口（A High-speed CANopen-based Transducer Network Interface for Intrinsically Safe and Non-intrinsically Safe Applications）。该标准主要致力于建立在 CANopen 协议网络上的多通道传感器模型。定义一个安全的 C AN 物理层，使 IEEE 1451 标准的传感器电子数据表（TEDS）和 CANopen 对象字典（Object Dictionary）、通信消息、数据处理、参数配置和诊断信息一一对应，使 IEEE 1451 标准和 CANopen 协议相结合，在 CAN 总线上使用 IEEE 1451 标准传感器。在该标准中，CANopen 协议采用 CIA DS 404 设备描述。

10.4　物联网网络标准

物联网网络层主要实现信息的转发和传送，它将感知层获取的信息传送到远端，为数据在远端进行智能处理和分析决策提供强有力的支持。考虑到物联网本身具有专业性的特征，其基础网络可以是因特网，也可以是具体的某个行业网络。

10.4.1 物联网网络标准概述

根据物联网网络分类的类型不同，所对应的网络标准也不同。为简单明晰起见，通常将因特网按照通信距离划分为无线个域网、无线局域网、无线城域网和无线广域网，如图 10-6 所示。蜂窝移动通信（2G、3G）属于无线广域网（WWAN），IEEE 802 标准系列涵盖了 WPAN、WLAN、WMAN 和 WWAN 几个方面。

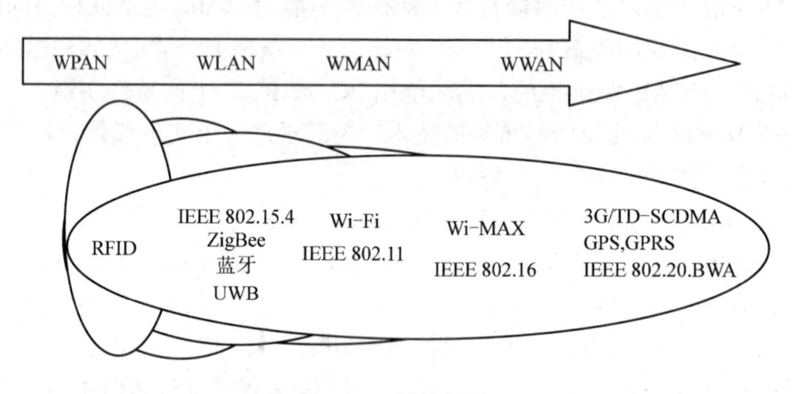

图 10-6 网络标准

（1）IEEE 802.15.4 标准为无线个域网（WPAN）技术标准，覆盖范围一般在半径 10 m 以内。WPAN 是基于计算机通信的专用网，是在个人操作环境下由需要相互通信的装置构成的网络。它不需要任何中心管理装置，能在电子设备之间提供方便、快速的数据传输。

（2）IEEE 802.11 标准为无线局域网（WLAN）技术标准，覆盖距离通常在 10～300 m 之间，主要解决“最后一百米”接入问题。Wi-Fi 技术适于具有较大突发性的业务，可以提供较短的响应时间，最高速率达 54 Mbit/s。

（3）IEEE 802.16 标准为无线城域网（WMAN）技术标准，提供了比 WLAN 更宽广的地域范围，覆盖范围高达 50 km，是一种可与 DSL 竞争的“最后一公里”无线宽带接入解决方案。

（4）IEEE 802.20 标准为移动宽带无线接入（MBWA）技术标准，也称为 Mobile-Fi，主要弥补了 IEEE 802.1x 协议体系在移动性方面的缺陷。MBWA 在高达 250 km/h 的移动速度下，可实现 1Mbit/s 以上的移动通信能力，非视距环境下单小区覆盖半径为 15 km。

10.4.2 IEEE 802.15.4 标准

IEEE 802.15.4 是 IEEE 标准委员会 TG4 任务组发布的一项标准。该任务组于 2000 年 12 月成立，ZigBee 联盟（ZigBee Alliance）于 2001 年 8 月成立，2002 年由英国 Invensys 公司、美国 Motorola 公司、日本 Mitsubishi 公司和荷兰 Philips 公司等厂商联合推出了低成本、低功耗的 ZigBee 技术。ZigBee 是一种新兴的近距离、低速率、低功耗的双向无线通信技术，也是 ZigBee 联盟所主导的传感网技术标准。

IEEE 标准委员会设立了 4 个任务组（Task Group，TG），分别制定了适合不同应用的标准。这些标准在传输速率、功耗和支持服务等方面存在一些差异。4 个任务组各自的主要工作是：

（1）任务组 TG1 负责制定 IEEE 802.15.1 标准，又称蓝牙无线个人区域网络标准。这是一个中等速率、近距离的 WPAN 网络标准，通常用于手机、PDA 等设备的短距离通信。

（2）任务组 TG2 负责制定 IEEE 802.15.2 标准，研究 IEEE 802.15.1 与 IEEE 802.11（无线局域网标准）的共存问题。

（3）任务组 TG3 负责制定 IEEE 802.15.3 标准，研究高传输速率无线个人区域网络标准。该标准主要考虑无线个人区域网络在多媒体方面的应用，追求更高的传输速率与服务品质。

（4）任务组 TG4 负责制定 IEEE 802.15.4 标准，该标准把低能量消耗、低速率传输、低成本作为主要目标，旨在为个人或者家庭范围内不同设备之间的低速互连提供统一标准。

IEEE 802.15.4 标准协议结构如图 10-7 所示。它只定义了物理层与数据链路层的介质访问控制子层（MAC）。物理层由发射器与底层的控制模块构成。MAC 层为高层访问物理信道提供点到点通信的服务接口。高层协议访问 MAC 层有两个路径：一个是通过 IEEE 802.2 逻辑链路控制（LLC）层、特定业务汇聚层（SSCS）访问；另一个是通过其他逻辑链路控制标准访问。

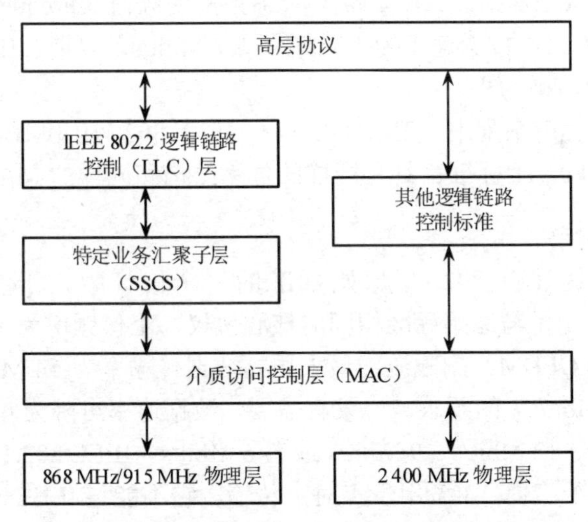

图 10-7　IEEE 802.15.4 标准协议结构

10.4.3　IEEE 802.11 标准

IEEE 802.11 是 IEEE 于 1997 年发布的一个无线局域网标准，用于解决办公室局域网和校园网中用户与用户终端的无线接入，主要限于数据存取，速率最高能达到

2 Mbit/s。由于它在速率和传输距离上都不能满足人们的需要，因此，参照ISO/OSI 7层参考模型，IEEE相继推出了IEEE 802.11b和IEEE 802.11a两个新标准，2003年6月又发布IEEE 802.11g，形成了一个标准系列。

IEEE 802.11标准系列主要从WLAN的物理层和MAC层两个层面制定了一系列规范：物理层标准规定了无线传输信号等基础标准，如IEEE 802.11a、IEEE 802.11b、IEEE 802.11d、IEEE 802.11g、IEEE 802.11h；而介质访问控制子层标准是在物理层上的一些应用要求标准，如IEEE 802.11e、IEEE 802.11f、IEEE 802.11i。IEEE 802.11标准涵盖了许多子集，下面进行介绍：

（1）IEEE 802.11a：将传输频段放置在5 GHz频段空间。

（2）IEEE 802.11b：将传输频段放置在2.4 GHz频段空间。

（3）IEEE 802.11d：Regulatory Domains，定义域管理。

（4）IEEE 802.11e：QoS（Quality of Service），定义服务质量。

（5）IEEE 802.11f：IAPP（Inter-Access Point Protocol），接入点内部协议。

（6）IEEE 802.11g：在2.4 GHz频率空间取得更高的速率。

（7）IEEE 802.11h：5 GHz频率空间的功耗管理。

（8）IEEE 802.11i：Security，定义网络完全性。

在IEEE 802.11标准系列中，定义了3种可选的物理层实现方式：

（1）数据速率为1 Mbit/s和2 Mbit/s，波长在850～950 nm之间的红外线（IR）。

（2）运行在2.4 GHz的ISM频段上的直接序列扩展频谱（Direct Sequence Spread Spectrum，DSSS）方式，能够使用7条信道，每条信道的数据速率为1 Mbit/s或2 Mbit/s。

（3）运行在2.4 GHz的ISM频带上的跳频扩展频谱（Frequency Hopping Spread Spectrum，FHSS）方式，数据速率为1 Mbit/s或2 Mbit/s。目前，IEEE 802.11标准的实际应用以使用DSSS方式为主。

在IEEE 802.11标准系列中，IEEE 802.11a、IEEE 802.11b和IEEE 802.11g是其核心标准。所有的IEEE 802.11标准都具有同样的体系结构和同样的MAC协议。

1. IEEE 802.11a

IEEE 802.11a是IEEE 802.11原始标准的一个修订版，于1999年获得批准。IEEE 802.11a标准采用了与原始标准相同的核心协议，工作频率为5.8 GHz，使用52个正交频分多路复用（OFDM）副载波，最大原始数据传输率为54 Mbit/s，达到了现实网络中等吞吐量（20 Mbit/s）的要求。如果有需要，数据速率可降为48 Mbit/s、36 Mbit/s、24 Mbit/s、18 Mbit/s、12 Mbit/s、9 Mbit/s或者6 Mbit/s。IEEE 802.11a拥有12条不相互重叠的频道，8条用于室内，4条用于点对点传输。它不能与IEEE 802.11b进行互操作，除非使用同时采用两种标准的设备。

在52个OFDM副载波中，48个用于传输数据，4个用于副载波（Pilot Carrier），每一个宽带为0.312 5 MHz（20 MHz/64），可以是二相移相键控（BPSK）、四相移相键控（QPSK）、16-QAM或者64-QAM。总带宽为20 MHz，占用带宽为16.6 MHz。符号时间为4 ms，保护间隔为0.8 ms。实际产生和解码正交分量的过程都在基带中由DSP完成，然后由发射器将频率提升到5 GHz。每一个副载波都需要用复数来表示。时域信号通过逆向快速傅里叶变换产生。接收器将信号降频至 20 MHz，重新采样并通过了快速傅里叶变换来获得原始系数。使用 OFDM 的好处为减少了接收时的多路效应，增加了频谱效率。

2. IEEE 802.11b

1999 年发表的 IEEE 802.11b 也是无线局域网的一个标准，其载波频率为 2.4 GHz，可提供 1 Mbit/s、2 Mbit/s、5.5 Mbit/s 及 11 Mbit/s 的多重传输速率。由于这个衍生标准的产生，将原来无线网络的传输速率提升至 11 Mbit/s 并可与以太网（Ethernet）相媲美。IEEE 802.11b 有时也被称为无线高保真（Wi-Fi），实际上 Wi-Fi 是无线局域网联盟（WLANA）的一个商标，该商标仅保障使用该商标的商品相互之间可以合作，而与标准本身没有关系。

3. IEEE 802.11g

IEEE 802.11g 于 2003 年 7 月发布，其载波频率为 2.4 GHz（与 IEEE 802.11b 相同），原始传输速率为 54 Mbit/s，静传输速率约为 24.7 Mbit/s（与 IEEE 802.11a 相同）。由于该标准与 IEEE 802.11b 同工作于 2.4 GHz 频带，所以两者相互兼容，可以与原有的 IEEE 802.11b 产品实现正常通信。需要注意的是，IEEE 802.11b 与 IEEE 802.11g 必须借助于无线接入点（AP）才能进行通信，如果只是单纯地将 IEEE 802.11g 和 IEEE 802.11b 混合在一起，彼此之间将无法通信。

在 IEEE 802.11 系列标准中，每个标准都有自身的优势和缺点。IEEE 802.11a 的优势在于传输速率快（最高 54 Mbit/s）且受干扰少，但它的工作频段为 5 GHz，有些国家不开放此频段。IEEE 802.11b 的优势在于价格低廉，但速率较低（最高 1 154 Mbit/s），它是当前宽带无线接入产品的主流标准。IEEE 802.11g 的价格处于 IEEE 802.11a 和 IEEE 802.11b 之间且速率高，并可向下兼容 IEEE 802.11b，故有取代 IEEE 802.11a 的趋势。

10.4.4　IEEE 802.16 标准

1999 年 7 月，IEEE 设立 IEEE 802.16 工作组，主要工作内容是制定宽带无线接入标准，包括空中接口及相关功能标准。它由 3 个工作小组组成，每个小组分别负责不同的工作：IEEE 802.16.1 负责制定频率为 10～60 GHz 的无线接口标准；IEEE 802.16.2 负责制定宽带无线接入系统共存方面的标准；IEEE 802.16.3 负责制定频率范围在 2～10 GHz 之间获得频率使用许可应用的无线接口标准。

2001 年 12 月，IEEE 颁布了 IEEE 802.16 标准，对 2～66 GHz 频段范围内的视距传输的固定宽带无线接入系统的空中接口物理层和 MAC 层进行了规定。2002 年，IEEE 又通过了 IEEE 802.16c，对 2001 年颁布的 IEEE 802.16 标准进行了修订和补充。2003 年 IEEE 发布了 IEEE 802.16a 标准，对 2～11 GHz 许可/免许可频段的非视距传输的固定宽带无线接入系统的空中接口物理层和 MAC 层进行了定义。2004 年 10 月，IEEE 又颁布了 IEEE 802.16d 标准，整合并修订了之前颁布的 IEEE 802.16、IEEE 802.16a 和 IEEE 802.16c 标准。IEEE 802.16d 规定了支持多媒体业务的固定宽带无线接入系统的空中接口标准，包括统一的结构化 MAC 层以及支持的多个物理层标准。2005 年 12 月，IEEE 通过了

IEEE 802.16e 标准，该标准规定了可同时支持固定和移动宽带无线接入的系统，工作在低于 6 GHz 适宜于移动性的许可频段，可支持用户终端以车辆速度移动，同时 IEEE 802.16d 规定的固定无线接入能力并不因此受到影响。另外，IEEE 还通过了 IEEE 802.16f、IEEE 802.16g、IEEE 802.16k 等标准，以及一致性标准和共存问题标准，并成立了任务组研究 IEEE 802.16j 和 IEEE 802.16m 等标准。

IEEE 802.16a 标准明确定义了 3 种无线数据传输方式：第一种是单载波方式，这是为特殊需求的网络保留的部分；第二种是经由 256 个载波的 OFDM 方式；最后一种是使用 2 048 个载波的特殊 OFDMA 方式，用于搭配选择性的多点传输、阶梯状网络的进阶多路传输。

IEEE 802.16a 对特许和非特许频段的通信作了明确规定，在特许频段内可以使用单载波调制或正交频分复用。在各种管理环境和部署环境确定的情况下，经营特许频段业务的运营商可以选用一种模式定制其解决方案。至于非特许频谱采用哪一种模式尚无标准，但就 IEEE 802.16a 标准而论，目前的修正草案规定用 OFDM 模式。在非特许频谱通信时，无线城域网之间以及无线城域网与无线局域网等其他通信业务之间会产生干扰。作为解决这个问题的一个办法，IEEE 802.16a 修正草案为非特许频谱规定了动态频率选择，并支持有些用户台可绕过基站，与其他转发数据的用户台进行通信，从而扩大了蜂窝覆盖范围。

和 IEEE 802.16 标准工作组对应的论坛为 Wi-MAX，它与致力于推广应用 IEEE 802.11 标准的 Wi-Fi 联盟类似，致力于 IEEE 802.16 标准的推广与应用。

10.4.5　3G 标准

无线广域网（WWAN）主要用于全球及大范围的覆盖和接入，具有移动、漫游、切换等特征，业务能力主要以移动性为主，包括 3G、超 3G（Beyond 3G，B3G）和第四代移动通信（4th Generation，4G）。当前使用最多的 WWAN 技术是 2G、3G 蜂窝移动通信系统。

3G 网络是全球移动综合业务数字网，综合了蜂窝、无绳、集群、移动数据、卫星等各种移动通信系统的功能，与固定电信网的业务兼容，能同时提供语音和数据业务。3G 的目标是实现所有地区（地区与野外）的无缝覆盖，从而使用户在任何地方均可以使用系统所提供的各种服务。3G 标准由国际电信联盟（ITU）负责制定，ITU 最初发展 3G 的目标是建立一个全球统一的通信标准，但由于利益分歧，导致了 3G 有欧洲提出的 WCDMA、美国提出的 CDMA 2000 和我国提出的 TD-SCDMA 三种标准并存。

1. WCDMA 技术标准

WCDMA 核心网基于 GSM/GPRS 网络演进，保持了与 GSM/GPRS 网络的兼容性。核心网络可以基于 TDM、ATM 和 IP 技术，并向全 IP 的网络结构演进。核心网络在逻辑上分为电路域和分组域两部分，以完成电路型业务和分组型业务。UTRAN 基于 ATM 技术，统一处理语音和分组业务，并向 IP 方向发展。MAP 技术和 GPRS 隧道技术是宽带码分多址（WCDMA）体制移动性管理机制的核心。空中接口采用 WCDMA，信号带宽 5 MHz，码片速率 3.84 Mcps，AMR 语音编码；支持同步/异步基站运营模式，上下行闭环加外环功率控制方式，开环（STTD、TSTD）和闭环（FBTD）发射分集方式，导频辅助的相干解调方式，卷积码和 Turbo 码的编码方式，上行 BPSK 和下行 QPSK 的调制方式。

2. CDMA 2000 技术标准

CDMA 2000 标准是基于 IS-95 标准提出的第三代移动通信系统（3G）标准，目前，其标准化工作由 3GPP2 来完成。电路域继承 2G IS-95 CDMA 网络，引入了以 WIN 为基本架构的业务平台，分组域基于 Mobile IP 技术的分组网络，无线接入网以 ATM 交换机为平台，提供丰富的适配层接口。空中接口采用 CDMA 2000 兼容 IS-95：信号带宽为 N×1.25 MHz（N=1、3、6、9、12），码片速率为 N×1.228 8 Mcps；8K/13K QCELP 或 8K EVRC 语音编码；基站需要 GPS/GLONESS 同步方式运行，上下行闭环加外环功率控制方式，前向采用 OTD 和 STS 发射分集方式，反向采用导频辅助的相干解调方式；编码方式采用卷积码和 Turbo 码，调制方式为上行 BPSK 和下行 QPSK。

3. TD-SCDMA 技术标准

TD-SCDMA 标准由中国无线通信标准组织 CWTS 提出，目前已经融合到 3GPP 关于 WCDMA-TDD 的相关标准中。核心网基于 GSM/GPRS 网络演进，空中接口采用 TD-SCDMA，具有 3S 特点，即智能天线（Smart Antenna）、同步 CDMA（Synchronous CDMA）和软件无线电（Software Radio）。TD-SCDMA 采用的关键技术有“智能天线+联合检查”、“多时隙 CDMA+DS-CDMA”、同步 CDMA、信道编译码和交织（与 3GPPX 相同）、接力切换等。

10.4.6　IEEE 802.20 标准

由于对移动宽带无线接入（MBWA）技术的需求不断增加，2002 年 11 月，IEEE 正式成立了新的 IEEE 802.20 工作组。该工作组的目标是：规范低于 3.5 GHz 许可频段的移动宽带无线接入（MBWA）系统物理层和 MAC 层的互操作性。此系统基于 IP 技术，单用户峰值数据传输速率超过 1 Mbit/s，系统支持在城域网环境下终端移动速度高达 250 km/h 的移动通信，并且在频谱效率、用户端持续数据传输速率、用户容量等方面比已有移动系统有明显优势。

IEEE 802.20 技术标准的特点包括：全面支持实时和非实时业务；始终在线连接；广泛的频率重用；支持在各种不同技术间漫游和切换，如从 MBWA 切换到 WLAN；小区之间、扇区之间的无缝切换；支持空中接口的 QoS 与端到端核心网 QoS 一致；支持基于策略的 QoS 保证；支持多个 MAC 协议状态以及状态之间的快速转移；对上行链路和下行链路的快速资源分配；用户数据速率管理；支持与射频（BF）环境相适应的自定选择最佳用户数据速率；空中接口提供消息方式用于相互认证；允许与现存蜂窝系统的混合部署；空中接口的任何网络实体之间均为开放接口，从而允许服务提供商和设备制造商分别实现相应功能的实体。

IEEE 802.20 是基于纯 IP 架构的移动系统。在 IEEE 802.20 系统中，移动终端是 IP 主机，IP 基站的使用和有线接入网络中的接入路由器类似。IP 基站一方面利用空中接口与移动终端相连接，另一方面通过有线链路与移动核心 IP 网络相连。从有线链路来看，

IP 基站与普通的接入路由器并没有本质区别。IEEE 802.20 是真正意义上基于 IP 的蜂窝移动通信系统。对移动用户的移动性管理以及认证授权等，通常由 IP 基站本身或者由 IP 基站通过移动核心 IP 网络访问核心网络中的相关服务器来完成。

10.4.7　M2M 标准

M2M 是“机器对机器通信（Machine to Machine）”或者“人对机器通信（Man to Machine）”的简称。主要是指通过“通信网络”传递信息，从而实现机器对机器或人对机器的数据交换，即通过通信网络实现机器之间的互连、互通。移动通信网络由于其网络的特殊性，终端侧不需要人工布线，可以提供移动性支撑，有利于节约成本，并可以满足在危险环境下的通信需求，使得以移动通信网络作为承载的 M2M 服务得到了业界的广泛关注。

M2M 作为物联网在现阶段的最普遍的应用形式，在欧洲、美国、韩国、日本等国家实现了商业化应用。国际上各大标准化组织中，M2M 相关研究和标准的制定工作也在不断推进。几大主要标准化组织按照各自的工作职能范围，从不同的角度开展了针对性研究。

ETSI 采用 M2M 的概念进行总体架构方面的研究，相关工作的进展非常迅速，是在物联网总体架构方面研究得比较深入和系统的标准组织，也是目前在总体架构方面最有影响力的标准组织。ETSI 专门成立了一个专项小组（M2M TC），从 M2M 的角度进行相关标准化研究。ETSI 成立 M2M TC 小组主要是考虑：目前虽然已经有一些 M2M 标准存在，涉及各种无线接口、格状网络、路由和标识机制等方面，但这些标准主要是针对某种特定的应用场景，彼此相互独立，如何将这些相对分散的技术和标准放到一起并找出不足，这方面所做的工作很少。在这样的研究背景下，ETSI M2M TC 小组的主要研究目标是从端到端的全景角度研究机器对机器通信，并与 ETSI 内 NGN 的研究及 3GPP 已有的研究展开协同工作。M2M TC 小组的职责是：从利益相关方收集和制定 M2M 业务及运营需求，建立一个端到端的 M2M 高层体系架构（如果需要会制订详细的体系结构），找出现有标准不能满足需求的地方并制订相应的具体标准，将现有的组件或子系统映射到 M2M 体系结构中，M2M 解决方案间的互操作性（制订测试标准），考虑硬件接口标准化，与其他标准化组织进行交流及合作。

3GPP 和 3GPP2 作为移动网络技术的主要标准组织，也采用 M2M 的概念进行研究。3GPP 和 3GPP2 关注的重点在于物联网网络能力增强方面，是在网络层方面开展研究的主要标准组织。3GPP 主要致力于制定满足机器通信特别需求的蜂窝移动通信网改进和优化标准，前期研究已经完成，2009 年立项进行架构和 RAN 优化研究。3GPP 针对 M2M 的研究主要从移动网络出发，研究 M2M 应用对网络的影响，包括网络优化技术等。3GPP 研究范围为：只讨论移动网的 M2M 通信，只定义 M2M 业务，不具体定义特殊的 M2M 应用。Verizon、Vodafone 等移动运营商在 M2M 的应用中发现了很多问题，例如大量 M2M 终端对网络的冲击，系统控制面容量的不足等。因此，在 Verizon、Vodafone、三星、高通等公司推动下，3GPP 对 M2M 的研究在 2009 年开始加速，目前基本完成了需求分析，转入网络架构和技术框架的研究，但核心的无线接入网络（RAN）研究工作还未展开。

3GPP2 为推动 CDAM 系统 M2M 支撑技术的研究，在 2010 年 1 月曼谷会议上通过了 M2M 的立项。3GPP2 中 M2M 的研究参考了 3GPP 中定义的业务需求，研究的重点在于 CDMA 2000 网络如何支持 M2M 通信，具体内容包括 3GPP2 体系结构增强、无线网络增强和分组数据核心网络增强。

M2M 相关的标准化工作在中国通信标准化协会中主要由移动通信工作委员会（TC5）和泛在网技术工作委员会（TC10）进行。主要工作内容如下：

（1）TC5 WG7 完成了移动 M2M 业务研究报告，描述了 M2M 的典型应用、分析了 M2M 的商业模式、业务特征及流量模型，给出了 M2M 业务标准化的建议。

（2）TC5 WG9 是于 2010 年立项的支持 M2M 通信的移动网络技术研究，任务是跟踪 3GPP 的研究进展，结合国内需求，研究 M2M 通信对 RAN 和核心网络的影响及其优化方案等。

（3）TC10 WG2 M2M 业务总体技术要求定义了 M2M 业务概念，描述了 M2M 场景和业务需求、系统架构、接口及计费认证等。

（4）TC10 WG2 M2M 通信应用协议技术要求，规定 M2M 通信系统中端到端的协议技术。

10.5　物联网安全标准

物联网信息传输安全主要涉及物联网网络层安全，物联网网络层主要实现信息的传送和通信，包括接入层和核心层。网络层既可依托公众电信网和因特网，也可以依托行业专业通信网络，还可同时依托公众网和专用网，如接入层依托公众网，核心层则依托专用网，或接入层依托专用网，核心层依托公众网。

10.5.1　物联网安全标准概述

物联网网络层的安全主要分为两类：一是来自于物联网本身（主要包括网络的开放性架构、系统的接入和互连方式，以及各类功能繁多的网络设备和终端设备的能力等）的安全隐患；二是源于构建和实现物联网网络层功能的相关技术（如云计算、网络存储、异构网络技术等）的安全弱点和协议缺陷。

10.5.2　网络安全

国际性的标准化组织主要有国际标准化组织（ISO）、国际电器技术委员会（IEC）及国际电信联盟（ITU）所属的电信标准化组（ITU-TS）。ISO 是一个总体标准化组织，而 IEC 在电工与电子技术领域里相当于 ISO 的位置。1987 年，ISO 的 TC97 和 IEC 的 TCs 47B/83 合并成为 ISO/IEC 联合技术委员会（JTC1）。ITU-TS 是一个联合缔约组织，该组织在安全需求服务分析指导、安全技术机制开发、安全评估标准等方面制定了一些标准草案，但尚未正式执行。另外还有众多的标准化组织，也制定了不少安全标准，如 IETF 就有 9 个功能组：认证防火墙测试组（AFT）、公共认证技术组（CAT）、域名安全组（DNSSEC）、IP 安全协议组（IPSEC）、一次性口令认证组（OTP）、公开密钥结构组

(PKIX)、安全界面组（SECSH）、简单公开密钥结构组（SPKI）、传输层安全组（TLS）和 Web 安全组（WTS）等，它们都制定了相关的标准。

1. TCSEC

美国国防部的可信计算机系统评价准则（Trusted Computer System Evaluation Criteria，TCSEC，又称桔皮书）是计算机信息安全评估的第一个正式标准，具有划时代的意义。该准则于1970年由美国国防科学委员会提出，于1985年12月由美国国防部公布。TCSEC将安全分为4个方面：安全政策、可说明性、安全保障和文档。该标准将以上4个方面分为7个安全级别，按安全程度从最低到最高依次是D、C1、C2、B1、B2、B3、A1。

（1）D 类：最低保护。不需要任何安全措施。属于这个级别的操作系统有 DOS、Windows、Apple 的 Macintosh System 7.1。

（2）C1 类：自决的安全保护。系统能够把用户和数据隔开，用户可以根据需要采用系统提供的访问控制措施来保护自己的数据，系统中必须有一个防止破坏的区域，其中包含安全功能。用户拥有注册账号和口令，系统通过账号和口令来识别用户是否合法，并决定用户对程序和信息拥有什么样的访问权限。

（3）C2 类：访问控制保护。控制粒度更细，使得允许或拒绝任何用户访问单个文件成为可能。系统必须对所有的注册、文件的打开、建立和删除进行记录。审计跟踪必须追踪到每个用户对每个目标的访问。能够达到 C2 级的常见操作系统有 Unix 系统、XENIX、Windows NT。

（4）B1 类：有标签的安全保护。系统中的每个对象都有一个敏感性标签，而每个用户都有一个许可级别。许可级别定义了用户可处理的敏感性标签。系统中的每个文件都按内容分类并标有敏感性标签，任何对用户许可级别和成员分类的更改都受到严格控制。较流行的 B1 级操作系统是 OSF/1。

（5）B2 类：结构化保护。系统的设计和实现要经过彻底的测试和审查。系统应结构化为明确而独立的模块，实施最少特权原则，必须对所有目标和实体实施访问控制。政策要由专职人员负责实施，要进行隐蔽信道分析。系统必须维护一个保护域，保护系统的完整性，防止外部干扰。目前，UnixWare 2.1/ES 作为国内独立开发的具有自主版权的高安全性 Unix 系统，其安全等级为 B2 级。

（6）B3 类：安全域。系统的安全功能足够小，以便于广泛测试；必须满足参考监视器需求，以传递所有的主体到客体的访问；要有安全管理员，审计机制扩展到用信号通知安全相关事件；还要有恢复规程，系统高度抗侵扰。

（7）A1 类：核实保护。最初设计系统时就充分考虑了安全性。有“正式安全策略模型”，其中包括由公理组成的数学证明。系统的顶级技术规格必须与模型相对应，系统还包括分发控制和隐蔽信道分析。

近 20 年来，人们一直在努力发展安全标准，并将安全功能与安全保障分离，制定了复杂而详细的条款。但真正实用且在实践中相对易于掌握的还是 TCSEC 及其改进版本。在现实中，安全技术人员也一直将 TCSEC 的 7 级安全划分当做默认标准。

2. ITSEC

1991 年，欧共体发布了信息技术安全评价准则（Information Technology Security

Evaluation Criteria，ITSEC）。ITSEC 与 TCSEC 不同，其观点是应当分别衡量安全的功能和安全的保障，而不应像 TCSEC 那样混合考虑安全的功能和安全的保障。因此，ITSEC 对每个系统赋予两种等级：F（Functionality）即安全功能等级，E（European assurance）即安全保障等级。另外，TCSEC 把保密作为安全的重点，而 ITSEC 则把完整性、可用性与保密性作为同等重要的因素。

3．CTCPEC

1993 年，加拿大发布了加拿大可信计算机产品评价准则（CTCPEC），CTCPEC 综合了 TCSEC 和 ITSEC 两个准则的优点。该标准将安全需求分为 4 个层次：机密性、完整性、可靠性和可说明性。

4．FC

1993 年，美国在对 TCSEC 进行修改补充并吸取 ITSEC 优点的基础上，发布了美国信息技术安全评价联邦准则（Federal Criteria，FC）。该标准参照了 CTCPEC 及 TCSEC，其目的是提供 TCSEC 的升级版本，同时保护已有投资，但 FC 有很多缺陷，是一个过渡标准，后来结合 ITSEC 发展为 CC。

5．CC

CC（通用准则）的目的是把已有的安全准则结合成一个统一的标准。该计划从 1993 年开始执行，1996 年推出第一版，但目前仍未付诸实施。CC 结合了 FC 及 ITSEC 的主要特征，强调将安全的功能与保障分离，并将功能需求分为 9 类 63 族，将保障分为 7 类 29 族。

6．ISO 安全体系结构标准

在安全体系结构方面，ISO 制定了国际标准 ISO 7498-2:1989《信息处理系统 开放系统互连 基本参考模型 第 2 部分：安全体系结构》。该标准为开放系统互连（OSI）描述了基本参考模型，为协调开发现有的和未来的系统互连标准建立起了一个框架。其任务是提供安全服务和有关机制的一般描述，确定在参考模型内部可以提供这些服务与机制的位置。

7．中华人民共和国国家标准

以前，国内主要是等同采用国际标准。目前，由公安部主持制定、国家技术标准局发布的中华人民共和国国家标准 GB17859—1999《计算机信息系统 安全保护等级划分准则》已经正式颁布，并将于 2001 年 1 月 1 日起实施。该准则将信息系统安全分为 5 个等级，分别是自主保护级、系统审计保护级、安全标记保护级、结构化保护级和访问验证保护级。主要的安全考核指标有身份认证、自主访问控制、数据完整性、审计、隐蔽信道分析、客体重用、强制访问控制、安全标记、可信路径和可信恢复等，这些指标涵盖了不同级别的安全要求。在实际应用中，安全指标应结合网络现状和规划具体分析。

此外，针对不同的技术领域还有其他一些安全标准。如《信息处理系统 开放系统互连基本参考模型 第 2 部分：安全体系结构》（GB/T 9387.2—1995）、《信息技术 安全技术 实体鉴别 第 1 部分：概述》（GB 15843.1—2008）、《信息技术设备的安全》（GB 4943—2001）等。

10.5.3 数据安全

数据作为信息的重要载体，其安全问题在信息安全中占有非常重要的地位。数据的保密性、可用性、可控性和完整性是数据安全技术的主要研究内容。数据保密性的理论基础是密码学，而可用性、可控性和完整性是数据安全的重要保障，没有后者提供技术保障，再强的加密算法也难以保证数据的安全。与数据安全密切相关的技术主要有以下几种，每种相关但又有所不同。

（1）访问控制：该技术主要用于控制用户可否进入系统，以及进入系统的用户能够读/写的数据集。

（2）数据流控制：该技术和用户可访问数据集的分发有关，用于防止数据从授权范围扩散到非授权范围。

（3）推理控制：该技术用于保护可统计的数据库，以防止查询者通过精心设计的查询序列推理出机密信息。

（4）数据加密：该技术用于保护机密信息在传输或存储时被非授权暴露。

（5）数据保护：该技术主要用于防止数据遭到意外或恶意的破坏，保证数据的可用性和完整性。

在上述技术中，访问控制技术占有重要的地位，其中（1）、（2）、（3）均属于访问控制范畴。访问控制技术主要涉及安全模型、控制策略、控制策略的实现、授权与审计等。其中，安全模型是访问控制的理论基础，其他技术则是实现安全模型的技术保障。

1．访问控制

信息系统的安全目标是通过一组规则来控制和管理主体对客体的访问，这些访问控制规则称为安全策略，安全策略反应了信息系统对安全的需求。安全模型是制定安全策略的依据，安全模型是指用形式化的方法来准确描述安全的重要方面（机密性、完整性和可用性）及其与系统行为的关系。建立安全模型的主要目的是，提高对成功实现关键安全需求的理解层次，以及为机密性和完整性寻找安全策略。安全模型是构建系统保护的重要依据，同时也是建立和评估安全操作系统的重要依据。

自 20 世纪 70 年代起，Denning、Bell、Lapadula 等人对信息安全进行了大量的理论研究，特别是 1985 年美国国防部颁布《可信计算机评估标准（TCSEC）》以来，系统安全模型得到了广泛的研究，并在各种系统中实现了多种安全模型。这些模型可以分为两大类：一类是信息流模型；另一类是访问控制模型。

信息流模型主要着眼于对客体之间信息传输过程的控制，是访问控制模型的一种变形。它不校验主体对客体的访问模式，而是试图控制从一个客体到另一个客体的信息流，强迫其根据两个客体的安全属性决定访问操作是否进行。信息流模型和访问控制模型之间的差别很小，但访问控制模型不能帮助系统发现隐蔽通道，而信息流模型通过对信息流向的分析可以发现系统中存在的隐蔽通道并找到相应的防范对策。信息流模型是一种基于事件或踪迹的模型，其焦点是系统用户可见的行为。虽然信息流模型在信息安全的理论分析方面有着优势，但是迄今为止，信息流模型对具体的实现只能提供较少的帮助和指导。

访问控制模型是从访问控制的角度描述安全系统，主要针对系统中主体对客体的访问及其安全控制。访问控制安全模型中一般包括主体、客体，以及为识别和验证这些实体的子系统和控制实体间访问的参考监视器。通常，访问控制可以分自主访问控制（DAC）和强制访问控制（MAC）。自主访问控制机制允许对象的属主来制定针对该对象的保护策略。通常，DAC 通过授权列表（或访问控制列表 ACL）来限定哪些主体针对哪些客体可以执行什么操作，如此可以非常灵活地对策略进行调整。由于其具有易用性与可扩展性，自主访问控制机制经常被用于商业系统。目前的主流操作系统，如 Unix、Linux 和 Windows 等操作系统都提供了自主访问控制功能。自主访问控制的一个最大问题是主体的权限太大，无意间就可能泄露信息，而且不能防备特洛伊木马的攻击。强制访问控制系统给主体和客体分配不同的安全属性，而且这些安全属性不像 ACL 那样轻易被修改，系统通过比较主体和客体的安全属性决定主体是否能够访问客体。强制访问控制可以防范特洛伊木马和用户滥用权限，具有更高的安全性，但其实现的代价也更大，一般用在安全级别要求比较高的军事上。

随着安全需求的不断发展和变化，自主访问控制和强制访问控制已经不能完全满足需求，因此，研究者提出了许多自主访问控制和强制访问控制的替代模型，如基于栅格的访问控制、基于规则的访问控制、基于角色的访问控制模型和基于任务的访问控制等。其中，最引人瞩目的是基于角色的访问控制（RBAC）。其基本思想是：有一组用户集和角色集，在特定的环境里，某一用户被指定为一个合适的角色来访问系统资源；在另外一种环境里，这个用户又可以被指定为另一个角色来访问另外的网络资源，每一个角色都具有其对应的权限，角色是安全控制策略的核心，可以分层，存在偏序、自反、传递、反对称等关系。与自主访问控制和强制访问控制相比，基于角色的访问控制具有以下显著优点：首先，它实际上是一种与策略无关的访问控制技术。其次，基于角色的访问控制具有自管理的能力。此外，基于角色的访问控制还便于实施整个组织或单位的网络信息系统的安全策略。目前，基于角色的访问控制已在许多安全系统中实现。

随着网络的深入发展，基于 Host-Terminal 环境的静态安全模型和标准已无法完全反应分布式、动态变化、发展迅速的 Internet 的安全问题。针对日益严重的网络安全问题和越来越突出的安全需求，“可适应网络安全模型”和“动态安全模型”应运而生。基于闭环控制的动态网络安全理论模型在 20 世纪 90 年代开始逐渐形成并得到了迅速发展。1995 年 12 月，美国国防部提出了信息安全的动态模型，即保护（Protection）—检测（Detection）—响应（Response）多环节保障体系，后来统称为 PDR 模型。随着人们对 PDR 模型应用和研究的深入，PDR 模型中又融入了策略（Policy）和恢复（Restore）两个组件，逐渐形成了以安全策略为中心，集防护、检测、响应和恢复于一体的动态安全模型。

PDR 模型是一种基于闭环控制、主动防御的动态安全模型，在整体的安全策略控制和指导下，在综合运用防护工具（如防火墙、系统身份认证和加密等手段）的同时，利用检测工具（如漏洞评估、入侵检测等系统）了解和评估系统的安全状态，将系统调整到“最安全”和“风险最低”的状态，保护、检测、响应和恢复组成一个完整的、动态的安全循环，在安全策略的指导下保证信息的安全。

2．访问控制策略

访问控制策略也称安全策略，是用来控制和管理主体对客体访问的一系列规则，它反映了信息系统对安全的需求。安全策略的制定和实施是围绕主体、客体和安全控制规则集三者之间的关系展开的。

1）制定和实施原则

在安全策略的制定和实施中，要遵循下列原则：

（1）最小特权原则。最小特权原则是指在主体执行操作时，按照主体所需权利的最小化原则分配给主体权力。最小特权原则的优点是最大程度地限制了主体实施授权的行为，可以避免来自突发事件、错误和未授权使用主体的危险。

（2）最小泄漏原则。最小泄漏原则是指在主体执行任务时，按照主体需要知道的信息最小化原则分配给主体权力。

（3）多级安全策略。多级安全策略是指主体和客体间的数据流向和权限控制按照安全级别的绝密、秘密、机密、限制和无级别 5 个等级来划分。多级安全策略的优点是避免敏感信息的扩散。具有安全级别的信息资源，只有安全级别比它高的主体才能够访问。

2）实现方式

访问控制策略有以下两种实现方式：基于身份的安全策略和基于规则的安全策略。目前使用的两种安全策略，它们建立的基础都是授权行为。就其形式而言，基于身份的安全策略等同于 DAC 安全策略，基于规则的安全策略等同于 MAC 安全策略。

（1）基于身份的安全策略。基于身份的安全策略（Identification-Based Access Control Policies，IDBACP）的目的是过滤主体对数据或资源的访问，只有能通过认证的主体才有可能正常使用客体资源。基于身份的策略包括基于个人的策略和基于组的策略。基于身份的安全策略一般采用能力表或访问控制列表进行实现。

（2）基于个人的安全策略。基于个人的策略（Individual-Based Access Control Policies，INBACP）是指以用户为中心建立的一种策略，这种策略由一组列表组成，这些列表限定了针对的特定客体，即哪些用户可以实现何种操作行为。

（3）基于组的安全策略。基于组的策略（Group-Based Access Control Policies，GBACP）是基于个人的策略的扩充，指一些用户（构成安全组）被允许使用同样的访问控制规则访问同样的客体。

（4）基于规则的安全策略。基于规则的安全策略中的授权通常依赖于敏感性。在一个安全系统中，数据或资源被标注安全标记（Token），代表用户进行活动的进程可以得到与其原发者相应的安全标记。基于规则的安全策略在实现上，由系统通过比较用户的安全级别和客体资源的安全级别来判断是否允许用户进行访问。

3．访问控制的实现

由于安全策略是由一系列规则组成的，因此如何表达和使用这些规则是实现访问控制的关键。由于规则的表达和使用有多种方式可以选择，因此访问控制的实现也有多种方式，每种方式均有其优点和缺点，在具体实施中，可根据实际情况进行选择和处理。常用的访问控制有以下几种形式：

1）访问控制表

访问控制表（Access Control List，ACL）是以文件为中心建立的访问权限表，一般称为 ACL。其主要优点在于实现简单，对系统性能影响小。它是目前大多数操作系统（如 Windows、Linux 等）采用的访问控制方式，同时也是信息安全管理系统中经常采用的访问控制方式。

2）访问控制矩阵

访问控制矩阵（Access Control Matrix，ACM）是通过矩阵形式表示访问控制规则和授权用户权限的方法。也就是说，对于每个主体而言，都拥有对哪些客体的哪些访问权限；而对于客体而言，有哪些主体可对它实施访问，将这种关联关系加以描述，就形成了控制矩阵。访问控制矩阵的实现很易于理解，但是查找和实现起来有一定的难度，特别是当用户和文件系统要管理的文件很多时，控制矩阵将会呈几何级数增长，会占用大量的系统资源，会引起系统性能的下降。

3）访问控制能力列表

能力是访问控制中的一个重要概念，是指请求访问的发起者所拥有的一个有效标签（Ticket），它授权标签表明的持有者可以按照何种访问方式访问特定的客体。与 ACL 以文件为中心不同，访问控制能力表（Access Control Capabilities List，ACCL）以用户为中心建立访问权限表。

4）访问控制安全标签列表

安全标签是限制和附属在主体或客体上的一组安全属性信息。安全标签的含义比能力更为广泛和严格，因为它实际上还建立了一个严格的安全等级集合。访问控制标签列表（Access Control Security Labels List，ACSLL）是限定用户对客体目标访问的安全属性集合。

4．访问控制与授权

授权是资源的所有者或控制者允许他人访问这些资源，是实现访问控制的前提。对于简单的个体和不太复杂的群体，可以考虑基于个人和组的授权，即便是这种实现，管理起来也有可能是困难的。当面临的对象是一个大型的跨地区甚至跨国集团时，如何通过正确的授权以便保证合法的用户使用公司公布的资源，而不合法的用户不能得到访问控制的权限，是一个复杂的问题。

授权是指客体授予主体一定的权力，通过这种权力，主体可以对客体执行某种行为，例如登录，查看文件、修改数据、管理账户等。授权行为是指主体履行被客体授予权力的那些活动。因此，访问控制与授权密不可分。授权表示的是一种信任关系，一般需要建立一种模型对这种关系进行描述，才能保证授权的正确性，特别是在大型系统的授权中，没有信任关系模型做指导，要保证合理的授权行为几乎是不可想象的。

5．访问控制与审计

审计是对访问控制的必要补充，是访问控制的一个重要内容。审计会对用户使用何种信息资源、使用的时间，以及如何使用（执行何种操作）进行记录与监控。审计和监控是实现系统安全的最后一道防线，处于系统的最高层。审计与监控能够再现原有的进程和问题，对于责任追查和数据恢复非常有必要。

审计跟踪是系统活动的流水记录。该记录按事件从始至终的途径，顺序检查、审查和检验每个事件的环境及活动。审计跟踪记录系统活动和用户活动。系统活动包括操作系统和应用程序进程的活动；用户活动包括用户在操作系统中和应用程序中的活动。通过借助适当的工具和规程，审计跟踪可以发现违反安全策略的活动、影响运行效率的问题及程序中的错误。审计跟踪不仅有助于帮助系统管理员确保系统及其资源免遭非法授权用户的侵害，同时还能提供对数据恢复的帮助。

10.5.4　网络安全协议

1. SSL 协议

SSL 协议是由 Netscape 公司研究制定的安全协议。该协议向基于 TCP/IP 的客户端/服务器应用程序提供客户端和服务器端的鉴别、数据完整性及信息机密性等安全服务。

1）SSL 的体系结构

SSL 协议使用 X.509 证书进行认证，使用 RSA 公钥算法，可选用 RC4-128、RC2-128、DES 或 IDEA 作为数据加密算法。SSL 可运行在任何可靠的通信协议之上、并运行在 HTTP、FTP、TELNET 等应用层协议之下，SSL 协议分为两层：记录层、握手层，每层使用下层服务，并为上层提供服务，如图 10-8 所示。

握手层	SSL 握手协议	SSL 改变密码规约协议	SSL 告警协议	HTTP
记录层	SSL 记录协议			
	TCP			
	IP			

图 10-8　SSL 协议栈

（1）握手协议。该协议使得服务器和客户能够协商加密和 MAC 算法以及加密密钥。在传输任何应用数据之前，必须执行握手协议。握手协议的报文格式如图 10-9 所示，主要包括 3 个字段。

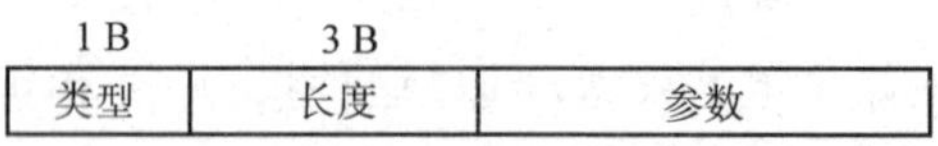

1 B	3 B	
类型	长度	参数

图 10-9　握手协议报文格式

① 类型（1 B）：该字段指明使用的 SSL 握手协议报文类型。SSL 握手协议报文包括 10 种类型。

② 长度（3 B）：以 B 为单位的报文长度。

③ 内容（≥1 B）：使用的报文的有关参数。

SSL 握手协议中共有 10 种报文类型，类型名和参数如表 10-6 所示。

表 10-6　报文类型

报文类型	参　数
hello-request	空
client-hello	版本、随机数、会话 ID、密码规约、压缩算法
server-hello	版本、随机数、会话 ID、密码规约、压缩算法
certificate	X.509 证书链
server-key-exchange	参数、签名
certificate-request	类型、CA 列表
server-done	空
certificate-verify	签名
client-key-exchange	参数、签名
finished	哈希值

SSL 握手过程（见图 10-10）包含两个阶段，第一个阶段用于建立私密性通信信道，第二个阶段用于客户认证。

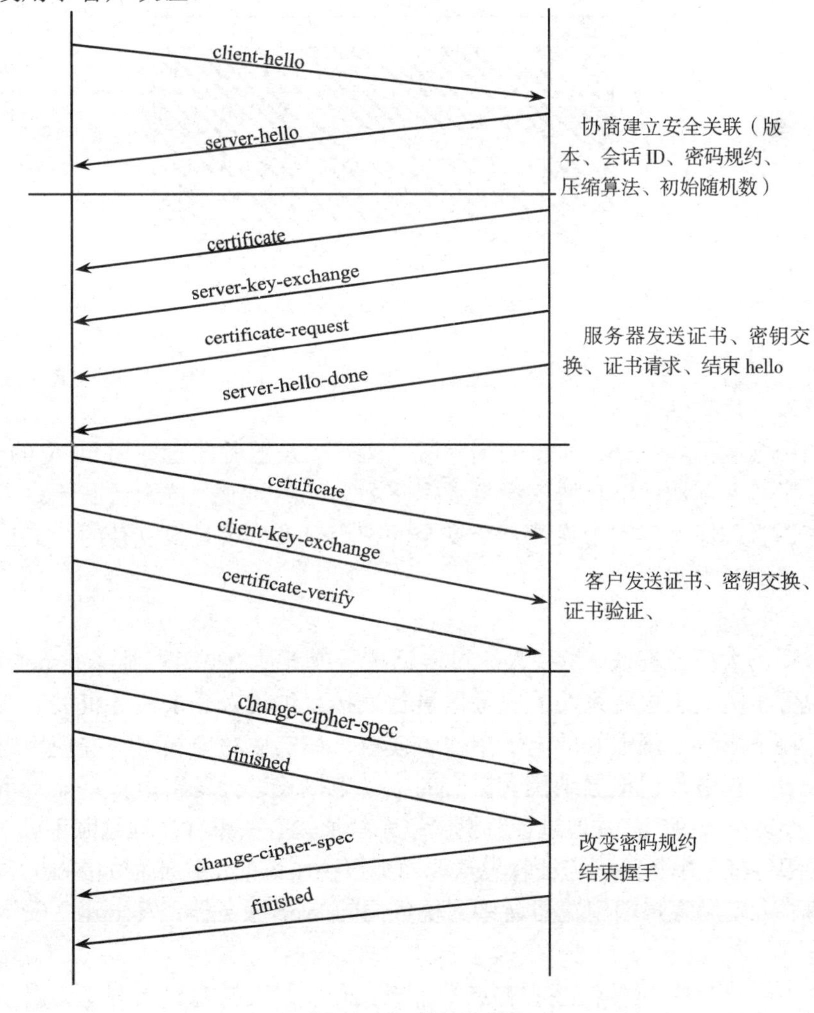

图 10-10　握手过程

第一阶段是通信的初始化阶段，通信双方都发出 hello 消息。当双方都接收到 hello 消息时，就有足够的信息确定是否需要一个新的密钥。若不需要新的密钥，双方立即进入握手协议的第二阶段。否则，服务器方的 server-hello 消息将包含足够的信息使客户方产生一个新的密钥。这些信息包括服务器所持有的证书、加密规约和连接标识。若密钥成功产生，客户方发出 client-master-key 消息，否则发出错误消息。最终当密钥确定以后，服务器方向客户方发出 server-verify 消息。因为只有拥有合适公钥的服务器才能解开密钥。

第二阶段的主要任务是对客户进行认证，此时服务器已经被认证了。服务器方向客户发出认证请求消息：request-certificate。当客户收到服务器方的认证请求消息时，发出自己的证书，并且监听对方回送的认证结果。而当服务器收到客户的认证时，若认证成功返回 server-finish 消息，否则，返回错误消息。到此为止，握手协议全部结束。

（2）记录协议。记录协议的操作：第一步是分片，把上层数据分成 214 B；第二步是压缩；第三步是计算 MAC；第四步是加密（明文和 MAC）；第五步是添加记录协议首部。记录格式如图 10-11 所示。

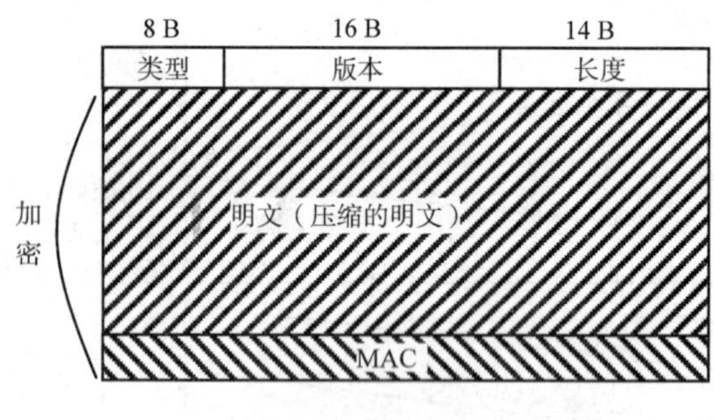

图 10-11　记录格式

2）SSL 的局限性

SSL 有以下局限性：

（1）加密强度问题：SSL 协议的国际版，浏览器及服务器上使用 40 位的密钥。

（2）数字签名问题：SSL 协议没有数字签名功能，即没有抗否认服务。

（3）密钥管理问题：因为设计一个安全的密钥交换协议是很复杂的，SSL 的握手协议存在一些密钥管理问题。

3）SSL 的应用实例

网上报税的大概流程是：纳税人通过电话拨号或其他方式连接到 Internet，通过 Web 浏览器与税务机关网上报税系统的服务器进行连接。纳税人登录税务机关的网上报税系统后，按照税务局事先规定好的电子申报表模板，如实填写申报表，并使用电子文件方式提交申报表。税务部门根据纳税人提交的电子申报表进行逻辑审核。如果审核结果正确，则给予办理申报手续，并通过计算机网络系统通知有关银行办理划账手续，直接从企业或个人的银行账号中扣除所需征收税款。网上报税系统的工作流程如图 10-12 所示。

（1）纳税人使用客户端浏览器连接到税务局的 Web 服务器，发出建立安全连接通道的请求。

（2）税务局的 Web 服务器接收客户端请求，向纳税人的客户端浏览器出示服务器数字证书，表明其纳税服务器的真实身份。

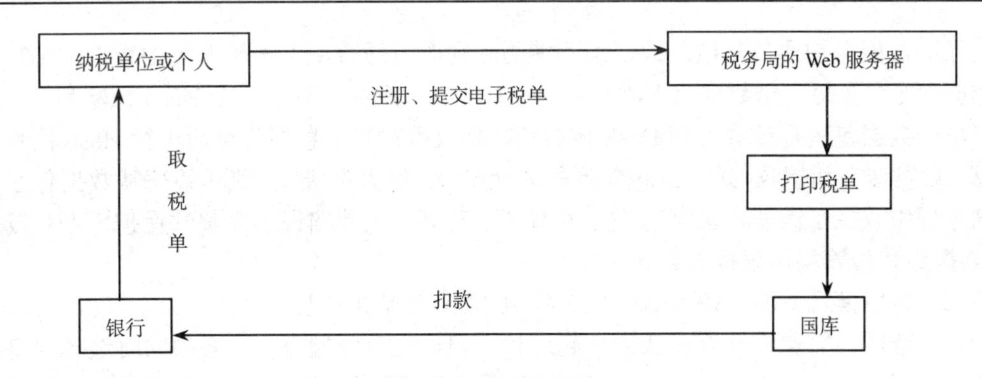

图 10-12　网上报税系统的工作流程

（3）客户端验证服务器证书的有效性，如果验证通过，则用服务器证书中包含的服务器端公钥加密一个临时性的会话密钥，并将加密后的数据和客户端用户证书一起发送给服务器端。

（4）服务器端收到客户端发来的加密数据后，先验证客户端证书的有效性，以确定用户身份。如果验证通过，则用其对应的私有密钥解开加密数据，获得会话密钥。然后服务器用客户端证书中包含的客户端公钥加密该会话密钥，并将加密后的数据发送给客户端浏览器。

（5）客户端在收到服务器发来的加密数据后，用其对应的私有密钥解开加密数据，然后将得到的会话密钥与前面发送出去的会话密钥进行对比。如果两把密钥一致，则服务器身份已经通过认证，双方将使用这个临时性的会话密钥建立安全连接通道。

SSL 连接为 Internet 上信息的传输建立了可靠的安全通道，确保只有通过身份认证的纳税人才能向税务机关的 Web 服务器上传有关申报数据。同时也可以确保只有通过验证的纳税系统服务器才能解密纳税人向系统发送的加密信息，实现了敏感信息在网络上传输的机密性和完整性。

2. IPSec 协议

IPSec 协议对 IPv4 和 IPv6 的数据包提供了访问控制、无连接完整性、数据源认证、重放检测与拒绝、保密性和有限的流量保密性等安全服务。它采用端对端的安全保护模式，具有保护工作组、局域网计算机、域客户和服务器、距离很远的分公司、Extranet、漫游客户及远程管理计算机间通信的能力。使用 IPSec 不需要更改上层的应用程序或协议，用户即可方便地在现有网络上部署 IPSec。

1）IPSec 协议的工作模式

IPSec 协议不是一个单独的协议，它给出了一整套体系结构，在 RFC 2401～RFC 2412 中进行了定义。IPSec 协议组包含 Authentication Header（AH）协议、Encapsulating Security Payload（ESP）协议和 Internet Key Exchange（IKE）协议。其中，AH 协议定义了认证的应用方法，提供数据源认证和完整性保证；ESP 协议定义了加密和可选认证的应用方法，提供机密性保证。可以根据实际安全需求，选择使用其中的一种或者同时使用这两种协议。AH 和 ESP 都可以提供认证服务，AH 提供的认证服务要强于 ESP。IKE 用于密钥交换。

（1）传输模式下的 AH 协议。AH 协议为 IP 通信提供数据源认证、数据完整性和反重播保证，能保护通信免遭篡改，但不能防止窃听，适合用于传输非机密数据。AH 的工作原理是，在每一个数据包上添加一个 AH 报头。此报头包含一个 Hash 校验和，发送端对整个数据包进行计算得到 Hash 校验和，接收端对整个数据包重新进行 Hash 校验和计算，对发送端和接收端的 Hash 校验和进行比较，如果不一样，则可以确认数据包在传输的过程中发生了改变，数据的完整性遭到了破坏，由此实现了完整性保护。AH 报头在 IP 报头和传输层协议报头之间。

（2）传输模式下的 ESP 协议。ESP 为 IP 数据包提供完整性检查、认证和加密。ESP 服务是可选的，完整性检查和认证一起进行，但如果启用加密，则必须同时选择完整性检查和认证。如果只使用加密，入侵者就可能伪造数据包发动密码分析攻击。ESP 可以单独使用，也可以和 AH 结合使用。通常情况下，ESP 不对整个数据包加密，而是只加密 IP 包的有效载荷部分。

ESP 报头在 IP 报头之后，在 TCP、UDP 或者 ICMP 等协议报头之前。如果已经有其他 IPSec 协议在使用，则 ESP 报头应插在其他任何 IPSec 协议报头之前。ESP 认证报文的完整性检查包括 ESP 报头、传输层协议报头，应用数据和 ESP 报尾，但不包括 IP 报头，因此 ESP 无法保证 IP 报头不被篡改。ESP 加密部分包括上层传输协议信息、数据和 ESP 报尾。

（3）ESP 隧道模式和 AH 隧道模式。ESP 在隧道模式下，整个原数据包被当做有效载荷封装了起来，外面附上新的 IP 报头。新 IP 报头中包含的是做中间处理的安全网关地址。通过对数据加密，还可以将数据包目的地址隐藏起来，更有助于保护端到端通信的安全。

AH 隧道模式为整个数据包提供完整性检查和认证，认证功能优于 ESP。但在隧道技术中，AH 协议很少单独实现，通常与 ESP 协议组合使用。

2）IPSec 的安全特性

IPSec 有以下几种安全特性：

（1）不可否认性：确保发送方不能否认发送过的消息。

（2）反重播性：确保每个 IP 包的唯一性，保证信息万一被截取复制后不能被重新利用传输到目的地址。可以防止攻击者截取破译信息后，用相同的信息包获取非法访问权。

（3）数据完整性：防止传输过程中数据被篡改，确保发出数据和接收数据的一致性。

（4）数据保密性：即使在传输过程中数据包遭到截取，也可以保证信息无法被攻击者直接读取。

3. 其他安全协议

1）SSH 协议

传统的网络服务程序，如 FTP、POP 和 Telnet 在本质上都是不安全的，因为这些协议在网络上用明文传送口令和数据，攻击者可以使用网络嗅探技术很容易截获这些没有加密的口令和数据。另外，这些服务的安全验证方式也是有弱点的，很容易受到“中间人”（Man-In-Middle）方式的攻击。所谓“中间人”的攻击方式，就是“中间人”处于服务器和用户之间，一方面冒充真正的服务器接收用户传给服务器的数据，另一方面冒充用户把数据传给真正的服务器。

SSH（Secure Shell）是 IETF（Internet Engineering Task Force）的 Network Working Group 制定的一族协议。SSH 的作用是在非安全网络上提供安全的远程登录和其他安全网络服务。SSH 可以对所有的传输数据进行加密和压缩，防止“中间人”攻击，同时能够防止 DNS 和 IP 欺骗，并且由于传输的数据是经过压缩的，可以加快信息传输的速度。SSH 最常见的应用是取代传统的 Telnet、FTP 等网络应用程序。

2）SET 协议

网络的发展促进了电子商务的迅速发展，电子商务在提供机遇和便利的同时，也面临着一个巨大的挑战，即交易的安全性问题。在网上购物的虚拟环境中，一方面，持卡人希望在交易中保密自己的账户信息，使之不被他人盗用；另一方面，商家希望客户对其提交的订单不能抵赖，交易各方都希望验明对方的身份，以防止被骗。由美国 Visa 和 MasterCard 两大信用卡组织牵头联合多家科技机构，共同制定了应用于 Internet 以银行卡为基础的在线交易安全标准——安全电子交易（Secure Electronic Transaction，SET）。SET 协议采用公钥密码体制和 X.509 数字证书标准，主要应用于保障网络电子商务的安全性。

SET 提供了消费者、商家和银行之间的认证，确保了网络交易数据的安全性、完整可靠性和交易的不可否认性，特别是具有不将消费者银行卡号暴露给商家等优点，因此它成为目前公认的信用卡网上交易的国际安全标准。

10.5.5　隐私保护规范

隐私保护是物联网安全的一个重要问题。一方面，在物联网“无处不在”的网络环境下，用户在享受个性化服务的同时可能泄露自身的隐私信息；另一方面，物联网的任务通常由多个结点协作完成，协作过程中结点的输出也可能造成隐私泄露。因此，如何在保持用户隐私机密性的同时不降低数据分析处理的效率是必须解决的安全问题。

隐私保护问题是伴随着数据应用提出的。当前，隐私保护的主要研究方向有：

（1）通用的隐私保护技术；

（2）面向数据挖掘的隐私保护技术；

（3）基于隐私保护的数据发布原则；

（4）隐私保护算法。

隐私保护的研究问题是由实际应用中不同的隐私保护需求决定的。通用的隐私保护技术致力于在较低应用层次上保护数据的隐私，一般通过引入统计模型和概率模型来实现；而面向数据挖掘的隐私保护技术主要解决在高层数据应用中如何根据不同数据挖掘操作的特性，实现对隐私的保护；基于隐私保护的数据发布原则是为了提供一种在各类应用可以通用的隐私保护方法，进而使得在此基础上设计的隐私保护算法也具有通用性。

没有任何一种隐私保护技术适用于所有应用。隐私保护技术主要分为三大类：

1．数据失真技术

数据失真（Distorting）技术指使敏感数据失真但同时保持某些数据或数据属性不变的方法。例如，采用添加噪声（Adding Noise）、交换（Swapping）等技术对原始数据进行扰动处理，但要求保证处理后的数据仍然可以保持某些统计方面的性质，以便进行数据挖掘等操作。数据失真技术通过扰动（Perturbation）原始数据来实现隐私保护。

2．基于数据加密的隐私保护技术

基于数据加密隐私保护技术指采用加密技术在数据挖掘过程中隐藏敏感数据的方法，多用于分布式应用环境中。在分布式环境下实现隐私保护要解决的首要问题是通信的安全性，而加密技术正好满足了这一需求，因此，基于数据加密的隐私保护技术多用于分布式应用中，如分布式数据挖掘、分布式安全查询、几何计算、科学计算等。在分布式下，具体应用通常会依赖于数据的存储模式和站点（Site）的可信度及其行为。分布式应用采用两种模式存储数据：垂直划分（Vertically Partitioned）的数据模式和水平划分（Horizontally Partitioned）的数据模式。垂直划分数据是指分布式环境中的每个站点只存储部分属性的数据，所有站点存储的数据不重复；水平划分数据是将数据记录存储到分布式环境中的多个站点，所有站点存储的数据不重复。对于分布式环境下的站点（参与者），根据其行为，可分为准诚信攻击者（Semi-honest Adversary）和恶意攻击者（Malicious Adversary），准诚信攻击者是遵守相关计算协议但仍试图进行攻击的站点；恶意攻击者是不遵守协议且试图披露隐私的站点。一般而言，假设所有站点为准诚信攻击者。

3．基于限制发布的技术

基于限制发布的技术指根据具体情况有条件地发布数据。如不发布数据的某些域值、数据泛化（Generalization）等。限制发布即有选择地发布原始数据、不发布或者发布精度较低的敏感数据，以实现隐私保护。当前此类技术的研究集中于“数据匿名化”，即在隐私披露风险和数据精度间进行折中，有选择地发布敏感数据及可能披露敏感数据的信息，但保证对敏感数据及隐私的披露风险在可容忍范围内。

另外，对于许多新方法，由于其融合了多种技术，很难将其简单地归到以上某一类，但它们在利用某类技术优势的同时，将不可避免地引入其他缺陷。基于数据失真的技术，效率比较高，但却存在一定程度的信息丢失；基于加密的技术则刚好相反，它能保证最终数据的准确性和安全性，但计算开销比较大；而限制发布技术的优点是能保证所发布的数据真实，但发布的数据会有一定的信息丢失。

10.6　物联网行业应用标准

物联网相关的行业已经或正在制定一些特定的行业应用标准。如 KNX 的智能建筑通信标准、W-MB US 计量仪表无线通信标准、HGI 的家庭网关标准、FCC 正牵头制定的美国智能电网标准、欧盟 CEN/CENELEC/ETSI 正联合制定的智能计量标准等。

10.6.1　物联网行业应用标准概述

我国制定物联网标准的机构主要包括中国通信标准化协会（CCSA）、国家传感器网络标准工作组（WGSN）、工信部电子标签标准工作组，以及各行业标准化组织。CCSA

作为工信部指导下我国通信领域主要的标准化机构，2007 年先后启动了《WSN 与电信网结合的总体技术要求》、《移动 M2M 业务研究》等物联网标准的制定工作。为进一步满足物联网标准化需要，2009 年成立了“泛在网技术工作委员会（TC10）”。物联网作为泛在网的初级和必然发展阶段，是 TC10 现阶段标准化工作的重点。TC10 下设总体、应用、网络、感知延伸 4 个工作组，正在制定的总体性标准包括泛在网术语定义、架构；应用标准包括汽车信息化、医疗健康监测、绿色社区、智能家居等；网络层标准包括 M2M 应用通信协议、泛在网 IPv6 相关技术等；感知延伸标准包括适用于低功耗松散网络（LLN）环境下的轻量级 IPv6 协议、近距离无线通信低速物理层和 MAC 层增强技术要求等。

10.6.2　智能电网

智能电网建立在集成的、高速双向通信网络的基础之上，通过先进的传感和测量技术、先进的设备技术、先进的控制方法及先进的决策支持系统技术的应用，实现电网的可靠、安全、经济、高效、环境友好和使用安全的目标，其主要特征包括自愈、激励和保护用户、抵御攻击、提供满足 21 世纪用户需求的电能质量、容许各种不同发电形式的接入、启动电力市场及资产的优化高效运行。

目前，国外研究智能电网标准体系的国际标准组织与机构主要有国际电工委员会（IEC）、美国国家标准与技术研究院（NIST）、电气和电子工程师协会（IEEE）三大组织机构。2008 年底，IEC SMB（国际电工委员会标准化管理局）批准设立战略小组 SG3 来帮助 IEC 制定智能电网标准。SG3 的主要任务是智能电网体系的研发，包括首先应建立达到设备和系统互操作的规约和模型的标准化。

IEC SG3 智能电网与标准的观点如下：

（1）智能电网指包括发电到用电之间所有部分的系统。系统有大量分布式智能结点，紧密耦合并实时运行，装置既是电工设备，也是智能结点。

（2）在现有电力设备上建设，可具有多种形态，须融合和利用现有成熟系统。

（3）优化系统运行维护，指导电力网络发展。

（4）智能电网工程要考虑多方利益，例如用户、设备生产商、电力企业和监管部门的利益。

（5）自由创新可能的互操作。

（6）两个并行方向：需求和规范研究对象的外部和内部，重视各种方案解决的需求问题。在工程初始阶段，标准将强调用户的需求（从外部看），需要电力企业、配电和输电运营商提出他们的要求，必须使用针对用户需求的标准；在工程后期，适当使用标准来指导技术设计和规范（从内部看），使得系统设计人员和集成人员能交互，动作协调，甚至可以用互换装置。

美国 2007 年能源独立与安全法案鼓励研究、发展和实施智能电网。法案包括：要求美国国家标准与技术研究院（NIST）作为牵头机构制定标准和协议；在能源部建立一个智能电网技术的研究，开发和示范计划；并为部分通过审批的智能电网投资提供配套的联邦基金。NIST 在 2009 年 9 月底推出智能电网标准，制订“三步走”计划及智能电网互操作体系和路线图标准 V1.0。

NIST 的智能电网标准制订的“三步走”计划分别是：

（1）通过所有利益相关方共同参与的开放、公开的程序，明确当前适用的标准、待制定的标准及标准制定的优先级。最终成果对应 *NIST Framework and Roadmap for Smart Grid Interoperability Standards，Release 1.0*。

（2）建立一种正式的公共部门与私有部门的合作关系，以推动长期的标准制定工作。已经在 2009 年 11 月成立了智能电网互操作委员会（Smart Grid Interoperability Panel，SGIP）。

（3）研究和推广测试和认证体系。NIST 在标准体系 V1.0 中，首先提出了智能电网概念参考模型（Smart Grid Conceptual Reference Model）。提出的概念参考模型确定了含用户、市场、服务提供商、运行、大规模集中发电、输电、配电 7 个领域与其参与方。其次，制定了标准制定工作的优先级，根据联邦能源管理委员会（FERC）的智能电网政策声明（2009 年 7 月 16 日），NIST 在增加了部分领域之后提出了 8 个优先发展领域，分别是：需方相应和用户能源效率、广域情景知晓、储能、电气化交通、高级量测系统、配电网管理、信息安全、网络通信。同时，还选定了用于执行的 75 项标准，选出了 70 个需要新制定标准的领域及 15 个优先发展领域等。

IEEE 于 2009 年 6 月成立工作组 P2030，为智能电网互操作提供指导，研究标准体系。分 3 个工作组：电力工程、信息和通信。会议提出，P2030 标准草案是为智能电网互操作提供指导，包括术语、特性、性能、评价标准，以及电力系统、终端电器及负载的互操作工程应用准则，其功能如下：

（1）为理解和定义电力系统、终端电器及负载的智能电网互操作提供指导。

（2）专注于能源技术、信息技术和通信技术的整合。

（3）通过通信和控制信息，实现发电、输电、用电等环节的无缝操作。

（4）研究相互连通、内部框架和设计策略等内容。

（5）为扩展现有的知识库提供指导，从而发挥知识库在架构设计和操作中的关键作用，推进一个更可靠、更灵活的电力系统的产生。

（6）促进 IEEE P2030 智能电网标准的发展，或者修订现有标准以满足需要。

考虑到智能电网标准在智能电网建设中的重要性，我国国家电网公司于 2009 年 5 月启动了《智能电网技术标准体系研究》项目。该项目参照 IEC、NIST 等国外智能电网标准化工作的最新进展，从建设坚强智能电网的需求出发，通过深入分析现行标准与实现智能电网所需标准之间的差距，遵循“统一标准战略、建立标准体系、突破重点领域、领航国际标准”的工作原则，按照“统一体系、分工负责、急用先行、引领国际”的工作思路，形成了《智能电网技术标准体系》。

10.6.3 智能交通

智能交通系统（Intelligent Transport System，ITS）通过在道路和车辆上应用电子、信息和通信等尖端技术，提高交通设施的使用效率，并为人们提供安全、方便的交通。ITS 技术标准化的目标是保障智能交通体系中不同信息通信系统的信息交换并实现信息化，主要开发信息通信系统和服务标准。

ISO TC204（国际标准化组织智能运输系统技术委员会）是制定交通信息和控制系

统国际标准的技术委员会，根据 1991 年美国国家标准化协会（American National Standard Institute，ANSI）的申请，1992 年 ISO 标准委员会批准组成 TC204，目前以韩国为首的 21 个正式会员和 25 个非正式会员正积极制定相关标准。ISO TC204 与欧洲标准化委会会 CEN TC278 保持着密切的联系，以免重复制定标准，标准化的主要内容通过双方协商决定。ISO TC204 根据不同领域标准化工作，共设立了 16 个组（WG1～WG 16），目前只有 12 个工作组进行标准化工作。另外，部分标准化工作由 ISO/IEC、联合技术委员会（JTC1）和 ITU 负责，ITS 国际标准化体系结构如图 10-13 所示。

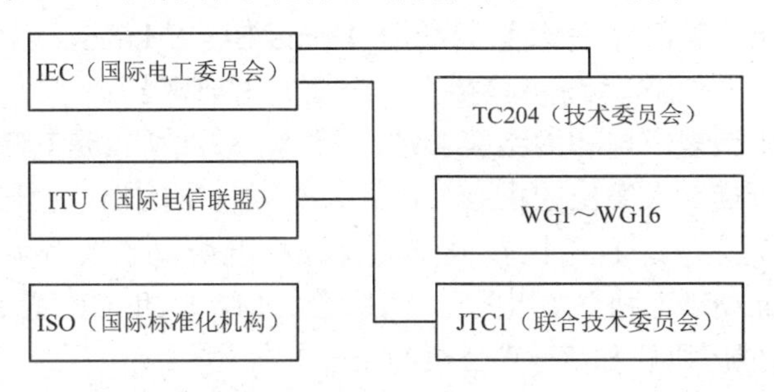

图 10-13　ITS 国际标准化体系

ISO TC204 的信息通信系统包括交通电子地图 DB、短距离通信（Dedicated Short Range Communication，DSRC）和中长距离无线通信（Continuous Air-interface Long and Medium-range，CALM）。交通电子地图（DB）领域包括：制作导航及智能交通信息系统专用数值电子地图的方法、决定方便存储和交换数据的数据库结构与 GIS 地图相关的技术和其他技术。智能交通系统通过路旁基站与车辆的双向通信传递信息，所以一般采用高速无线通信技术。车辆和路旁基站的通信一般采用专用短距离通信系统（DSRC）。建立 ITS 系统需要协调应用信息处理、通信、控制、电子等许多核心技术。美国、日本、欧洲等先进国家为了提高物流及运输系统效率，积极开发和研究与智能交通系统相关的技术，如 GPS、车辆导航设备、电子缴费系统（ETCS）等。

中国 ITS 的发展是在各个不同层面上同步展开的，相比较而言，标准的制定滞后于技术产品的研发、生产和应用。因为 ITS 的概念是从 1999 年开始在中国“热播”的（概念引进的时间就更早了），而中国 ITS 标准的归口单位——全国智能运输系统标准化技术委员会于 2003 年 9 月才宣告成立。它的成立标志着中国呼唤已久的 ITS 标准工作在国家层面上正式启动。自 2003 年 9 月成立至今，中国 ITS 标委会历时 3 年，取得了阶段性成果。经国家标准委员会批准，第一批 12 项智能运输系统国家标准于 2006 年正式发布。其中，GB/T 20135—2006《智能运输系统 电子收费 系统框架模型》等 3 项国家标准已于 2006 年 10 月 1 日起开始实施。GB/T 20606—2006《智能运输系统 数据字典要求》等其余 9 项国家标准也于 2007 年 4 月 1 日正式实施，标志着我国 ITS 标准体系建设已进入实质性构建阶段。

10.6.4　智能家居

家庭总线是智能家居实现的重要基础，是住宅内部的神经系统，其主要作用是连接家中的各种电子、电气设备，负责将家庭内的各种通信设备（包括安保、电话、家电、视听设备等）连接在一起，形成一个完整的家庭网络。

日本是较早推动智能家居发展的国家之一，它较早地提出了家庭总线系统（Home Bus System，HBS）的概念，成立了 HBS 研究会，并在邮政省和通产省的指导下组成了 HBS 标准委员会，制定了日本的 HBS 标准。按照该标准，HBS 系统由一条同轴电缆和 4 对双绞线构成。前者用于传输图像信息，后者用于传输语音、数据及控制信号。各类家用设备与电气设备均按一定方式与 HBS 相连，这些电气设备既可以在室内进行控制，也可在异地通过电话进行遥控。为适应大型居住社区的需要，1988 年年初，日本住宅信息化推进协会又推出了超级家庭总线（Super-Home Bus System，S-HBS），它适用于更大的范围，因为一个 S-HSS 系统可挂接数千个家庭内部网。

家庭智能化要求诸多家电和网络能够彼此相容，总线协议是其精髓所在。只有接口畅通，家电才能“听懂”人发出的指令，因此，总线标准的物理层接口形式是智能家居亟待解决的重要问题之一。目前比较成型的总线标准协议主要有美国公司提出的包括 Eehelon 公司的 Lonworks 协议、电子工业协会（EIA）的 CE 总线协议（CEBus）、SmartHouseLP 的智能屋协议和 X-10 公司的 X-10 协议等。

Lonworks 协议是美国 Eehelon 公司开发，并与 Motorolo 和东芝公司共同倡导的现场总线技术。它支持多种物理介质，适用于双绞线、电力线、光缆、射频、红外线等，并可在同一网络中混合使用。Lonworks 协议支持多种拓扑结构，可以选用任意形式的网络拓扑结构，其组网方式灵活。Lonworks 的应用范围主要包括楼宇自动化、工业控制等，在组建分布式监控网络方面有较好的性能。目前，全球已建立的 Lonworks 结点已经超过 50 万个。

在 4 种协议中，X-10 是历史最长且使用最简单的一种。它于 1978 年诞生于美国，至今仍是美国家庭自动化的主导系统。之所以说 X-10 协议简单，是因为它直接利用住宅电力线作为控制总线，通过电力线将各控制器与各功能接口器相连并实现程序控制，不必再穿墙打孔，更有利于改变结构空间，并且用户可自己动手安装，价格也比较低廉。而 CEBus 作为电子工业推广协议与欧洲的 EHS 标准同为欧美家庭自动化电子产品的行业推荐标准。

我国智能家居目前有两个企业标准，一个是闪联，另一个是 U-Home。闪联集团长城计算机公司的智能家居系统已宣布为物联网架构，海尔的 U-Home 实现了家电等设备连网，并与广电局合作，利用电视网和广电网进行住区和远程的监管，走物联网道路，当前，海尔的智能家居系统也宣称为物联网架构。海尔的部分家电产品宣称为物联网家电，例如，物联网冰箱通过传感器连网能使住户经常了解冰箱内的环境以及内部物品储存的情况。

小结

从本章的介绍不难看出，目前物联网标准化存在的最大问题就是标准的多元化。由于物联网点多面广，所以标准化工作比以往更加复杂，相关标准的制定分散在多个标准组织。各组织分工不够明确，多数是根据自己的基础和传统特长从不同角度开展标准化研究。当前，物联网标准进行统一的规划，建立统一的标准体系，加强标准组织间的合作，建立畅通有效的分工协调机制是需要解决的问题。

对于我国来说，还存在另一个问题，就是物联网技术相对落后，限制了物联网标准的发展。技术是标准的支撑，标准的竞争在很大程度上是知识产权的竞争。由于技术缺乏，国内标准有很多直接采用国际标准，并且由于自主知识产权不足，对一些国际标准的参与没有获得实质的利益。物联网关键技术的突破是解决上述问题的关键。

习题

1. 国际物联网标准化组织有哪些？各个组织的标准化具体工作有哪些？
2. 世界通用的物品编码体系有哪几大类？
3. 一维和二维条形码技术标准分别有哪些？
4. EPCglobel 体系框架由哪几部分组成？
5. EPC 的编码规则是什么？
6. 物联网网络标准从哪几方面进行分类？其代表标准有哪些？
7. 简述 802.11 标准体系。
8. 数据安全保护技术分别有哪些？
9. 网络安全协议有哪些？

参考文献

[1] 凌志浩. 物联网技术综述[J]. 自动化博览，2010(S1): 14.

[2] 朱高峰. 信息技术和信息产业的发展[J]. 科学中国人. 1996(06).

[3] 胡锦涛. 在中国科学院第十三次院士大会和中国工程院第八次院士大会上的讲话[R]. 2006-06-05.

[4] 江泽民. 全面建设小康社会，开创中国特色社会主义事业新局面：在中国共产党第十六次全国代表大会上的报告[R]. 2002-11-08.

[5] 吕政.我国新型工业化道路探讨[J]. 经济与管理研究，2003(2).

[6] 陈佳贵，黄群慧. 工业现代化的标志、衡量指标及对中国工业的初步评价[J]. 中国社会科学，2003(3).

[7] 周叔莲，王伟光. 论工业化与信息化的关系[J]. 中国社会科学院研究生院学报，2001(2).

[8] 国家计委高技术产业发展司. 信息化带动工业化的战略路径[J]. 宏观经济研究，2003(1).

[9] 吴功宜. 智慧的物联网：感知中国和世界的技术[M]. 北京：机械工业出版社，2010.

[10] 朱仲英. 传感网与物联网的进展与趋势[J]. 微型电脑应用，2010，26(1) :1-3.

[11] 封松林，叶甜春. 物联网/传感网发展之路初探[J]. 后 IP 时代与物联网，2010，25(1): 50-54.

[12] 张平，苗杰，胡铮，等. 泛在网络研究综述[J]. 北京邮电大学学报，2010，33(5): 1-6.

[13] IBM 中国商业价值研究院. 智慧地球赢在中国［EB/OL］.［2010-08-25］. http: // www-31. ibm． com / innovation / cn / think / downloads / smart_China. pdf.

[14] 江泽民. 新时期我国信息技术产业的发展[J]. 上海交通大学学报，2008，42(10) : 1589-1607.

[15] 周洪波. 物联网三大应用场景[J]. 计算机世界报，2010(8).

[16] 王滔亮，颜丽. 物联网应用：以需求为导向[J]. 中国电信业，2010(7)：44-45.

[17] 张方奎，张春业. 短距离无线通信技术及其融合发展研究[J]. 电测与仪表，2007(10).

[18] 闫杰. 接入网技术综述[J]. 科学之友，2010(12).

[19] 何庆立. 无线通信技术应用及发展[J]. 中国无线电，2005(11):8-11.

[20] 张顺颐，宁向延. 物联网管理技术的研究和开发[J]. 南京邮电大学学报（自然科学版），2010，30(4) : 30-35.

[21] 刘宏，全凌云. 项目质量管理[J]，电子质量，2008(10): 54-56.

[22] 张子海. 项目质量管理分析[J]，项目管理技术，2009(7).

[23] 曹韶琴. 电信规划设计项目质量管理研究[D]. 北京：北京邮电大学，2010.

[24] 张申，丁恩杰，徐钊，等. 物联网与感知矿山专题讲座之三：感知矿山物联网的特征与关键技术[J]. 工矿自动化，2010(12).

[25] 何友，王国宏，等. 多传感器信息融合及应用[M]. 北京：电子工业出版社，2000.

[26] 王刚. 数据融合若干算法的研究[D]. 陕西：西安理工大学，2006.

[27] 陈康，郑纬民. 云计算：系统实例与研究现状[J]. 软件学报，2009, 20(5): 1337-1348.
[28] 刘华君，刘传清. 物联网技术[M]. 北京：电子工业出版社，2010
[29] 杨刚，沈沛意，郑春红. 物联网理论与技术[M]. 北京：科学出版社，2010.
[30] 国际电信联盟. ITU 互联网报告 2005：物联网. 2005.
[31] 翁道磊. 食品安全追溯系统的分析和研究[D]. 重庆：重庆大学，2008.
[32] 汤志伟，邵杰. 物联网技术在社区安防中的应用[J]. 警察技术，2010.
[33] 华为技术有限公司. 智慧让城市腾飞：华为 eCity 智慧城市汇报. 2010.
[34] 张飞舟，杨东凯，陈智. 物联网技术导论[M]. 北京：电子工业出版社，2010.
[35] 陆遥. 传感器技术的研究现状与发展前景[J]. 经济师，2009(9).
[36] VAQUERO L M，RODERO-MERINO L，CACERES J，et al. A break in the clouds: Towards a cloud definition [J]. Computer Communication Review，2009，39 (1) : 50-55.
[37] BARROSO L A，DEAN J，HÖLZLE U. Web search for a planet: The google cluster architecture. IEEE Micro，2003，23(2):22-28.
[38] BRIN S，PAGE L. The Anatomy of a Large-Scale Hypertextual Web Search Engine. Computer Networks and ISDN Systems，1998(30):107-117.
[39] GHEMAWAT S，GOBIOFF H，LEUNG S T. The Google file system. In: Proc. of the 19th ACM Symp. on Operating Systems Principles. New York: ACM Press，2003: 29-43.
[40] DEAN J，GHEMAWAT S. Mapreduce: Simplified data processing on large clusters. In: Proc. of the 6th Symp. on Operating System Design and Implementation. Berkeley: USENIX Association，2004: 137-150.
[41] BURROWS M. The chubby lock service for loosely-coupled distributed systems. In: Proc. of the 7th USENIX Symp. on Operating Systems Design and Implementation. Berkeley: USENIX Association，2006: 335-350.
[42] CHANG F，DEAN J，GHEMAWAT S，et al. Bigtable: A distributed storage system for structured data. In: Proc. of the 7th USENIX Symp. on Operating Systems Design and Implementation. Berkeley: USENIX Association，2006: 205-218.
[43] DEAN J，GHEMAWAT S. Distributed programming with Mapreduce. In: Oram A，Wilson G，eds. Beautiful Code. Sebastopol: O'Reilly Media，Inc.，2007: 371-384.
[44] DEAN J, GHEMAWAT S. MapReduce.Simplified data processing on large clusters. Communications of the ACM，2005，51(1): 107-113.
[45] BARHAM P，DRAGOVIC B，FRASER K，et al. Xen and the art of virtualization. In: Proc. of the 9th ACM Symp. on Operating Systems Principles. New York: Bolton Landing，2003: 164-177.
[46] Citrix systems，citrix XenServer: Efficient virtual server software. XenSource Company, http://www.xensource.com.
[47] IBM. IBM virtualization. http://www.ibm.com/virtualization.
[48] Apache. Apache hadoop. http://hadoop.apache.org.
[49] Amazon. Amazon elastic compute cloud (Amazon EC2). 2009. http://aws.amazon. com/ec2.

Learn more about it!

笔记栏